"十四五"职业教育国家规划教材

"十二五"江苏省高等学校重点教材（编号：2015-1-146）

高等职业教育系列教材

液压与气动技术

主　编　曹　燕　宋正和

副主编　王　欣　魏仕华　翁芸娴

U0258037

机械工业出版社

本书根据机电类岗位典型工作任务构建结构体系,采用任务驱动形式,适合"理实一体化"教学,并根据岗位实际需要融入电气控制技术方面的内容,以实现对学生机电液气一体化技术应用能力的综合训练。全书共有 10 个项目:认识气动系统、气动系统方向控制、气动系统速度控制、气动系统压力控制、认识液压系统、认识液压动力与执行元件、液压系统方向控制、液压系统压力控制、液压系统速度控制、液压与气动技术综合应用实例分析。每个项目有 2~6 个具体任务,每个任务均包含学习目标、任务布置、相关知识、任务实施等方面。

本书可作为高等职业院校机械类和近机械类专业的教材,也可供从事机电设备安装、调试、维护及维修工作的有关工程技术人员参考。

本书配有电子课件、电子教案、课程标准、教学进程表、实训报告、Festo 仿真文件,需要的教师可登录 www.cmpedu.com 进行免费注册,审核通过后可下载,或联系编辑索取(QQ:1239258369,电话:010-88379739)。

图书在版编目(CIP)数据

液压与气动技术/曹燕,宋正和主编.—北京:机械工业出版社,2019.5(2024.1 重印)

高等职业教育系列教材

ISBN 978-7-111-62858-3

I.①液… II.①曹… ②宋… III.①液压传动—高等职业教育—教材 ②气压传动—高等职业教育—教材 IV.①TH137 ②TH138

中国版本图书馆 CIP 数据核字(2019)第 098986 号

机械工业出版社(北京市百万庄大街 22 号 邮政编码 100037)

策划编辑:李文轶 责任编辑:李文轶

责任校对:朱继文 责任印制:邓 博

河北环京美印刷有限公司印刷

2024 年 1 月第 1 版第 10 次印刷

184mm×260mm·15.5 印张·371 千字

标准书号:ISBN 978-7-111-62858-3

定价:45.00 元

电话服务　　　　　　　　网络服务

客服电话:010-88361066　机 工 官 网:www.cmpbook.com

　　　　　010-88379833　机 工 官 博:weibo.com/cmp1952

　　　　　010-68326294　金 书 网:www.golden-book.com

封底无防伪标均为盗版　机工教育服务网:www.cmpedu.com

关于"十四五"职业教育
国家规划教材的出版说明

为贯彻落实《中共中央关于认真学习宣传贯彻党的二十大精神的决定》《习近平新时代中国特色社会主义思想进课程教材指南》《职业院校教材管理办法》等文件精神，机械工业出版社与教材编写团队一道，认真执行思政内容进教材、进课堂、进头脑要求，尊重教育规律，遵循学科特点，对教材内容进行了更新，着力落实以下要求：

1. 提升教材铸魂育人功能，培育、践行社会主义核心价值观，教育引导学生树立共产主义远大理想和中国特色社会主义共同理想，坚定"四个自信"，厚植爱国主义情怀，把爱国情、强国志、报国行自觉融入建设社会主义现代化强国、实现中华民族伟大复兴的奋斗之中。同时，弘扬中华优秀传统文化，深入开展宪法法治教育。

2. 注重科学思维方法训练和科学伦理教育，培养学生探索未知、追求真理、勇攀科学高峰的责任感和使命感；强化学生工程伦理教育，培养学生精益求精的大国工匠精神，激发学生科技报国的家国情怀和使命担当。加快构建中国特色哲学社会科学学科体系、学术体系、话语体系。帮助学生了解相关专业和行业领域的国家战略、法律法规和相关政策，引导学生深入社会实践、关注现实问题，培育学生经世济民、诚信服务、德法兼修的职业素养。

3. 教育引导学生深刻理解并自觉实践各行业的职业精神、职业规范，增强职业责任感，培养遵纪守法、爱岗敬业、无私奉献、诚实守信、公道办事、开拓创新的职业品格和行为习惯。

在此基础上，及时更新教材知识内容，体现产业发展的新技术、新工艺、新规范、新标准。加强教材数字化建设，丰富配套资源，形成可听、可视、可练、可互动的融媒体教材。

教材建设需要各方的共同努力，也欢迎相关教材使用院校的师生及时反馈意见和建议，我们将认真组织力量进行研究，在后续重印及再版时吸纳改进，不断推动高质量教材出版。

机械工业出版社

前　言

党的二十大报告指出：推进新型工业化，加快建设制造强国，推动制造业高端化、智能化、绿色化发展。实现制造强国，智能制造是必经之路，液压与气动技术是机械传动与控制中的一门关键技术，也是实现智能制造的前提。随着相关技术的发展、其元件和系统性能的提升，未来液压与气动技术将在我国工业领域继续发挥着基础和重要的作用。

"液压与气动技术"课程是高职院校机械类和近机械类专业的一门专业基础课程，也是一门实践性较强的课程，在机械类和近机械类专业培养计划、知识结构和能力培养的总体框架中占有非常重要的位置。

本书为"十二五"江苏省高等学校重点教材，根据教育部制定的《高职高专教育机械基础课程教学基本要求》，结合相关教学经验和多年教改实践编写而成。本着"应用为本、够用为度"的原则，增加了液压与气动系统的安装、调试、维护和维修等方面的基础知识。

本书的主要特色如下：

1. 根据机电设备安装、调试、维护及维修岗位的典型工作任务构建结构体系，内容实用，着眼于学生职业能力的培养。

本书在内容组织上突出对学生职业能力的训练，立足于机电设备安装和维护岗位的工作要求，选择典型工业案例作为工作任务，设置工作情境。打破传统教学的章节划分体系，按技术应用重组教学项目，将知识与能力的学习与培养融合到任务实践过程中，根据项目合理安排理论知识，删除或简化理论性过强的内容。

工作任务的划分遵循循序渐进的原则，由简单的基本回路到综合回路，由单一控制到电液、电气综合控制。由于气动部分的原理、回路组装及调试相对于液压部分都较简单，因此，将气动技术安排在液压技术之前学习。

2. 任务驱动编写模式适合"理实一体化"教学。

本书共有 10 个项目，每个项目配套 2~5 个任务。每个任务均包含学习目标、任务布置、相关知识、任务实施等环节，适合理实一体化教学。通过实训任务的完成，便于学生掌握相关理论知识，练习液压与气动系统安装、调试、控制、维护等技能，同时提高综合运用的能力和解决问题的能力。

3. 根据岗位要求，增加回路电气控制方面的内容。

随着机械加工设备自动化程度的提高，机电液气一体化技术在设备上应用的普及，本书增加了液压与气动回路电气控制技术的内容，以培养学生机电液气一体化技术的应用能力。在实际教学中，建议利用液压与气动仿真软件、液压与气动综合实训台进行辅助教学，以实现预期的学习效果。

4. 配套资源库建设。

教材配套的电子资源丰富，包括 91 个视频和动画、课程标准、教学进程表、电子教案、电子课件、实训任务工单与实训报告、Festo 仿真文件等资料。教材配套课程网站为 https：//mooc1-1. chaoxing. com/course/222544609. html。

5. 以教学内容为载体，有机融合课程思政元素，弘扬劳动光荣、技能宝贵，将职业素养、工匠精神、爱国情怀蕴含在各个知识点之中。

本书是机械工业出版社组织出版的"高等职业教育系列教材"之一，参与本书编写的有泰州职业技术学院的曹燕、宋正和、王欣、魏仕华、陈静，苏州农业职业技术学院的翁芸娴，江苏农牧科技职业学院的林彤，海陵液压机械有限公司的顾亚军。本书由曹燕、宋正和担任主编，王欣、魏仕华、翁芸娴任副主编，陈静、林彤、顾亚军为参编。曹燕负责教材大纲，项目（1、3、5、9），任务 10.1、10.2、10.3 和附录 A 的编写，并负责全书的统稿；宋正和负责项目（6、7）和任务 8.1、8.2、8.4 的编写；王欣负责项目 2 的编写；魏仕华负责项目 4 的编写；翁芸娴负责任务 8.3 和 10.4 的编写、附录 B 的整理和课件的制作；陈静参与附录 A 的编写、课件的制作和教学资料的整理；林彤参与案例的收集和课件的制作；顾亚军提供部分企业典型案例。

在本书编写过程中，我们参考了有关文献，在此对这些文献的作者表示衷心的感谢！

由于编者水平有限，书中疏漏之处在所难免，恳请广大教师和读者批评指正。

编　者

目　录

项目1 认识气动系统

【项目描述】

气动技术，全称气压传动与控制技术，是以空气压缩机为动力源，以压缩空气为工作介质，进行能量传递和信息传递的工程技术。气动技术是实现生产过程自动化和机械化的最有效手段之一，具有高速高效、清洁安全、成本低、易维护等优点，被广泛应用于轻工机械等领域中，在生产过程自动化中发挥着越来越重要的作用。

本项目主要介绍气动系统的相关基础知识、气源系统和气动执行元件。

任务1.1 认识气动剪板机气动系统

【学习目标】

1）了解气动系统的组成与特点。
2）熟悉气动系统回路图。
3）熟悉 FluidSIM-P 仿真软件。

【任务布置】

剪板机常采用气动控制。本任务要求观察气动剪板机的工作情况及其气动系统，阅读气动剪板机的气动系统原理图（图 1-1），了解气动系统的组成与特点，熟悉 FluidSIM-P 软件，

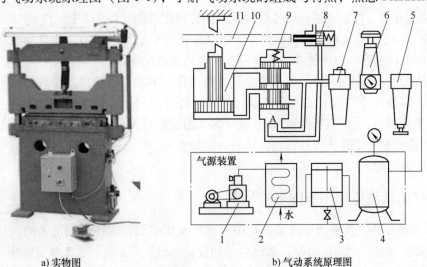

a) 实物图　　　　　　　　　　　b) 气动系统原理图

图 1-1　气动剪板机实物与气动系统原理图

1—空气压缩机　2—冷却器　3—油水分离器　4—气罐　5—空气过滤器　6—减压阀
7—油雾器　8—机动阀　9—气控换向阀　10—气缸　11—工料

绘制气动剪板机的气动系统原理图。

【相关知识】

1.1.1　气动剪板机气动系统工作原理

图 1-1 所示为用于气动剪板机的气压传动系统实例，当工料 11 送入剪板机并到达规定位置时，机动阀 8 的顶杆受压右移而使阀内通路打开，气控换向阀 9 的控制腔与大气相通，阀芯受弹簧力的作用而下移。由空气压缩机 1 产生并经过初次净化处理后储藏在气罐 4 中的压缩空气，经空气过滤器 5、减压阀 6、油雾器 7 及气控换向阀 9，进入气缸 10 的下腔，气缸上腔的压缩空气通过气控换向阀 9 排入大气。此时，气缸活塞向上运动，带动剪刃将工料切断。工料剪下后，即与机动阀 8 脱开，机动阀复位，所在的排气通道被封死，气控换向阀 9 的控制腔气压升高，迫使阀芯上移，气路换向，气缸活塞带动剪刃复位，准备第二次下料。由此可以看出，剪切机构克服阻力切断工料的机械能是由压缩空气的压力能转换而来的。同时，由于换向阀的控制作用使压缩空气的通路不断改变，气缸活塞方可带动剪切机构频繁地实现剪切与复位的动作循环。

1.1.2　气动系统的组成

气压传动与液压传动都是利用流体作为工作介质，具有许多共同点。气压传动系统通常由以下五个部分组成。

1) 动力元件（气源装置）　其主体部分是空气压缩机（图 1-1 中元件 1）。它将原动机（如电动机）供给的机械能转变为气体的压力能，为各类气动设备提供动力。

2) 执行元件　执行元件包括各种气缸（图 1-1 中元件 10）和气动马达。它的功用是将气体的压力能转变为机械能，驱动工作部件。

3) 控制元件　控制元件包括各种阀体，如各种压力阀（图 1-1 中元件 6）、方向阀（图 1-1 中元件 8、9）、流量阀、逻辑元件等，用以控制压缩空气的压力、流量和流动方向以及执行元件的工作程序，以便使执行元件完成预定的运动规律。

4) 辅助元件　辅助元件是对压缩空气进行净化、润滑、消声以及实现元件间连接等所需的装置，如各种冷却器、油水分离器、气罐、过滤器、油雾器（图 1-1 中元件 2、3、4、5、7）及消声器等，它们对保持气动系统可靠、稳定和持久地工作起着十分重要的作用。

5) 工作介质　工作介质即传动气体，为压缩空气。气压系统是通过压缩空气来实现运动和动力的传递的。

1.1.3　气动系统原理图及图形符号

图 1-1b 所示为气动系统原理图，其中各元件是用半结构式图形画出来的，这种图形直观性强，较易理解，但难以绘制，系统中元件数量多时更是如此。在工程实际中，一般都用简单的图形符号绘制气动系统原理图。国家标准 GB/T 786.1—2009 规定了各元件的图形符号，这些符号只表示元件的功能，不能表示元件的结构和参数。详细的气动元件图形符号在后面的章节及附录中有详细介绍。利用元件图形符号可将图 1-1 简化为图 1-2。

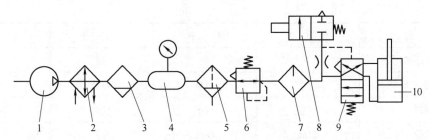

图 1-2　用图形符号表示的气动剪板机气动系统原理图

1—空气压缩机　2—冷却器　3—油水分离器　4—气罐　5—过滤器
6—压力阀　7—油雾器　8、9—方向阀　10—气缸

1.1.4　气压传动的特点

1. 气压传动的优点

1) 以空气为工作介质，较容易取得，用后的空气排到大气中，处理方便，与液压传动相比，不必设置用于回收的油箱和管道。

2) 因空气黏度小（约为液压液的万分之一），在管内流动阻力小，压力损失小，便于集中供气和远距离输送，即使有泄漏，也不会像液压液一样污染环境。

3) 与液压相比，气动反应快，动作迅速，维护简单，管路不易堵塞，工作介质清洁，不存在介质变质及补充等问题。

4) 气动元件结构简单、制造容易，易于实现标准化、系列化和通用化。

5) 气动系统对工作环境的适应性好，特别是在易燃、易爆、多尘埃、强磁、辐射、振动等恶劣环境中工作时，其安全可靠性优于液压、电子和电气系统。

6) 排气时气体因膨胀而温度降低，因而气动设备可以自动降温，长期运行也不会发生过热现象。

2. 气压传动的缺点

1) 由于空气具有可压缩性，因此工作速度稳定性稍差，但采用气液联动装置可得到令人较满意的效果。

2) 因工作压力低，且结构尺寸不宜过大，总输出力不宜大于 40kN。

3) 噪声较大，在高速排气时需要加消声器。

4) 气动装置中气信号的传递速度比光、电控制速度慢，因此，气信号传递不适用于要求高速传递的复杂回路。

气动与其他几种传动控制方式的性能比较见表 1-1。

表 1-1　气动与其他几种传动控制方式的性能比较

项　目	气　动	液　压	电　气	机　械
输出力大小	中等	大	中等	较大
动作速度	较快	较慢	快	较慢
装置构成	简单	复杂	一般	普通
受负载影响程度	较大	一般	小	无

（续）

项　目	气　动	液　压	电　气	机　械
传输距离	中	短	远	短
速度调节	较难	容易	容易	难
维护	一般	较难	较难	容易
造价	较低	较高	较高	一般

1.1.5　气动技术的应用与发展

气动技术具有节能、无污染、高效、成本低、安全可靠、结构简单等优点，广泛应用于各种机械和生产线上。随着气动产品越来越多地应用于生物工程、医药、原子能、微电子、机器人等各行业，气动技术正向节能化、小型化、轻量化、位置控制的高精度化，以及与机、电、液相结合的综合控制技术方向发展。随着智能制造技术的发展，气动技术在精益生产、智能生产线、无人化工厂等制造领域的应用日益广泛。

气动技术的主要发展趋势如下：

1）与电子技术结合，大量使用传感器，使气动元件智能化。

2）体积更小，质量更小，功耗更低。

3）采用伺服控制，执行元件的定位精度提高，刚度增加。

4）更高的安全性和可靠性。

5）向高速、高频、高响应、高寿命方向发展。

6）具有各种异形截面的缸筒和活塞杆的气缸得到应用。

7）多功能化，复合化，安装、使用更方便。

8）普遍使用无油润滑技术，满足某些特殊要求。

1.1.6　空气的物理性质

1. 空气的组成

自然界中的空气是由若干种气体混合而成的，其主要成分是氮气（N_2）和氧气（O_2），其他气体所占比例极小。此外，空气中常含有一定量的水蒸气，含有水蒸气的空气称为湿空气，不含有水蒸气的空气称为干空气。

空气中所含水分的多少对气动系统的稳定性有直接影响，因此，各种气动元件对含水量有明确的规定，并且常采取一些措施来防止水分进入。

湿空气所含水分的多少用湿度和含湿量来表示。湿度的表示方法有绝对湿度、饱和绝对湿度和相对湿度之分。

（1）绝对湿度

绝对湿度是指每立方米湿空气中所含水蒸气的质量，即

$$x = \frac{m_s}{V} \tag{1-1}$$

式中，m_s 为湿空气中水蒸气的质量；V 为湿空气的体积。

4

（2）饱和绝对湿度

饱和绝对湿度指湿空气中水蒸气的分压力达到该湿度下水蒸气的饱和压力时的绝对湿度，即

$$x_b = \frac{p_b}{R_s T} \qquad (1-2)$$

式中，p_b 为饱和空气中水蒸气的分压力（N/m²）；R_s 为水蒸气的气体常数 ［J/（kg·K）］；T 为热力学温度（K），$T = 273.1 + t$，t 为摄氏温度（℃）。

（3）相对湿度

相对湿度是指在某温度和总压力下，绝对湿度与饱和绝对湿度之比，即

$$\varphi = \frac{x}{x_b} \times 100\% \approx \frac{p_s}{p_b} \times 100\% \qquad (1-3)$$

式中，x、x_b 分别为绝对湿度与饱和绝对湿度；p_s、p_b 分别为水蒸气的分压力和饱和空气中水蒸气的分压力。

当空气绝对干燥时，$p_s = 0$，$\varphi = 0$；当空气达到饱和时 $p_s = p_b$，$\varphi = 100\%$；一般湿空气的 φ 值在 $0 \sim 100\%$ 之间变化。通常情况下，空气的相对湿度在 $60\% \sim 70\%$ 范围内人体感觉舒适，气动技术中规定各种阀的相对湿度应小于 95%。

（4）空气的含湿量

空气的含湿量是指每千克质量的干空气中所混合的水蒸气的质量，即

$$d = \frac{m_s}{m_g} = \frac{\rho_s}{\rho_g} \qquad (1-4)$$

式中，m_s、m_g 分别为水蒸气的质量和干空气的质量；ρ_s、ρ_g 分别为水蒸气的密度和干空气的密度。

2. 空气的密度和黏度

（1）密度

空气的密度是单位体积空气的质量，用 ρ 表示，即

$$\rho = \frac{m}{V} \qquad (1-5)$$

式中，m 为空气的质量（kg）；V 为空气的体积（m³）。

（2）黏度

空气的黏度是空气质点相对运动时产生阻力的性质。空气黏度只受温度变化的影响，且随温度的升高而增大，这主要是由于温度升高后，空气内分子运动加剧，使原本间距较大的分子之间碰撞增多的缘故。而压力的变化对黏度的影响很小，可忽略不计。

1.1.7　压力的表示方法

工程上，压力根据度量基准的不同有两种表示方法：以绝对零压力为基准所表示的压力，称为绝对压力；以大气压力为基准所表示的压力，称为相对压力。

绝大多数测压仪表，因其外部均受大气压力作用，大气压力并不能使仪表指针回转，即在大气压力下指针指在零点，所以仪表指示的压力是相对压力或表压力（指示压力），即高于大气压力的那部分压力。在液压与气压传动中，如不特别指明，所提到的压力均为相对压力。

如果某点的绝对压力比大气压力低，说明该点具有真空，把该点的绝对压力比大气压力小的那部分压力值称为真空度。绝对压力总是正的，相对压力可正可负，负的相对压力数值部分就是真空度。它们的关系如图 1-3 所示，用式子表示为

绝对压力 = 表压力 + 大气压力

真空度 = |大气压力 - 绝对压力|

压力的常用单位主要有以下几种：

1）国际单位制单位　Pa（帕）、N/m^2（我国法定计量单位）或 MPa（兆帕），$1MPa = 10^6Pa$。

2）工程制单位　kgf/cm^2。国外也有用 bar（巴）的，$1bar = 10^5Pa$。

3）标准大气压　1 标准大气压 = 101325Pa。

4）液体柱高度　$h = p/(\rho g)$，常用的有水柱、汞柱等，如 1 标准大气压约等于 10m 水柱高度。

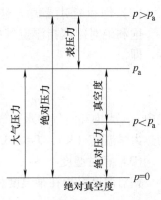

图 1-3　相对压力与绝对压力之间的关系

1.1.8　FluidSIM 软件简介

FluidSIM 软件由德国 Festo 公司的 Didactic 教学部门和 Paderborn 大学联合开发，是专门用于液压与气压传动的教学软件。FuidSIM 软件分为两种，其中 FluidSIM-H 用于液压传动教学，而 FluidSIM-P 用于气压传动教学。

1. FluidSIM 软件的主要特点

1）CAD 功能和仿真功能紧密联系在一起。FluidSIM 软件符合 DIN 电气-液压（气压）回路图绘制标准，在绘图过程中，FluidSIM 软件将检查各元件之间的连接是否可行，可对基于元件物理模型的回路图进行实际仿真，并可显示元件的状态图，从而能够在设计完回路后验证设计的正确性，并演示回路动作过程。

2）FluidSIM 软件可用来自学、教学液压（气压）基础知识。可以通过液压（气压）元件的"元件描述""元件插图"和工作原理动画来学习其结构原理和应用。软件中包含的各种练习和教学影片讲授了重要回路和液压（气压）元件的使用方法。

3）可设计和液压气动回路相配套的电气控制电路。弥补了以前液压与气动教学中，学生只见液压（气压）回路不见电路的弊病。同时设计与仿真电气-液压（气压）回路，有助于提高学生对电气动、电液压的实际应用能力。

2. FluidSIM 软件应用简介

FluidSIM 软件工作界面直观，采用类似于画图软件的图形操作界面，拖拉图标进行设计，面向对象设置参数，易于学习，用户可以很快地学会绘制电气-液压（气压）回路图，并对其进行仿真。

1）FluidSIM 软件工作界面介绍　FluidSIM 软件包含两个软件，FluidSIM-H 用于液压传动，FluidSIM-P 用于气压传动。液压与气动均属于流体传动，本身有很多相似相通之处，故这两种软件的界面和使用方法类似，两者生成的文件虽然均以 ∗.ct 为文件名，但互不兼容。

FluidSIM-P 软件的主窗口如图 1-4 所示。窗口左边显示出 FluidSIM 的整个元件库，其中包括新建回路图所需的气动元件和电气元件。

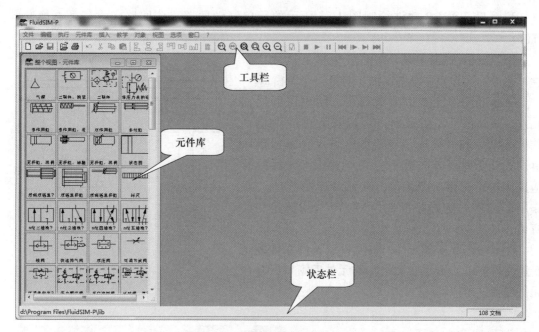

图 1-4　FluidSIM 软件的主窗口

　　窗口顶部的菜单栏中列出仿真和新建回路图所需的功能，工具栏中给出了常用菜单功能，包括下列九组。

- ⬜📂💾：新建、浏览、打开和保存回路图。
- 🖨：打印窗口内容，如回路图和元件图片。
- ↩✂📋📄：编辑回路图。
- 🔲🔲🔲⟨⟩⟨⟩⟨⟩：调整元件位置。
- ⊞：显示网格。
- 🔍🔍🔍🔍🔍🔍：缩放回路图、元件图片和其他窗口。
- ☑：回路图检查。
- ⏹▶⏸：仿真回路图，控制动画播放（基本功能）。
- ⏮⏩⏭⏭：仿真回路图，控制动画播放（辅助功能）。

　　对于一个指定回路图，通常仅使用几个上述所列功能，FluidSIM 软件可以识别所属功能，当前不可用工具按钮为灰色。

　　在应用软件窗口内，当用户单击鼠标右键时，会出现快捷菜单。在 FluidSIM 软件中，快捷菜单自动适用于窗口内容。

　　状态栏位于窗口底部，用于显示操作 FluidSIM 软件期间的当前计算和活动信息。在编辑模式中，FluidSIM 软件可以显示由鼠标指针选定的元件。

　　在 FluidSIM 软件中，操作按钮、滚动条和菜单栏与大多数 Microsoft Windows 应用软件相类似。

　　2）利用 FluidSIM 软件新建液压与气动回路图　虽然液压与气动均属于流体传动，但其回路建立方法略有不同，现以一简单气动回路为例介绍回路图的基本绘制方法。

7

利用 FluidSIM-P 软件绘制图 1-5a 所示的简单气动回路,该回路包含气源、换向阀、气缸。

①单击 □ 按钮或在"文件"菜单下执行"新建"命令,新建空白绘图区域,打开一个新窗口。

②通过元件库右边的滚动条,用户可以浏览元件。按住鼠标左键,用户可以从元件库中将元件"拖动"和"放置"在绘图区域上,鼠标指针由箭头 ⌖ 变为四方向箭头交叉形式 ✥,元件外形随鼠标指针的移动而移动。从元件库中拖动"双作用缸""n 位五通换向阀""气源"到新建文件窗口,如图 1-6 所示。

注意一定要新建文件,将元件从元件库拖放至新建文件窗口,不要最大化左侧元件库窗口,并在元件库窗口内拖动元件。

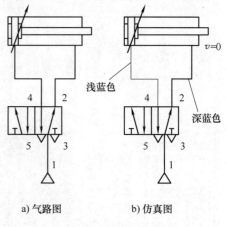

a) 气路图　　　b) 仿真图

图 1-5　简单气动回路

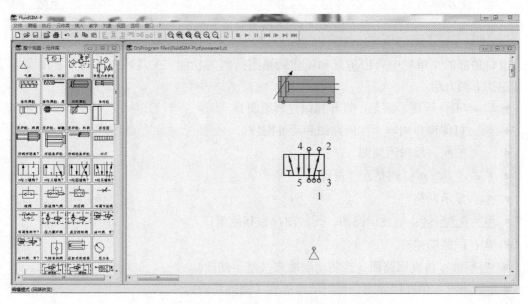

图 1-6　从元件库中将元件拖放至新建文件窗口

③在编辑模式下,将鼠标指针移至气缸左气口上,鼠标指针形状变为十字线圆点形式 ✥,按下鼠标左键,并移动鼠标指针保持鼠标左键,此时鼠标指针形状变为十字线圆点箭头向外形式 ✥;将鼠标指针移动到换向阀气口上,鼠标指针形状变成十字线圆点箭头向内形式 ✥ 释放鼠标左键,在两个选定气口之间,将立即显示出气路。当不能在两个油口之间绘制管路时,鼠标指针形状变为禁止符号 ⊘。连接各气口,即可绘制出图 1-5a 所示回路。

在编辑模式下,可以选择、复制、删除、旋转、调整元件和管路。单击"编辑"菜单或选中元件并单击鼠标右键将弹出快捷菜单,选择相关命令执行即可。

3）利用 FluidSIM 软件仿真液压与气动回路图　单击 ▶ 按钮（或在"执行"菜单下执行"启动"命令，或者使用功能键< F9>），启动仿真。FluidSIM 软件有检查回路图功能，如有问题则会在启动仿真后进行提示。回路图的常见错误如下：

①对象在绘图区域外。

②管路或电路穿越元件。

③管路或电路重叠。

④元件重叠。

⑤气接口或未连的气接口重叠。

⑥气接口未关闭。

⑦元件标识符混淆。

⑧标签混淆。

⑨管路与气接口未相连。

对于检查出的问题，一般应按要求进行修改，但如果想先看运行效果，也可忽略问题，运行仿真。但对于部分错误，如标签混淆，系统不允许忽略，须修改后再运行仿真。

仿真期间，所有管路都被着色，如图 1-5b 所示气动回路，系统默认管路颜色具有以下意义：

①气路管路为深蓝色，表示气路中有压力。

②气路管路为湖蓝色，表示气路中无压力。

③电路为红色，表示有电流流动。

将鼠标指针移至换向阀两侧，鼠标指针即变为手指形，此时表明该元件可以被操作，单击鼠标左键，可使换向阀换向气缸动作，实现动态仿真。此时，软件还可计算回路中的压力和速度。

单击 ■ 按钮或者在"执行"菜单下执行"停止"命令，可以将当前回路图由仿真模式切换到编辑模式。将回路图由仿真模式切换到编辑模式时，所有元件都将被置回"初始状态"。

FluidSIM 软件的功能较多，这里只介绍了最常用的基本功能，在使用中如有不清楚的地方，可随时查阅 FluidSIM 软件帮助文档。

【任务实施】

1）观察气动剪板机的工作情况，说出其主要组成。

2）阅读气动剪板机传动系统原理图，分析其工作原理。

3）利用 FluidSIM 软件绘制气动剪板机的气动系统原理图。

4）查找资料了解气动系统在生活或工业中的应用，并列举 2~3 个实例。

任务 1.2　认识气源系统

【学习目标】

1）熟悉气源系统。

2）能辨别气源系统及气源处理装置实物和图形符号。

3）能正确选用和合理使用空气压缩机。

【任务布置】

气源系统能够产生、处理和储存压缩空气。本任务要求观察各种气源系统及气源处理装置，熟悉其实物、图形符号和使用方法。

【相关知识】

气源装置为气动系统提供符合质量要求规定的压缩空气，是气动系统的一个重要组成部分。对压缩空气的主要要求是具有一定的压力、流量和洁净度。

如图 1-7 所示，气源装置的主体是空气压缩机（气源），它是气压传动系统的动力元件。由于大气中混有灰尘、水蒸气等杂质，因此，由大气压缩而成的压缩空气必须经过降温、净化、稳压等一系列处理后方可供给系统使用。这就需要在空气压缩机出口管路上安装一系列辅助元件，如冷却器、油水分离器、空气过滤器、干燥器、气缸等。此外，为了提高气压传动系统的工作性能，改善工作条件，还需要用到其他辅助元件，如油雾器、转换器、消声器等。

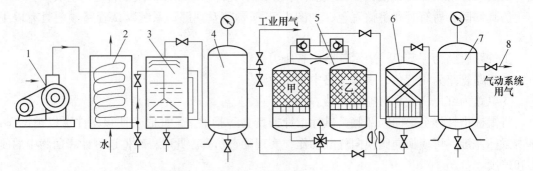

图 1-7　气源装置

1—空气压缩机　2—冷却器　3—油水分离器　4、7—气罐　5—干燥器　6—空气过滤器　8—输气管

1.2.1　空气压缩机

空气压缩站（简称空压站）如图 1-8 所示，它是为气动设备提供压缩空气的动力源装

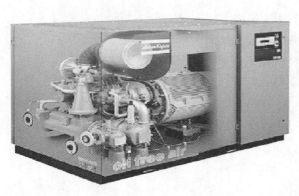

a）独立空气压缩站

b）小型气源装置

图 1-8　空气压缩站

置，是气动系统的重要组成部分。当气动系统的要求排气量为 $6\sim126m^3/min$ 时，应设置独立空气压缩站，如图 1-8a 所示；当要求排气量低于 $6m^3/min$ 时，可将压缩机或气泵直接安装在主机旁边，如图 1-8b 所示。

1. 分类

空气压缩机的种类很多，按结构形式主要可分为容积型和速度型两类，见表 1-2。

表 1-2　按结构形式分类

类　　　型		名　　　称		
容积型	往复式	活塞式	膜片式	
	回转式	滑片式	螺杆式	转子式
速度型		轴流式	离心式	混流式

容积型空气压缩机的工作原理是将一定量的连续气流限制在封闭的空间里，通过缩小气体的容积来提高其压力。按结构不同，容积型空气压缩机又可分成往复式（活塞式和膜片式等）和回转式（滑片式和螺杆式等），如图 1-9 所示。

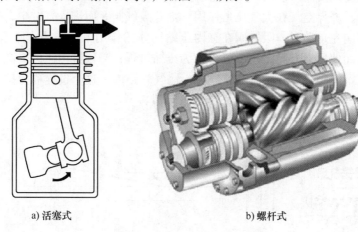

a) 活塞式　　　　　　　　　　　b) 螺杆式

图 1-9　容积型空气压缩机

速度型空气压缩机是通过空压机提高气体流速，并使其突然受阻而停滞，将其动能转化成压力能，来提高气体的压力的。速度型空气压缩机主要有离心式、轴流式、混流式等。其中离心式空气压缩机较为常用，它是一种叶片旋转式压缩机，如图 1-10 所示。在离心式空气压缩机中，高速旋转的叶轮对气体施加离心力作用，并在扩压通道中使气体增压。

空气压缩机按输出压力大小，可分为鼓风机、低压、中压、高压和超高压空气压缩机，见表 1-3；按输出流量（排量）

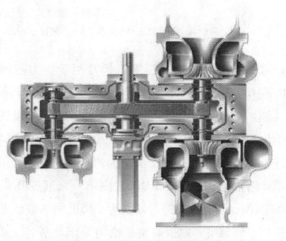

图 1-10　离心式空气压缩机

不同，可分为微型、小型、中型和大型空气压缩机，见表1-4。

表1-3　按输出压力分类

名　　称	鼓风机	低压空气压缩机	中压空气压缩机	高压空气压缩机	超高压空气压缩机
压力 p/MPa	≤0.2	0.2~1	1~10	10~100	>100

表1-4　按排量分类

名　　称	微型空气压缩机	小型空气压缩机	中型空气压缩机	大型空气压缩机
输出额定流量 q/(m³/s)	≤0.017	0.017~0.17	0.17~1.7	>1.7

2. 活塞式空气压缩机的工作原理

活塞式空气压缩机历史悠久，生产技术成熟，目前使用最广泛。活塞式空气压缩机通过转轴带动活塞在缸体内做往复运动，从而实现吸气和压气，达到提高气压的目的，其工作原理如图1-11所示。活塞的往复运动是由电动机带动曲柄7转动，通过连杆6、滑块5、活塞杆4转化成直线往复运动而产生的。当活塞3向右运动时，气缸2内容积增大，形成部分真空而低于大气压力，外界空气在大气压力作用下推开吸气阀8而进入气缸中，这个过程称为吸气过程；当活塞向左运动时，吸气阀在缸内压缩气体的作用下而关闭，随着活塞的左移，缸内空气受到压缩而使压力升高，这个过程称为压缩过程；当气缸内压力提高到略高于输气管路内压力 p 时，排气阀1打开，压缩空气排入输气管路内，这个过程称为排气过程。曲柄旋转一周，活塞往复行程一次，即完成一个工作循环。

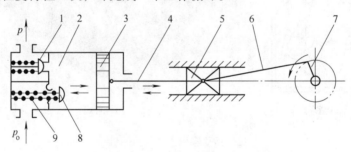

图1-11　活塞式空气压缩机的工作原理

1—排气阀　2—气缸　3—活塞　4—活塞杆　5—滑块　6—连杆　7—曲柄　8—吸气阀　9—弹簧

单级活塞式空气压缩机通常用于压力范围为 0.3~0.7MPa 的场合。若压力超过 0.6MPa，其各项性能指标将急剧下降，故往往采用分级压缩以提高输出压力。为了提高效率，降低空气温度，还需要进行中间冷却。图1-12所示为两级活塞式空气压缩机。若最终压力为 1.0MPa，则第一级通常压缩至 0.3MPa。设置中间冷却器是为了降低第二级活塞的进口空气温度，以提高空压机的工作效率。活塞式空气压缩机需配气罐使用。

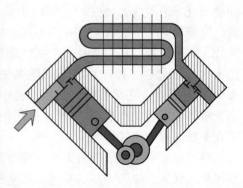

图1-12　两级活塞式空气压缩机

3. 空气压缩机的选用

空气压缩机的选用主要依据以下几点：

（1）排气压力的高低和排气量的大小

根据国家标准，一般用途空气压缩机的排气压力为 0.7MPa（旧标准为 0.8MPa）。如果用户所用的空气压缩机的排气压力大于 0.8MPa，一般要特别制作，不能采取强行增压的办法，以免造成事故。

排气量的大小也是选择空气压缩机的主要参数之一。所选择的空气压缩机的排气量要和需要的排气量相匹配，并留有 10% 左右的余量。另外，选择排气量时还要考虑高峰用量、通常用量和低谷用量。

（2）用气的场合和条件

如果用气场地狭小（如船用、车用），应选立式；如果用气场合不能供电，则应选择柴油机驱动式；如果用气场合没有自来水，则必须选择风冷式等。

（3）压缩空气的质量

一般空气压缩机产生的压缩空气中均含有一定量的润滑油，以及一定量的水。有些场合是禁油和禁水的，这时不但要注意压缩机的选型，必要时还应增加附属装置。解决方法大致有如下两种：

1）选用无油润滑压缩机。这种压缩机的气缸中基本上不含油，其活塞环和填料一般为聚四氟乙烯。这种机器的缺点首先是润滑不良，故障率高；另外，聚四氟乙烯是一种有害物质，不能用于食品、制药等行业；而且无润滑油压缩机只能做到输气不含油，不能做到不含水。

2）采用油润滑空压机，再进行净化。通常的做法是再加一级或两级净化装置或干燥器。这种装置可使压缩机输出的空气既不含油又不含水，使压缩空气中的含油水量在 5ppm（1ppm = 10^{-6}）以下。

1.2.2　气源净化装置

1. 冷却器

冷却器安装在空气压缩机的后面，也称后冷却器。它将空气压缩机排出的温度高达 140~170℃的压缩空气降至 40~50℃。使压缩空气中的油雾和水汽达到饱和，使其大部分凝结成油滴和水滴而析出。常用冷却器的结构形式有蛇形管式、列管式、散热片式、套管式等，冷却方式有水冷式和气冷式两种。图 1-13 所示为列管水冷式冷却器的结构原理图、图形符号及实物图。

2. 油水分离器

油水分离器安装在后冷却器后面的管道上，其作用是分离并排除空气中凝聚的水分、油分和灰尘等杂质，使压缩空气得到初步净化。油水分离器的结构形式有环行回转式、撞击折回式、离心旋转式、水浴式以及以上形式的组合等。图 1-14 所示为撞击折回式油水分离器的结构原理图、图形符号及实物图，当压缩空气由入口进入油水分离器后，首先与隔板撞击，一部分水和油留在隔板上，然后气流上升产生环形回转，这样凝聚在压缩空气中的水滴、油滴及灰尘等杂质将受惯性力作用而分离析出，沉降于壳体底部，并由下面的放水阀定期排出。

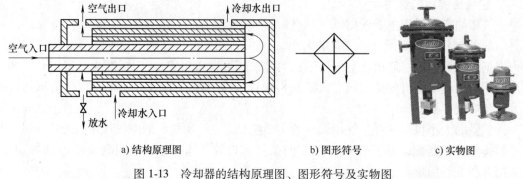

a) 结构原理图   b) 图形符号   c) 实物图

图 1-13 冷却器的结构原理图、图形符号及实物图

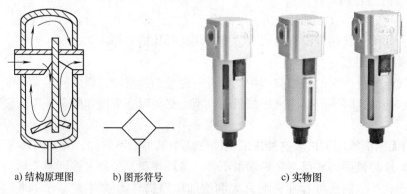

a) 结构原理图   b) 图形符号   c) 实物图

图 1-14 油水分离器的结构原理图、图形符号及实物图

3. 空气过滤器

  空气过滤器的作用是滤除压缩空气中的杂质微粒（如灰尘、水分等），达到系统所要求的净化程度。常用的空气过滤器有一次过滤器（也称简易过滤器）和二次过滤器，图 1-15 所示为二次空气过滤的结构原理图、图形符号及实物图。从入口进入的压缩空气被引入旋风叶子 1，旋风叶子上有许多呈一定角度的缺口，迫使空气沿切线方向产生强烈旋转。这样，

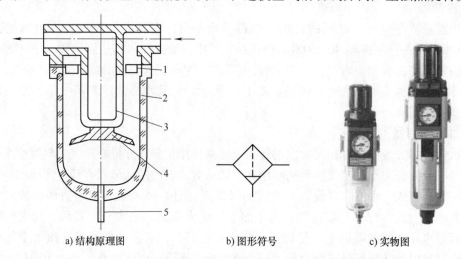

a) 结构原理图   b) 图形符号   c) 实物图

图 1-15 空气过滤器的结构原理图、图形符号及实物图

1—旋风叶子 2—存水杯 3—滤芯 4—挡水板 5—排水阀

夹杂在空气中的较大的水滴、油滴、灰尘等便依靠自身的惯性与存水杯 2 的内壁碰撞，并从空气中分离出来，沉到杯底。而微粒灰尘和雾状水汽则由滤芯 3 滤除。为防止气体旋转将存水杯中积存的污水卷起，在滤芯下部设有挡水板 4。应通过下面的排水阀 5 将水杯中的污水及时排放掉。

4. 干燥器

压缩空气经过除水、除油、除尘的初步净化后，已能满足一般气压传动系统的要求。但对于某些要求较高的气动装置或气动仪表，其用气还需要经过干燥处理。图 1-16 所示为一种常用的吸附式干燥器的结构原理图、图形符号及实物图。压缩空气在通过具有吸附水分性能的吸附剂（如活性氧化铝、硅胶等）后，其中的水分即被吸附，从而达到干燥的目的。

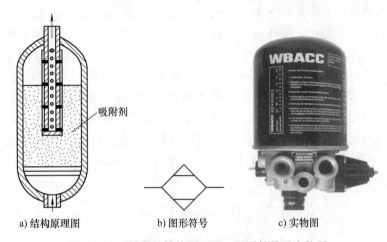

a) 结构原理图　　b) 图形符号　　c) 实物图

图 1-16　干燥器的结构原理图、图形符号及实物图

5. 气罐

气罐的功用：一是消除压力波动；二是储存一定量的压缩空气，维持供需气量之间的平衡；三是进一步分离气中的水、油等杂质。气罐一般采用圆筒状焊接结构，有立式和卧式两种，通常以立式应用较多。图 1-17 所示为气罐的结构原理图、图形符号及实物图。

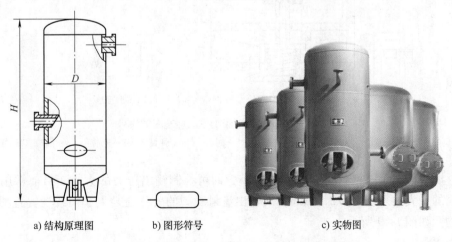

a) 结构原理图　　b) 图形符号　　c) 实物图

图 1-17　气罐的结构原理图、图形符号及实物图

上述冷却器、油水分离器、过滤器、干燥器和气罐等元件通常安装在空气压缩机的出口管路上，组成一套气源净化装置，是压缩空气站的重要组成部分。

6. 调压阀（减压阀）

气压传动系统将压缩空气储于气罐中，然后减压到适用于系统的压力。因此，每台气动装置的供气压力都需要用减压阀（在气动系统中又称调压阀）来减压，当输入压力在一定范围内变化时，能保持供气压力值稳定。由于调压阀的输出压力必然小于输入压力，所以调压阀也常被称为减压阀。

调压阀的种类很多。按调压方式可分为直动式调压阀和先导式调压阀两种。直动式调压阀是利用手柄直接调节弹簧来改变输出压力的；而先导式调压阀是用预先调好压力的压缩空气来代替调压弹簧进行调压的。图 1-18 所示为直动式调压阀的工作原理图及图形符号。当沿顺时针方向调整调节旋钮 1 时，调压弹簧 2（实际上有两个弹簧）推动上弹簧座 3、膜片 4 和阀芯 5 向下移动，使阀口开启，气流通过阀口后压力降低，从右侧输出二次压力气流。与此同时，有一部分出口气流由阻尼孔 7 进入膜片室，在膜片下产生一个向上的推力与弹簧力平衡，调压阀便有稳定的压力输出。当输入压力 p_1 增加时，输出压力 p_2 也随之增加，使膜片下的压力也增加，将膜片向上推，阀芯 5 在复位弹簧 9 的作用下上移，从而使阀口 8 的开度减小，节流作用增强，直到输出压力降低到调定值为止；反之，若输入压力下降，则输出压力也随之下降，膜片下移，阀口开度增大，节流作用减弱，使输出压力回升到调定压力，以维持压力稳定。

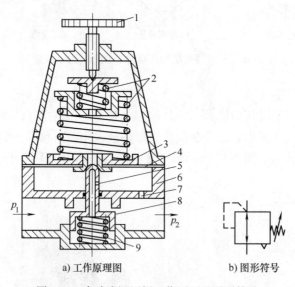

a) 工作原理图　　　　b) 图形符号

图 1-18　直动式调压阀工作原理及图形符号

1—调节旋钮　2—调压弹簧　3—上弹簧座　4—膜片　5—阀芯　6—下弹簧座　7—阻尼孔　8—阀口　9—复位弹簧

调整调节旋钮 1 以控制阀口开度的大小，即可控制输出压力的大小。目前常用的 QTY 型调压阀的最大输入压力为 1.0MPa，其输出流量随阀的公称通径大小而改变。直动式减压阀的实物图如图 1-19 所示。

7. 油雾器

压缩空气经过净化后，所含污油、浊水得到了清除，但是一般的气动装置还要求压缩空气具有一定的润滑性，以减轻其对运动部件表面的磨损，改善其工作性能。因此，要用油雾器对压缩空气喷洒少量的润滑油。油雾器的工作原理图、图形符号及实物图如图 1-20 所示。压力为 p_1 的压缩空气流经狭窄的颈部通道时，流速增大，压力降为 p_2，由于压差 $p = p_1 - p_2$ 的出现，油池中的润滑油就沿竖直细管（称为文氏管）被吸往上方，并滴向颈部通道，随即被压缩气流喷射雾化带入系统。

图 1-19　直动式减压阀的实物图

空气过滤器、减压阀、油雾器通常组合使用，称为气源处理装置（俗称气动三联件），如图 1-21 所示。气动两联件是空气过滤器和减压阀的组合。气源处理装置是多数气动设备中必

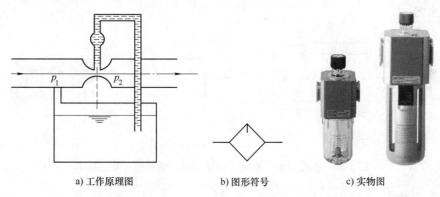

a) 工作原理图　　　　b) 图形符号　　　　c) 实物图

图 1-20　油雾器的工作原理图、图形符号及实物图

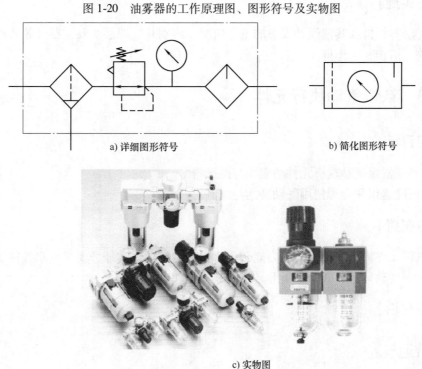

a) 详细图形符号　　　　　　b) 简化图形符号

c) 实物图

图 1-21　气动三联件的图形符号及实物图

不可少的气源装置，其安装次序依进气方向为空气过滤器、减压阀、油雾器。如果仅仅需要过滤水分和调整压力，则两联件就可以满足需要了。如果还需要对输出的压缩空气加油形成含油雾颗粒的压缩空气来润滑气缸、马达，就需要用到气动三联件。

8. 消声器

气压传动系统一般不设排气管道，用后的压缩空气直接排入大气中，伴随有强烈的排气噪声，一般可达 100~120dB。为降低噪声，可在排气口装设消声器。

消声器是通过设置阻尼或增加排气面积来降低排气的速度和功率，从而降低噪声的。气动元件上使用的消声器的类型一般有三种：吸收型消声器、膨胀干涉型消声器、膨胀干涉吸收型消声器。图 1-22 所示为吸收型消声器的结构原理图、图形符号及实物图，它依靠装在内部的吸声材料（玻璃纤维、毛毡、泡沫塑料、烧结材料等）来消声，是目前应用最广泛的一种消声器。

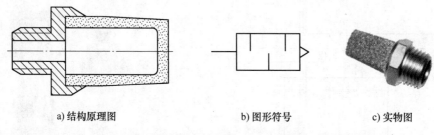

a) 结构原理图　　　　　b) 图形符号　　　　　c) 实物图

图 1-22　吸收型消声器的结构原理图、图形符号及实物图

【任务实施】

观察气动剪板机及其他气动设备的工作情况，辨别其气源系统及主要气源处理件，查看其主要参数、结构和工作情况。

任务 1.3　认识气动执行元件

【学习目标】

1）能辨别常用气动执行元件的实物与图形符号。
2）能正确选用和合理使用气动马达与气缸。

【任务布置】

气动执行元件将压缩空气的压力能转化为机械能做功，本任务要求观察各种气动执行元件，如气缸、气动马达、气动手指等，熟悉其参数和应用。

【相关知识】

1.3.1　普通气缸

气缸和气马达是气压传动系统中的执行元件，它们将压缩空气的压力能转换为机械能。气缸用于实现直线往复运动或摆动，气马达则用于实现连续回转运动。

气缸是用于实现直线运动并做功的元件，其结构、形状有多种形式，分类方法也很多，常用的有以下几种。

1）按压缩空气作用在活塞端面上的方向，可分为单作用气缸和双作用气缸。单作用气缸只有一个方向的运动靠气压传动，活塞的复位靠弹簧力或重力；双作用气缸活塞的往返全部靠压缩空气来完成。

2）按安装方式可分为耳座式气缸、法兰式气缸、轴销式气缸和凸缘式气缸。

3）按结构特征可分为活塞式气缸、柱塞式气缸、薄膜式气缸和摆动式气缸等。

4）按功能可分为普通气缸和特殊气缸。普通气缸是最常用的气缸，主要有活塞式单作用气缸和双作用气缸；特殊气缸包括气液阻尼缸、薄膜式气缸、冲击式气缸、增压气缸、步进气缸、回转气缸等。

GB/T 32336—2015 规定了最为常用的额定压力为 1MPa、带或者不带磁性的单杆和双杆气缸，缸筒内径有十种规格：32mm、40mm、50mm、63mm、80mm、125mm、160mm、200mm、250mm、320mm，活塞行程不大于 1250mm。在一定的气源压力下，缸筒内径标示气缸活塞杆的理论输出力，行程标示气缸的作用范围，它们是气缸的主要参数。

1. 单作用气缸

单作用气缸只可以在活塞一侧通入压缩空气使其伸出或缩回，另一侧是通过呼吸孔开放在大气中的，其结构示意图、图形符号和实物如图 1-23 所示。这种气缸只能在一个方向上做功，活塞的反向动作则靠一个复位弹簧或施加外力来实现。由于压缩空气只能在一个方向上控制气缸活塞的运动，所以称为单作用气缸。单作用气缸有弹簧压入型和弹簧压出型两种。

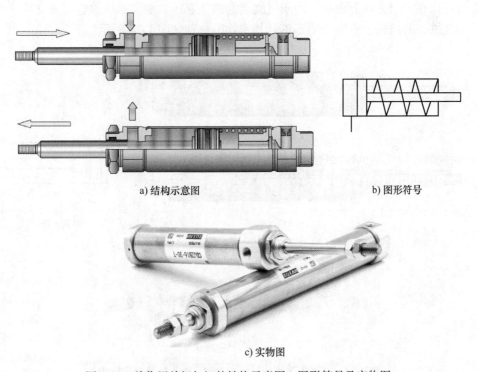

a) 结构示意图　　　　　　　　　　　　　b) 图形符号

c) 实物图

图 1-23　单作用单杆气缸的结构示意图、图形符号及实物图

单作用气缸的特点如下：

1）由于单边进气，因此结构简单、耗气量小。

2）缸内安装了弹簧，增加了气缸长度，缩短了气缸的有效行程，且其行程还受弹簧长度的限制。

3）借助弹簧力复位，使压缩空气的一部分能量用来克服弹簧张力，减小了活塞杆的输出力；而且输出力的大小和活塞杆的运动速度在整个行程中随弹簧的变形而变化。

因此，单作用气缸多用于行程较短以及对活塞杆输出力和运动速度要求不高的场合，如定位和夹紧装置等。

气缸工作时，活塞杆输出的推力必须克服弹簧的弹力及各种阻力，推力可用式（1-6）计算

$$F = \frac{\pi}{4}D^2 p\eta_c - F_s \tag{1-6}$$

式中，F 为活塞杆上的推力；D 为活塞直径；p 为气缸工作压力；F_s 为弹簧力；η_c 为气缸的效率。

气缸工作时的总阻力包括运动部件的惯性力和各密封处的摩擦力等，它与多种因素有关，综合考虑以后，以效率 η_c 的形式计入计算，一般取 0.7~0.8，活塞运动速度小于 0.2m/s 时取大值，活塞运动速度大于 0.2m/s 时取小值。

2. 双作用气缸

单活塞杆双作用气缸是目前使用最为广泛的一种普通气缸，气缸活塞的往返运动是依靠压缩空气从缸内被活塞分隔开的两个腔室（有杆腔、无杆腔）交替进入和排出来实现的，压缩空气可以在两个方向上做功。由于气缸活塞的往返运动全部靠压缩空气来完成，所以称为双作用气缸，其结构示意图、图形符号和实物图分别如图 1-24 所示。

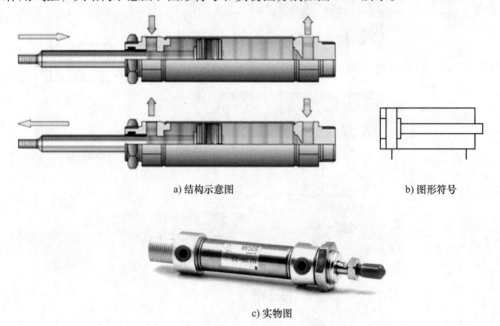

a) 结构示意图　　　　　　　　　　　　b) 图形符号

c) 实物图

图 1-24　双作用气缸的结构示意图、图形符号及实物图

由于没有复位弹簧，双作用气缸可以获得更长的有效行程和稳定的输出力。双作用气缸是利用压缩空气交替作用于活塞上实现伸缩运动的，由于回缩时压缩空气的有效作用面积较小，因此其产生的力要小于伸出时产生的推力。

气缸工作时活塞杆上的输出力用式（1-7）和式（1-8）计算

$$F_1 = \frac{\pi}{4}D^2 p\eta_c \qquad (1\text{-}7)$$

$$F_2 = \frac{\pi}{4}(D^2 - d^2)p\eta_c \qquad (1\text{-}8)$$

式中，F_1 为无杆腔进气时活塞杆上的输出力；F_2 为有杆腔进气时活塞杆上的输出力；D 为活塞直径；d 为活塞杆直径；p 为气缸工作压力；η_c 为气缸效率，一般取 0.7~0.8，活塞运动速度小于 0.2m/s 时取大值，活塞运动速度大于 0.2m/s 时取小值。

1.3.2　其他气缸

1. 无杆气缸

为节省空间，有杆气缸的安装空间约为 2.2L（行程），无杆气缸约为 1.2L，行程与缸径之比可达 50~200，定位精度高。活塞两侧的受压面积相等，具有同样的推力，有利于提高定位精度，可实现长行程制作。图 1-25 所示为磁性耦合式无杆气缸。这种气缸质量小、结构简单、占用空间小、无外泄漏，但限位器使负载停止时，活塞与移动体有脱开的可能。图 1-26 所示为机械式无杆气缸，它有较大的承载能力和抗力矩能力，但可能存在轻微外漏。

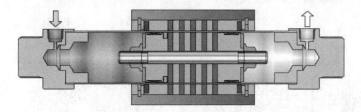

图 1-25　磁性耦合式无杆气缸

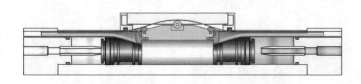

图 1-26　机械式无杆气缸

2. 气动滑动装置

气动滑动装置又称气动滑台，图 1-27 所示的气动滑台是由两个双活塞杆气缸并联而成的，用于位置精度（平面度、直角度等）要求高的组装机器人和工件搬运设备上。

3. 气动手指

气动手指又名气动夹爪或气动夹指，如图 1-28

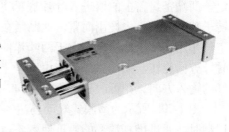

图 1-27　气动滑台实物图

所示，它是利用压缩空气作为动力来夹取或抓取工件的执行装置。气动手指通常可分为 Y 型夹指和平型夹指，缸径有 16mm、20mm、25mm、32mm 和 40mm 几种，其主要作用是替代人的抓取工作，可有效地提高生产率及工作的安全性。

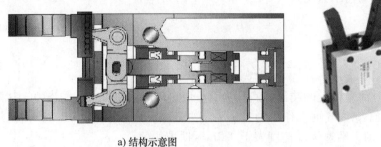

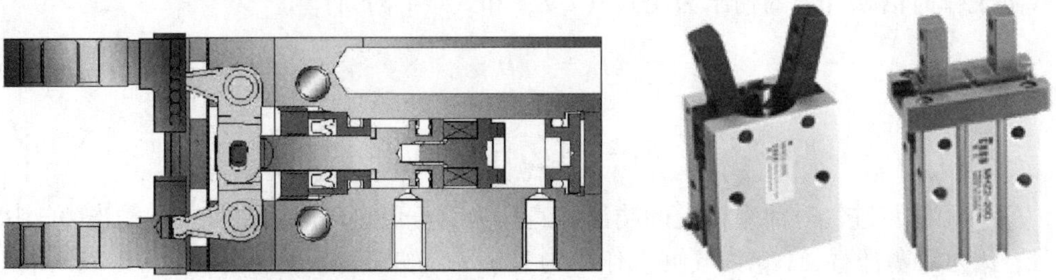

a) 结构示意图   b) 实物图

图 1-28　气动手指的结构示意图及实物图

1.3.3　气动马达

气动马达属于气动执行元件，它是把压缩空气的压力能转换为机械能的转换装置。与气缸不同的是，它主要输出回转运动，即输出力矩，驱动机构做回转运动。

1. 气动马达的分类和工作原理

最常用的气动马达有叶片式、薄膜式、活塞式三种，其工作原理如图 1-29 所示。

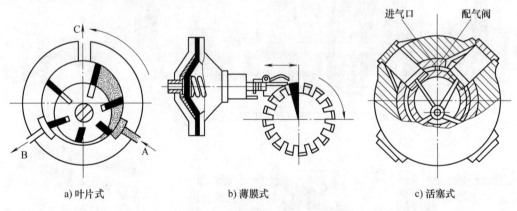

a) 叶片式   b) 薄膜式   c) 活塞式

图 1-29　各种气动马达的工作原理

图 1-29a 所示为叶片式气动马达的工作原理。压缩空气由孔 A 输入后分为两路：一路经定子两端密封盖上的槽进入叶片底部（图中未示出）将叶片推出，叶片依靠此气压推力和转子转动的离心力作用而紧密地贴紧在定子内壁上；另一路进入相应的密封工作空间，压缩空气作用在两个叶片上。由于两叶片伸出长度不等，就产生了转矩，从而使叶片与转子按逆时针方向旋转。做功后的气体由定子上的孔 C 排出，剩余残气经孔 B 排出。若改变压缩空气的输入方向，则可改变转子的转向，其实物图如图 1-30 所示。

图 1-29b 所示为薄膜式气动马达的工作原理。它实际上是一个薄膜式气缸，当其做往复运动时，通过推杆端部的棘爪使棘轮做间歇性转动。

图 1-29c 所示为径向活塞式气动马达的工作原理。压缩空气从进气口进入配气阀后再进

入气缸，推动活塞及连杆组件运动，迫使曲轴旋转，同时，带动固定在曲轴上的配气阀转动，使压缩空气随着配气阀角度位置的改变而进入不同的缸内，依次推动各个活塞运动，由各活塞及连杆带动曲轴连续运转。与此同时，与处于进气状态的气缸相对的气缸则处于排气状态。

图 1-30　叶片式气动马达实物图

2. 气动马达的特点

气动马达具有下述优点：

1）工作安全。可以在易燃、易爆、高温、振动、潮湿、灰尘多等恶劣环境下工作，同时不受高温及振动的影响。

2）具有过载保护作用。可长时间满载工作而温升较小，过载时马达将降低转速或停车，当过载解除后，可立即重新正常运转。

3）可以实现无级调速。通过控制节流阀的开度来控制进入气动马达的压缩空气的流量，就能控制气动马达的转速。

4）具有较高的起动转矩，可以直接带负载起动，且起动、停止迅速。

5）功率范围及转速范围均较宽。功率小至几百瓦，大至几万瓦；转速可从每分钟几转到上万转。

6）结构简单，操纵方便，可正、反转，维修容易，成本低。

气动马达的缺点是速度稳定性较差，输出功率小，耗气量大，效率低，噪声大。

【任务实施】

观察气动剪板机及其他气动设备的工作情况，观察其气动执行件，查看其使用参数、结构和工作情况。

项目2　气动系统方向控制

【项目描述】

任何一个气动系统，无论它所要完成的动作有多么复杂，总是由一些基本回路组成的。所谓基本回路，就是由一些元件组成的，用来完成特定功能的回路。熟悉和掌握这些基本回路的组成、工作原理及应用，是分析、设计和使用气动系统的基础。

气动基本回路按其在液压系统中的功能不同，可分为压力控制回路、速度控制回路、方向控制回路和其他控制回路。在气动基本回路中，实现气动执行元件运动方向控制的回路是最基本的，只有在执行元件的运动方向符合要求的基础上才能进一步对速度和压力进行控制和调节。

本项目主要介绍气动系统的方向控制元件、常用电气控制元件及方向控制基本回路。

任务2.1　送料装置气动控制回路的组装与调试

【学习目标】

1）能辨别常用气动方向控制阀单向阀、换向阀的实物与图形符号。
2）能阅读与分析简单方向控制回路。
3）能合理选用气动元件及工具进行简单方向控制回路的搭建与调试。
4）具有初步的故障分析能力和排除方向控制回路简单故障的能力。

【任务布置】

图2-1所示的送料装置用于将物料推送到加工位置。要求按下按钮开关后，气缸1A1的活塞杆前向运动推送物料；松开按钮开关后，活塞杆返回，准备推送下一个工件。

【任务分析】

在图2-1所示的气动回路中，执行元件可根据实际需要采用单作用气缸或双作用气缸。如果所推物件很重，那么执行元件可采用双杆气缸，反之可选用单杆气缸，以减小耗气量。确定好执行元件的类型后，根据气缸的类型选取具有相应"位"和"通"路数的方向控制阀，控制阀可根据具体要求采用人力、机械或电磁等控制方式。

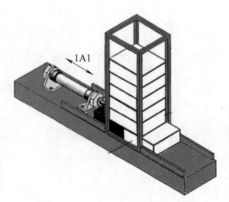

图2-1　送料装置示意图

【相关知识】

2.1.1 方向控制阀

气压传动系统中的控制元件是控制和调节压缩空气的压力、流量、流动方向和发送信号的重要元件。利用它们可以组成各种气动控制回路，使气动执行元件按设计程序正常地进行工作。

控制元件按功能和用途可分为方向控制阀、压力控制阀和流量控制阀三大类。此外，还有通过改变气流的方向和通断来实现各种逻辑功能的气动逻辑元件和射流元件等。

用于通断气路或改变气流方向，从而控制气动执行元件起动、停止和换向的元件称为方向控制阀。方向控制阀主要有单向阀和换向阀两种。

1. 单向阀

单向阀是用来控制气流方向，使其只能单向通过的方向控制阀。如图 2-2a 所示，气体只能从左向右流动，反向时单向阀内的通路会被阀芯封闭。在气压传动系统中，单向阀一般和其他控制阀并联，使其只在某一特定方向上起控制作用。

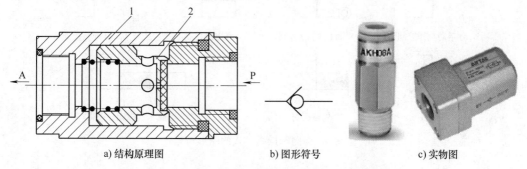

a) 结构原理图   b) 图形符号   c) 实物图

图 2-2　单向阀的结构原理图、图形符号及实物图
1—阀体　2—阀芯

2. 换向阀

用于改变气体通道，使气体流动方向发生变化，从而改变气动执行元件的运动方向的元件，称为换向阀。

换向阀的种类很多，具体分类见表 2-1。

表 2-1　换向阀的种类

分类方式	种　类
按阀芯结构分类	滑阀式、截止阀式、球阀式
按工作位置数量分类	二位、三位、四位
按通路数量分类	二通、三通、四通、五通
按操纵方式分类	人力、机械、气压、电磁

（1）换向阀的表示方法

换向阀的表示方法由阀的通口和工作位置决定，阀的切换通口包括供气口、输出口和排气口，阀芯有几个工作位置就是几位阀。

常见换向阀的位、通路及操纵方式的图形符号如图 2-3 和图 2-4 所示。

a) 二位二通　b) 二位三通　c) 二位四通　d) 二位五通　e) 三位四通　f) 三位五通

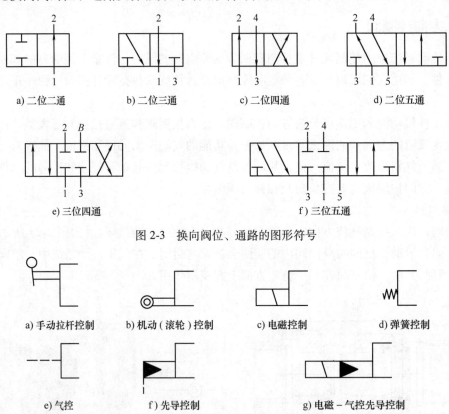

图 2-3　换向阀位、通路的图形符号

a) 手动拉杆控制　b) 机动（滚轮）控制　c) 电磁控制　d) 弹簧控制　e) 气控　f) 先导控制　g) 电磁－气控先导控制

图 2-4　换向阀操纵方式的图形符号

1）用方框表示阀的工作位置，有几个方框就表示有几个工作位置。

2）一个方框与外部相连接的主通口数有几个，就表示几通。

3）方框内的箭头表示该位置上气路接通，但不表示气流的流向；方框内的符号“⊥”或“⊤”表示此通路被阀芯封闭。

4）三位阀中间的方框和二位阀侧面画弹簧的方框为常态位。绘制气动系统原理图时，气路应连接在换向阀的常态位上。

5）控制方式和复位弹簧应画在方框的两端。

6）为便于连接应对换向阀的接气口进行标号，本书采用国家标准 GB/T 32215—2015 的规则：压缩空气供气入口为 1；排气口为 3、5；压缩空气输出口为 2、4；使接口 1、2 导通的控制气路接口为 12；使接口 1、4 导通的控制气路接口为 14。

（2）截止式换向阀与滑阀式换向阀

图 2-5 所示阀的开启和关闭是通过在气控口 12 处加上或撤销一定压力的气体，使大于管道直径的圆盘形阀芯在阀体内移动来控制的，这种换向阀称为截止式换向阀。

截止式换向阀主要有以下特点：

1）用很小的移动量就可以使阀完全开启，阀流通能力强，因此便于设计成紧凑的大流

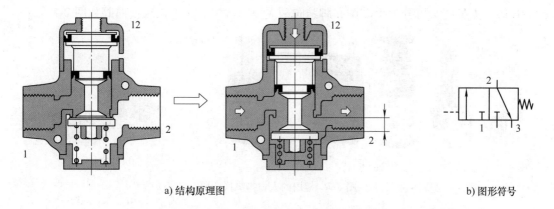

a) 结构原理图   b) 图形符号

图 2-5　截止式二位三通气控换向阀的结构原理图与图形符号

量阀。

2）抗粉尘和污染能力强，对空气的过滤精度及润滑要求不高，适用于环境比较恶劣的场合。

3）当阀口较多时，结构太复杂，所以一般用于三通或二通阀。

4）因为有阻碍换向的背压存在，阀芯关闭紧密、泄漏量小，但换向阻力也较大。

图 2-6 所示的换向阀是通过使两端电磁铁通电和失电，从而使圆柱形阀芯在阀套内做轴向运动来实现换向的，这种换向阀称为滑阀式换向阀。

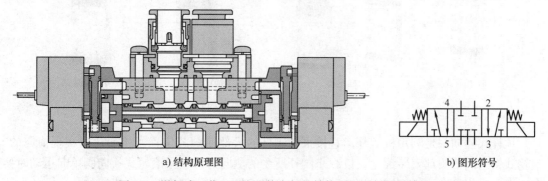

a) 结构原理图   b) 图形符号

图 2-6　滑阀式三位五通电磁换向阀的结构原理图与图形符号

滑阀式换向阀主要有以下特点：

1）换向行程长，即阀门从完全关闭到完全开启所需的时间长。

2）切换时没有背压阻力，所需换向力小，动作灵敏。

3）结构具有对称性，作用在阀芯上的力保持轴向平衡，容易实现记忆功能。

4）阀芯在阀体内滑动，对杂质敏感，对气源处理要求较高。

5）通用性强，易设计成多位多通阀。

（3）换向阀的操纵方式

换向阀按操纵方式主要有人力操纵控制、机械操纵控制、气压操纵控制和电磁操纵控制四类。

1）人力操纵换向阀。依靠人力对阀芯位置进行切换的换向阀称为人力操纵换向阀，简称人控阀。人控阀又可分为手动阀和脚踏阀两大类。常用的人力操纵换向阀如图 2-7 所示。

a) 手动阀   b) 脚踏阀

图 2-7　常用的人力操纵换向阀

人力操纵换向阀与其他控制方式的换向阀相比，使用频率较低，动作速度较慢。因操纵力不宜太大，所以阀的公称通径较小，操作也比较灵活。

2）机械操纵换向阀。机械操纵换向阀是利用安装在工作台上的凸轮、挡块或其他机械装置来推动阀芯动作而实现换向的换向阀。由于它主要用来控制和检测机械运动部件的行程，所以一般也称为行程阀。行程阀常见的操纵方式有顶杆式、杠杆式、滚轮式、单向滚轮式等，其换向原理与手动换向阀类似。常用的机械操纵换向阀如图 2-8 所示。

a) 顶杆式　　　　b) 杠杆式　　　　c) 滚轮式　　　　d) 单向滚轮式

图 2-8　常用的机械操纵换向阀

顶杆式换向阀是利用机械外力直接推动阀杆的头部使阀芯位置发生变化来实现换向的。滚轮式换向阀的头部安装滚轮，以减小阀杆所受的侧向力。单向滚轮式换向阀单向运动时换向，反向时不换向，常用它来排除回路中的障碍信号，其头部滚轮是可折回的。

3）气压操纵换向阀。气压操纵换向阀是利用空气压力来实现换向的，简称气控阀。根据控制方式不同，又可分为加压控制、卸压控制和差压控制三种。常用的气压操纵换向阀如图 2-9 所示。

加压控制是指控制信号的压力上升到阀芯动作压力时，主阀换向，是最常用的气控阀；卸压控制是指所加的气压控制信号减小到某一压力值时阀芯动作，主阀换向；差压控制是利用换向阀两端气压有效作用面积的不同，使阀芯两侧产生压力差来使其动作而实现换向的。

图 2-9　常用的气压操纵换向阀

4）电磁操纵换向阀。电磁操纵换向阀是利用电磁铁线圈通电时所产生的电磁吸力使阀芯改变位置来实现换向的，简称电磁阀。电磁铁的结构如图 2-10 所示，电磁线圈主要由线圈、动铁心及定铁心三部分组成,动铁心和定铁心一般用软磁材料制成。电磁阀能够利用电信号对气流方向进行控制,使得气压传动系统可以实现电气控制,是自动化基础元件,在液压、气动装置中应用普遍。

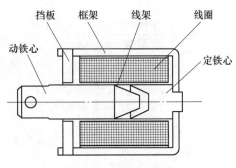

图 2-10　电磁铁的结构

电磁操纵换向阀按操纵方式不同可分为直动式和先导式。常用电磁操纵换向阀如图 2-11 所示。

将电磁阀集成为阀组,统一进、排气和供电,可以节省空间,减少安装配件数量,如图 2-12 所示。

图 2-11　常用电磁操纵换向阀

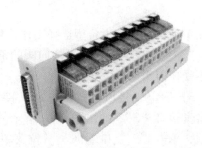

图 2-12　电磁阀集成为阀组

（4）利用 FluidSIM 软件绘制换向阀的方法

以图 2-13 所示的二位三通常开型手动换向阀为例,介绍利用 FluidSIM 软件绘制换向阀的方法。

1）将图 2-14 所示的 FluidSIM-P 软件元件库中的 n 位三通换向阀拖至绘图区域中。

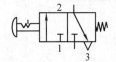

图 2-13　二位三通常开型
手动换向阀

图 2-14　FluidSIM-P 软件元件
库中的 n 位三通换向阀

2）确定工作位置和左端、右端驱动。双击换向阀,弹出图 2-15 所示的"配置换向阀结构"对话框。从"左端驱动"区的"手控"下拉菜单中选择"带锁定手控方式","右端驱动"选择勾选"弹簧复位"复选框,单击"确定"按钮关闭对话框。

换向阀两端的驱动方式可以单独定义,可以采用同一种驱动方式,也可以采用多种驱动方式,如"手动""机控"或"气控/电控"。单击其后下拉菜单可以设置驱动方式,若不希望选择驱动方式,则应直接从驱动方式下拉菜单中选择空白符号。对于换向阀的每一端,都可以设置为"弹簧复位"或"气控复位"。

在图 2-15 中的"描述"文本框中键入换向阀的名称,该名称用于状态图和元件列表中。

图 2-15 中的"阀体"区表示换向阀的工作位置,最多可有四个工作位置,单击"阀体"下拉菜单右边向下箭头并选择图形符号,就可以设置每个工作位置。每个工作位置都

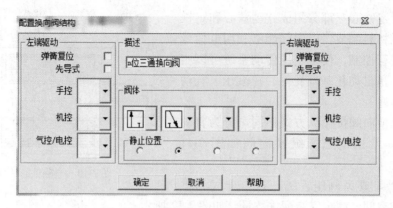

图 2-15 "配置换向阀结构"对话框

可以单独设置，若不希望选择工作位置，则应直接从"阀体"下拉菜单中选择空白符号。

"静止位置"用于定义换向阀的常态位置（当换向阀为三位阀时称为中位），是指换向阀不受任何驱动的工作位置。

3）确定气接口形式。指定气接口 3 为排气口，双击气接口"3"，弹出图 2-16 所示的"气接口"对话框，单击"气接口端部"下拉菜单右边向下箭头，选择排气口符号▽（表示简单排气），从而确定排气口的接口形式，单击"确定"按钮关闭对话框，即完成图 2-13 所示二位三通常开型手动换向阀的绘制。

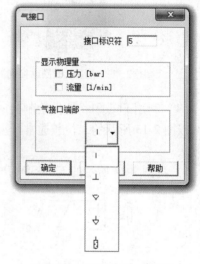

图 2-16 "气接口"对话框

2.1.2 基本电气控制元件

在实际气压传动系统中，如果采用纯气动控制，则回路往往比较复杂，故实际设备大多使用电磁阀，即采用电气控制。这样不仅能对不同类型的执行元件进行集中统一控制，也可以较方便地满足比较复杂的控制要求和实现远程控制。此外，电信号的传递速度也远高于气压信号的传递速度，控制系统可以获得更高的响应速度。

1. 按钮

按钮是一种常用电气控制元件，通常用来接通或断开电路，其电气符号为 SB。按钮由按键、动作触头、复位弹簧、按钮盒组成。按钮可分为：

1）常开按钮是开关触点常态断开的按钮。

2）常闭按钮是开关触点常态接通的按钮。

3）复合按钮是开关触点常态既有接通也有断开的按钮。

按钮在电气原理图中的表示方法及实物图如图 2-17 所示。

2. 电磁继电器

电磁继电器在电气控制系统中起控制、放大、联锁、保护和调节的作用，是实现控制过程自动化的重要元件，其结构原理如图 2-18a 所示。电磁继电器的线圈通电后，所产生的电

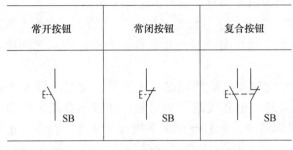

常开按钮	常闭按钮	复合按钮

a) 图形符号 　　　　　　　　　　　　　　　　　　b) 实物图

图 2-17　按钮的图形符号及实物图

磁吸力克服释放弹簧的反作用力使铁心和衔铁吸合。衔铁带动动触点 1，使其和静触点 2 分断，和静触点 4 闭合。线圈断电后，在释放弹簧的作用下，衔铁带动动触点与静触点 4 分断，与静触点 2 再次回复闭合状态。一个电磁继电器可带多组常开、常闭触点，电磁继电器的图形符号和实物如图 2-18b、c 所示。

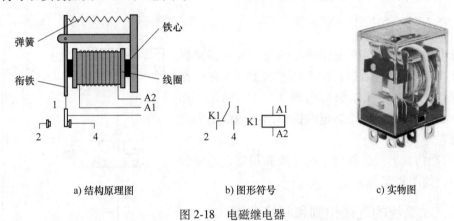

a) 结构原理图　　　　　　　　　b) 图形符号　　　　　　　　　c) 实物图

图 2-18　电磁继电器

2.1.3　利用 FluidSIM 软件绘制电气控制回路图

　　利用 FluidSIM 软件可以绘制电气控制回路图，以实现气动、液压和电气的联合仿真，其电路图绘制方法和规则与国家标准电气简图的编制方法基本一致。

　　下面以图 2-19 所示的气动与电气回路为例，介绍气动与电气回路图的绘制方法和应注意的问题。

　　1）选定元件库中的气动和电气元件，将其拖至绘图区域中，完成图形绘制。电气元件与气动元件的连接方式相同。

　　注意：有些电气元件会同时出现在电路与气路中，如电磁阀的电磁线圈、气/电转换器（压力继

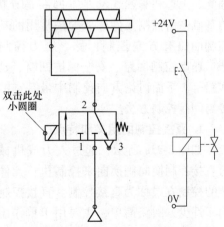

图 2-19　电磁线圈在气路图和电路图中的表示方法

31

电器）等。电磁线圈在气路图和电路图中的表示方法分别如图2-20a、b所示。

2）气路图和电路图在同一文件窗口内，需分别单独绘制，如图2-19所示，左侧为气路图，右侧为电路图。因此，在电气元件（如电磁线圈）与气动元件（如换向阀）之间应通过建立标签来确定联系。

将鼠标移至图2-19气路图中二位三通电磁阀电磁线圈的小圆圈处，此时小圆圈变成绿色，左键双击小圆圈，弹出图2-21所示的"电磁线圈"对话框，注意不要双击换向阀主体；或在小圆圈变成绿色状态时单击鼠标右键，在右键菜单下执行"属性"命令，也可弹出图2-21所示的"电磁线圈"对话框，在对话框中的"标签"文本框内键入标签名"1Y1"。标签名最多可含有32个字符，由字母、数字和符号组成。

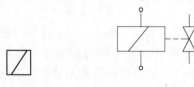

a）气路图中的表示方法　　b）电路图中的表示方法

图2-20　气动与电气回路示例

图2-21　"电磁线圈"对话框

鼠标左键双击图2-19电路图中的电磁线圈，同样弹出图2-21所示的对话框，键入标签名1Y1，在气路图与电路图中，电磁铁左侧均出现"1Y1"标记，如图2-22所示。此时气路图与电路图中的电磁线圈即建立了联系。

3）启动仿真。按住按钮，电磁线圈得电，电磁换向阀换向，如图2-22所示。

2.1.4　气动系统的直接控制和间接控制

气压传动系统由具有各种功能的基本回路组成。因此，熟悉和掌握气动基本回路是分析气压传动系统的基础。由控制元件构成的最常用的基本控制回路有方向控制回路、压力控制回路、速度控制回路、安全保护回路、延时回路等。下面讨论方向控制中最基本的直接与间接控制方法。

1. 直接控制的定义和特点

如图2-23a所示，通过人力或机械外力直接控制换向阀换向来控制执行元件动作的控制方式称为直接控制。直接控制所用元件少，回路简单，主要用于单作用气缸或双作用气缸的简单控制，但无法满足换向条件比较复杂的控制要求。而且由于

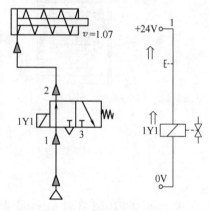

图2-22　示例仿真

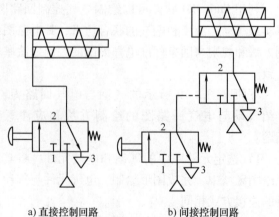

a）直接控制回路　　　b）间接控制回路

图2-23　直接与间接控制回路

直接控制是由人力和机械外力直接操纵换向阀换向的，操纵力较小，只适用于所需气体流量和控制阀的尺寸相对较小的场合。

2. 间接控制的定义和特点

如图 2-23b 所示，间接控制是指执行元件由气控换向阀来控制动作，人力、机械外力等外部输入信号只是用来控制气控换向阀的换向，不直接控制执行元件动作。

间接控制主要用于下面两种场合：

（1）控制要求比较复杂的回路

在多数气压控制回路中，控制信号往往不止一个，或输入信号要经过逻辑运算、延时等处理后才去控制执行元件动作。如果采用直接控制，将无法满足控制要求，这时宜采用间接控制。

（2）高速或大口径执行元件的控制

执行元件所需气流量的大小决定了所采用的控制阀公称通径的大小。对于高速或大口径执行元件，其运动需要较大的压缩空气流量，相应控制阀的公称通径也较大。这样，使得驱动控制阀阀芯动作需要较大的操纵力，直接控制信号（如手动信号）不能满足要求，宜采用间接控制。

2.1.5 气动实训操作指导

常用气动实训装置如图 2-24 所示，一般由电源模块、按钮模块、继电器模块、PLC 模块、气源、带安装底板的气动元件等组成。实训屏表面采用带槽铝合金，方便安装和拆卸各种气动元件。可以根据实训需要运用快速接头连接元件，在实训屏上任意搭建气动回路，组成具有一定功能的气动系统。

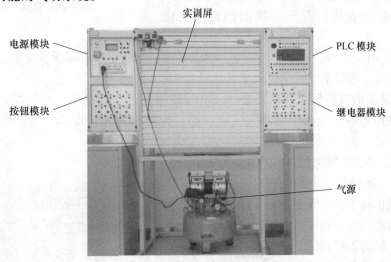

图 2-24　气动实训装置

用气动实训装置搭建回路时应注意：

1）电源模块的输入电压是 AC 220V 或 AC 380V；电磁阀、继电器、磁性开关、压力继电器、行程开关等电气装置一般采用 DC 24V 低电压，接线时应注意正、负极要求，不允许带电操作。

2）所有布管工作不可以带气操作，应切断气源后再操作。

3）用塑料软管和快速接头连接回路的方法如图 2-25a 所示，轻推塑料软管即可将其插入快速接头内。必须确保气管插入底部，元件和快速接头锁定后才可使用。

4）拆卸塑料软管和快速接头的方法如图 2-25b 所示，一手按住快速接头压紧圈，一手紧紧握住气管末端，然后拔掉气管，禁止强行拔出。

a) 塑料软管和快速接头的连接　　　　　b) 塑料软管和快速接头的拆卸

图 2-25　塑料软管和快速接头的连接与拆卸

注意：有压缩空气时不可从快速接头中拔掉气管，此时会有抽打现象，应注意安全。

5）为了避免因塑料软管连接处老化而造成气管漏气、脱掉，可用剪刀修剪气管的头部，以保证接口处的牢固性及密封性，切断面应平整，以防止漏气，修剪方法如图 2-26 所示。

6）当接通压缩空气时，气缸活塞杆可能会出现伸出运动，此时不要接触任何运动部件（如活塞杆、换向凸轮），以防在限位开关和换向凸轮间夹伤手指。

图 2-26　修剪气管

7）管路走向要合理，尽量平行布置，力求最短，弯曲要少且平缓，避免急剧弯曲。用软管连接气路时，弯曲半径通常应大于其外径的 9~10 倍。

8）实训设定的气压值通常在 0.2~0.3MPa 即可满足功能要求，对于需要使用压力顺序阀或压力继电器等压力动作元件的气动回路，为使压力元件动作，一般将压力设定为 0.4~0.5MPa。

9）实训完毕后关闭电源、气源。一般气源接口处都设置截止阀，截止阀手柄与管路垂直为关闭状态，与管路平行为开启状态，如图 2-27 所示。

实训中一定要严格按规范操作，实训结束后要设备摆放整齐，工位整洁干净，元器件

图 2-27　截止阀状态

归位，无乱丢、乱放现象。建议按 6S 管理制度（整理、整改、打扫、洁净、修养、安全）要求，建立清洁、有效的实训环境。

【任务实施】

1. 方案确定与气动控制回路设计

（1）全气动控制方案

送料装置的动作简单，可以采用直接或间接控制；可以采用手动全气动控制，也可以实现电气控制；可以采用双杆缸，也可以采用单杆缸。

完全利用气动控制元件对气动执行元件进行运动控制的回路称为全气动控制回路。它一般适用于要求耐水，有高防爆、防火要求，不能有电磁噪声干扰的场合，以及元件数量较少的小型气动系统。

单杆缸控制回路设计参考图 2-23，单杆缸一般采用三通换向阀控制活塞杆运动。

采用双作用缸的直接控制回路通过按钮阀直接控制气缸动作，如图 2-28a 所示；间接控制回路则用单气控五通换向阀控制气缸动作，用三通按钮阀 1S1 控制单气控五通换向阀，将按钮阀设计在单气控五通换向阀的控制气路上。请在图 2-28b 虚线框中绘出单气控五通换向阀，补充完成采用双杆缸的间接控制回路。

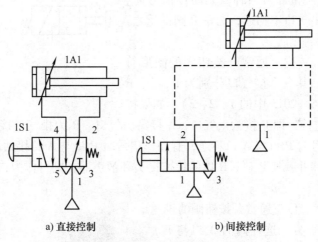

a) 直接控制   b) 间接控制

图 2-28　送料装置控制回路设计（1）

（2）电气控制方案

运用电气一体化控制方法，利用电磁阀和继电器重新设计的控制回路如图 2-29 所示，其中图 2-29b 不用电磁继电器，电路简单；图 2-29c 采用电磁继电器，电路控制和扩展性能较好。

2. 回路的组装与调试

1）根据项目要求设计回路，在仿真软件上进行调试和运行。

2）熟悉实训设备的使用方法，包括气源的开关、气源调节装置的安装与调节、元件的选择和固定、管线的插接等。

3）选择相应元件，在实训台上组建回路并检查连接是否正确。实训中严格按照规范，小组协作互助完成。

注意：

①在二位阀的图形符号中，与弹簧相邻的方框为常态位，如图 2-30 所示。二位三通换

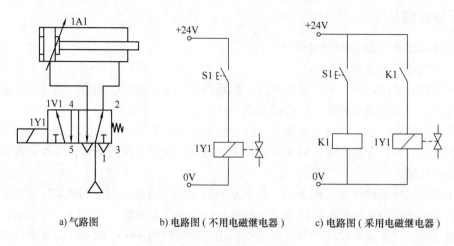

a) 气路图　　　　b) 电路图（不用电磁继电器）　　　c) 电路图（采用电磁继电器）

图 2-29　送料装置控制回路设计（2）

向阀的常态位有常开和常闭两种，无动作信号时，换向阀的输入、输出气口不相通，为常开阀；反之，为常闭阀。

②图 2-31a 所示二位三通常开按钮阀的图形符号标注在阀体表面，其三个接气口分别为 P、A、R（对应于 GB/T 32215—2015 中的 1、2、3）。如果按

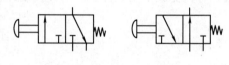

a) 常开阀　　　　b) 常闭阀

图 2-30　二位三通换向阀

图 2-31a 所示方法连接，即 P 接输入气口、A 接输出气口、R 为排气口接消声器，则为一常开阀，即无动作信号时 P 口与 A 口不通，有动作信号时 P 口与 A 口接通。若将 P 口与 R 口互换，即用扳手拆卸并互换 P 口、R 口的快速接头和消声器，则可作为二位三通常闭按钮阀使用。

③图 2-31b 所示二位三通常开按钮阀的排气口 R 布置在按钮下方，这种阀的 A 口与 P 口不可互换。

④无论是图 2-31a 或图 2-31b 所示的按钮阀，输入气口 P 和输出气口 A 均不可接反，勿从 A 口进气，P 口输出，这样会导致严重漏气现象。

⑤采用间接控制的回路，按钮阀输出应当接五通换向阀的气控口，应注意辨别主气路和控制气路。

a) 三接气口式　　　　b) 两接气口式

图 2-31　按钮阀的连接方法

4）打开气源，观察压力表指示的压力是否在合理范围内。

注意：若空压机较长时间断电，会导致气源出口压力低于气源处理装置中减压阀的设定值（一般在 0.1MPa 以下），当连接好回路开启截止阀时，过滤器处会出现严重漏气现象。此时应关闭气源出口截止阀，给空压机供电，空压机会自行起动，观察气源出口压力表示值上升至

0.4MPa 左右时，再次打开截止阀并调整减压阀压力至 0.2~0.3MPa，漏气现象即可消除。

5）观察运行情况，分析并解决使用中遇到的问题。调试中遇到的问题可能具有陷蔽性、复杂性、可变性，在分析和排除故障时，要耐心仔细辨别。

6）完成实训并经教师检查评估后，关闭电源、气源，拆下管线，将元件放回原来位置，做好实训室整理工作。

3. 思考题

1）回路采用单作用缸与双作用缸时所选用的主气控阀有何不同？

2）直接控制与间接控制的区别是什么？各适用于什么场合？

3）换向阀的"位"和"通"路数指的是什么？

任务 2.2　折边装置气动控制回路的组装与调试

【学习目标】

1）能辨别双压阀实物与图形符号。

2）能够识读和分析逻辑与控制回路的工作原理图。

3）能合理选用气动元件及工具进行简单逻辑与控制回路的搭建与调试。

4）能完成逻辑与控制回路常见简单故障的分析与排除。

【任务布置】

折边装置示意图如图 2-32 所示，要求同时操作两个相同的按钮开关，使折边装置的成形模具向下锻压，将平板折边。仅操作一个按钮时，装置不动作。松开两个或一个按钮开关时，均会使气缸 1A1 退回到初始位置。气缸两端的压力由压力表指示。

【任务分析】

在本任务中，只有在两个按钮同时按下时气缸活塞才会伸出，从而保证了在气缸伸出时不会因操作不当而使双手受到伤害，因此这种回路又称为"双手操作回路"，是一种很常见的安全保护回路。两个按钮同时按下的条件从逻辑上是条件与的关系，可以用双压阀、按钮阀串联、电气按钮串联等方案实现。

【相关知识】

2.2.1　双压阀

双压阀能实现逻辑与的功能。如图 2-33 所示，双压阀有两个输入口 1 和一个输出口 2。只有当两个输入口都有输入信号时，输出口才有输出，从而实现了逻辑与的功能。当两个输入信号压力不等时，将输出压力相对低的那一个，因此它还有选择压力的作用。

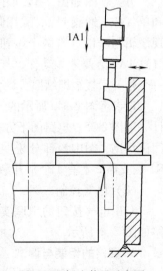

图 2-32　折边装置示意图

2.2.2 气动逻辑与回路

利用双压阀可以实现逻辑与基本回路，如图2-34a所示。

在气动控制回路中，逻辑与除了可以用双压阀实现外，还可以通过输入信号的串联来实现，即将两个按钮阀串联安装，如图2-34b所示。

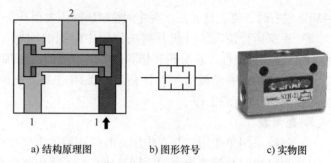

a) 结构原理图　　b) 图形符号　　c) 实物图

图2-33　双压阀的结构原理图、图形符号及实物图

如果采用电气控制，则可以采用电气按钮串联的方法实现逻辑与控制。

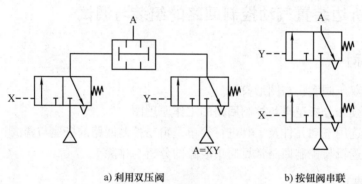

a) 利用双压阀　　　　　　b) 按钮阀串联

图2-34　气动逻辑与回路方案

【任务实施】

1. 方案确定与气动控制回路设计

（1）全气动控制方案

方案草图如图2-35所示，使用双作用气缸1A1和单气控五通阀1V1，采用间接控制，利用双压阀实现逻辑与功能。当两个按钮1S1、1S2同时按下后，气缸1A1活塞才能动作，气缸伸出。1S1、1S2中任一个松开后气缸即缩回，设备恢复初始状态。

请参考图2-34a所示的气动逻辑与回路方案，设计完成图2-35。电路图下方是Festo软件自动生成的阅读帮助，图中该部分说明支路1中的电磁继电器K1在支路2上有1个常开触点。

（2）电气控制方案

利用电气按钮的串联实现逻辑与关系，控制回路如图2-36所示。

2. 回路的组装与调试

1）根据任务要求设计回路，在仿真软件中进行调试和运行。

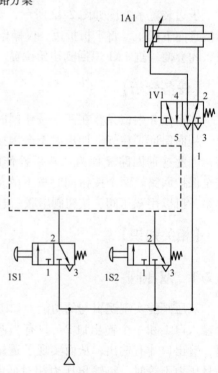

图2-35　折边装置控制回路设计（1）

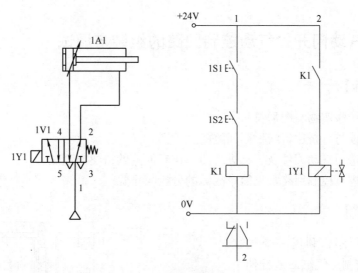

图 2-36　折边装置控制回路设计（2）

注意：逻辑与回路要求在仿真期间同时操作两个手动换向阀或按钮，FluidSIM 软件提供的解决方法是按住<Shift>键，再单击手动换向阀或按钮，即可实现同时操控，进行仿真，任意单击元件释放，工作状态复位。

2）选择相应元件，在实训台上组建回路并检查回路是否正确。

注意：

①控制气路和主气路不要混淆，主气路控制气缸动作，控制气路控制气控阀动作。

②本回路中按钮阀采用常开式，不可错用为常闭式，否则回路不能正常工作。

3）打开气源，观察压力表指示的压力是否在合理范围内。

4）观察运行情况，分析和解决使用中遇到的问题。

5）完成实训并经教师检查评估后，关闭气源，拆下管线，将元件放回原来位置，做好实训室整理工作。

3. 思考题

1）双压阀的工作原理是什么？

2）双压阀与串联按钮阀实现逻辑与回路的区别是什么？

【任务拓展】

利用两个按钮阀串联也可以实现逻辑与功能的全气动回路，参考图 2-34b，请补充完成图 2-37 所示的回路设计图。同样，我们要能综合运用已有的知识和方法，勇于创新，因为创新是一个民族进步的灵魂。

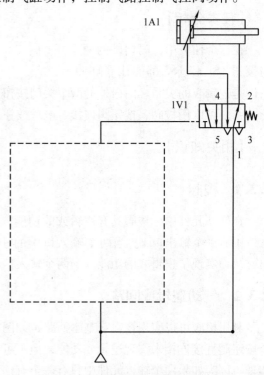

图 2-37　折边装置控制回路设计（3）

任务 2.3　气动门开关气动控制回路的组装与调试

【学习目标】

1）能辨别梭阀实物与图形符号。
2）能够阅读与分析逻辑或控制回路的原理图。
3）能合理选用气动元件及工具进行简单逻辑回路的搭建与调试。
4）能进行逻辑控制回路常见简单故障的分析与排除。

【任务布置】

如图 2-38 所示，利用一个气缸对门进行开关控制。气缸活塞杆伸出时，门打开；活塞杆缩回时，门关闭。门内侧的开门按钮和关门按钮分别为 1S1 和 1S2；门外侧的开门按钮和关门按钮分别为 1S3 和 1S4。任意按下 1S1、1S3 中的一个按钮，都能控制门打开；按下 1S2、1S4 中的一个钮按，都能让门关闭。

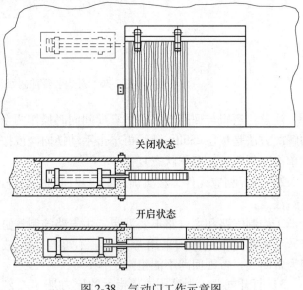

关闭状态

开启状态

图 2-38　气动门工作示意图

【任务分析】

在这个任务中，门内外的两个开门按钮 1S1 和 1S3 都能让气缸伸出，它们是逻辑或的关系。门内外的两个关门按钮 1S2 和 1S4 都能让气缸缩回，它们也是逻辑或的关系。可以用梭阀、按钮阀连接、电气按钮并联的方案实现逻辑或功能。

【相关知识】

2.3.1　梭阀

在气动元件中，梭阀具有逻辑或的功能。如图 2-39 所示，梭阀和双压阀一样有两个输入口 1 和一个输出口 2。当两个输入口中的任何一个输入口有输入信号时，输出口就有输出，从而实现了逻辑或的功能。当两个输入信号压力不等时，梭阀将输出压力高的那一个。

2.3.2　气动逻辑或回路

利用梭阀可以实现逻辑或基本回路，如图 2-40a 所示。在气动控制回路中，也可以将两个按钮阀直接连接来实现逻辑或功能，但不可以简单地通过输入信号的并联（图 2-40c）来实现。因为如果两个输入元件中只有一个有信号，其输出的压缩空气会从另一个输入元件的排气口漏出。正确的连接方法如图 2-40b 所示。如果采用电气控制，则可以采用按钮并联的方法实现逻辑或控制。

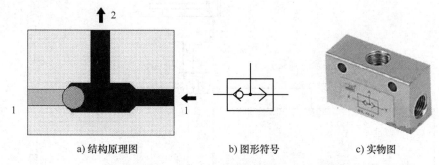

a) 结构原理图　　　　　　　b) 图形符号　　　　　　　c) 实物图

图 2-39　梭阀的结构原理图、图形符号及实物图

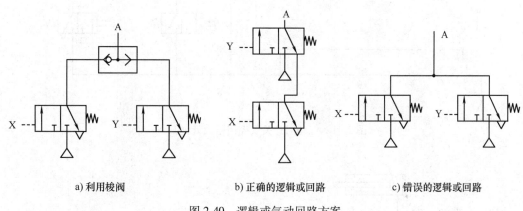

a) 利用梭阀　　　　　　　b) 正确的逻辑或回路　　　　　　　c) 错误的逻辑或回路

图 2-40　逻辑或气动回路方案

【任务实施】

1. 方案确定与气动控制回路设计

（1）全气动控制方案

方案草图如图 2-41 所示，采用双作用气缸 1A1，利用梭阀实现逻辑或功能，请补充完成回路设计图。

（2）电气控制方案

利用电气按钮的并联，可实现逻辑或关系，设计的控制回路如图 2-42 所示，请补充完成电路图。

2. 回路的组装与调试

1）根据任务要求设计回路，在仿真软件中进行调试和运行。

2）对气路图和电路图进行连接和检查。实训要严格按规范操作，小组协作互助完成。

注意：

①梭阀和双压阀及调速阀的接口相似，不要混淆。

②单气控阀和双气控阀不要用错。

3）连接无误后，打开气源，观察压力表指示的压力是否在合理范围内。

4）观察气缸运行情况是否符合控制要求。

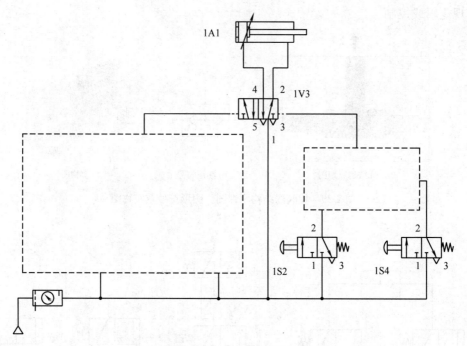

图 2-41 气动门开关气控回路设计 (1)

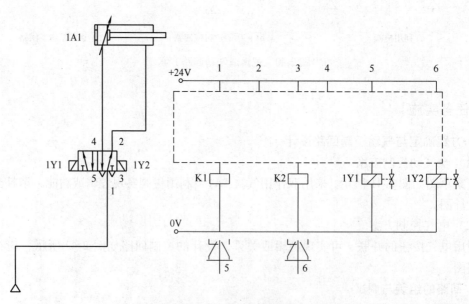

图 2-42 气动门开关气控回路设计 (2)

5）分析和解决实训中出现的问题。

6）实训完成经指导教师评估合格后，关闭电源、气源，拆下管线，将各元件放回原位置，做好实训室整理工作。

3. 思考题

1）梭阀的工作原理是什么?

2）为何不能简单地用按钮阀并联以实现逻辑或关系？

【任务拓展】

不用梭阀，利用两个按钮阀也可以实现逻辑或功能，请补充完成图 2-43 所示的回路设计图。

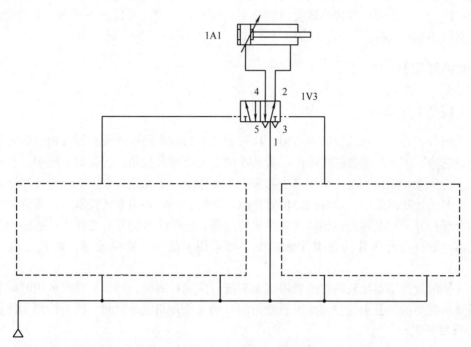

图 2-43　气动门开关气控回路设计（3）

任务 2.4　自动送料装置气动控制回路的组装与调试

【学习目标】

1）能辨别常用行程阀、行程开关、接近开关的实物与图形符号。
2）能够阅读与分析行程程序控制回路的工作原理图。
3）能合理选用气动元件及工具进行行程程序控制回路的搭建与调试。
4）能进行行程程序控制回路常见简单故障的分析与排除。

【任务布置】

自动送料装置结构示意图如图 2-44 所示，主要由推料气缸、料仓等组成。当按下起动按钮后，推料气缸活塞杆伸出，将底层的第一个物料推出料仓，在物料被推到指定位置后，推

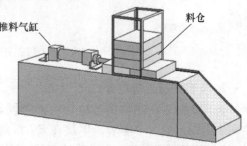

图 2-44　自动送料装置结构示意图

料气缸活塞杆快速返回，返回到位后，推料气缸再次伸出重复相同的工作。

【任务分析】

本任务要求气缸能自动实现伸出和缩回循环，解放了人力，实现了自动化生产。任务中要求气缸伸出到位后退回，退回到位后伸出循环工作。为了判断气缸的动作是否到位并起动下一步动作，一般采用位置传感器发出信号来实现位置检测，并发出下一步动作起动信号，从而控制回路循环动作。

【相关知识】

2.4.1 位置传感器

在采用行程程序控制的气动回路中，执行元件的每一步动作完成时都有相应的发信元件发出完成信号，下一步动作都应由前一步动作的完成信号来起动。在气动系统中，行程发信元件一般为位置传感器。在一个回路中有多少个动作步骤，就应有多少个位置传感器。

在全气动控制回路中，最常用的位置传感器是行程阀；采用电气控制时，最常用的位置传感器有行程开关、电容式传感器、电感式传感器、光电式传感器、光纤式传感器和磁感应式传感器。除行程开关外的各类传感器由于都采用非接触式感应原理，因此也称为接近开关。

当安装位置传感器比较困难或者根本无法进行位置检测时，行程信号也可用时间、压力信号等其他类型的信号来代替。此时所使用的检测元件是相应的时间、压力检测元件。

1. 行程开关

行程开关又称限位开关或位置开关，如图 2-45 所示，它是最常用的接触式位置检测元件，是一种根据运动部件的行程位置来切换电路工作状态的控制电器。它的工作原理和行程阀非常接近。行程阀是利用机械外力使其内部气流换向，行程开关则是利用机械外力改变其内部电触点的通断情况。

a) 图形符号   b)实物图

图 2-45   行程开关的图形符号及实物图

2. 电容式接近传感器

电容式接近传感器的感应面由两个同轴金属电极构成，很像"打开的"电容器电极。这两个电极构成一个电容，串接在 RC 振荡回路内，其工作原理如图 2-46 所示。电源接通时，RC 振荡器不振荡，当一物体朝着电容器的电极靠近时，电容器的容量增加，振荡器开始振荡。通过后级电路的处理，将不振荡和振荡两种信号转换成开关信号，从而达到了检测

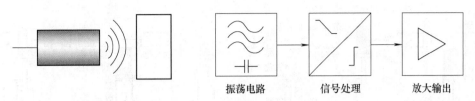

振荡电路　　　　　信号处理　　　　　放大输出

图 2-46　电容式接近传感器的工作原理

有无物体存在的目的。这种传感器能检测金属物体，也能检测非金属物体。对于金属物体，可以获得最大的动作距离；而对于非金属物体，动作距离的决定因素之一是材料的介电常数。材料的介电常数越大，可获得的动作距离越大。材料的面积对动作距离也有一定影响。电容式接近传感器的图形符号与实物图如图 2-47 所示。

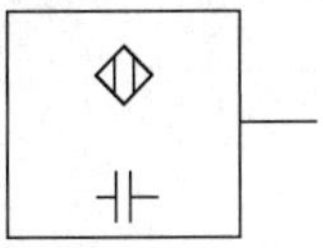

3. 电感式接近传感器

电感式接近传感器的工作原理如图 2-48 所示。电感式接近传感器内部的

a) 图形符号　　　　　　b) 实物图

图 2-47　电容式传感器的图形符号与实物图

振荡器在传感器工作表面产生一个交变磁场，当金属物体接近这一磁场并达到感应距离时，在金属物体内产生涡流，从而导致振荡衰减，直至停止振动。振荡器振荡及停止振荡的变化被后级放大电路处理并转换成开关信号，触发驱动控制元件，从而达到非接触式检测的目的。电感式接近传感器只能检测金属物体。电感式接近传感器的图形符号与实物图如图 2-49 所示。

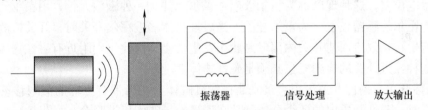

振荡器　　　　　信号处理　　　　　放大输出

图 2-48　电感式接近传感器的工作原理

4. 光电式接近传感器

光电式接近传感器是通过把光强度的变化转换成电信号的变化来实现检测的。光电式接近传感器的工作原理如图 2-50 所示，它通常由发射器、接收器和检测电路三部分构成。发射器对准物体发射光束，发射的光束一般来源于发光二极管和激光二极管等半导体光源。光束不间断地发射，或者改变脉冲宽度。接收器由光敏二极管或光敏晶体管组成，用于接收发射器发出的光线。检测电路用于滤出并应用有效信号。常用的光电式接近传感器又可分为漫射式、反射式、对射式等几种。光电式接近传感器的图形符号与实物图如图 2-51 所示。

a) 图形符号　　　　　　b) 实物图

图 2-49　电感式接近传感器的图形符号与实物图

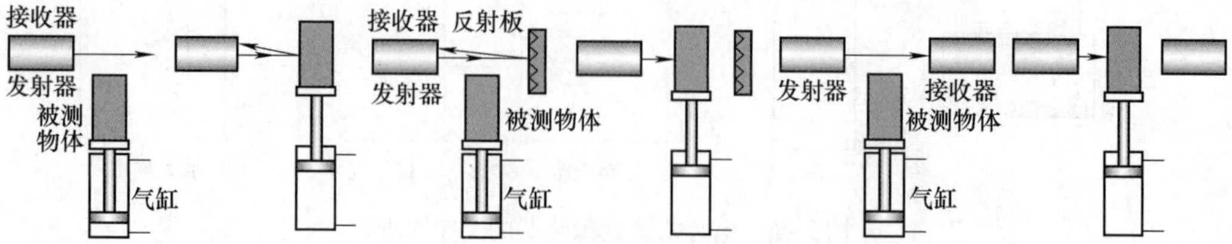

图 2-50　光电式接近传感器的工作原理

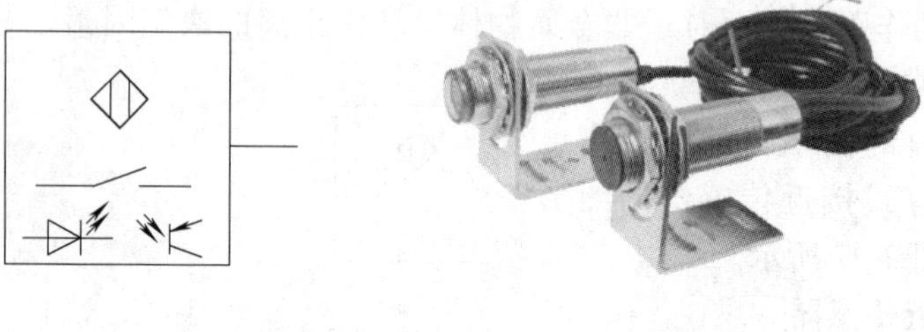

a) 图形符号　　b) 实物图

图 2-51　光电式接近传感器的图形符号与实物图

5. 磁感应式接近传感器

磁感应式接近传感器利用磁性物体的磁场作用来实现对物体的感应，主要有霍尔传感器和磁性开关两种类型。

1）霍尔传感器　当一块通有电流的金属或半导体薄片垂直地放在磁场中时，薄片的两端就会产生电位差，这种现象称为霍尔效应。霍尔元件是一种磁敏元件，用霍尔元件做成的传感器称为霍尔传感器，也称为霍尔开关。当磁性物体移近霍尔开关时，开关检测面上的霍尔元件因产生霍尔效应而使开关内部电路状态发生变化，由此识别附近有磁性物体存在并输出信号。这种接近开关的检测对象必须是磁性物体。

2）磁性开关　磁性开关可以直接安装在气缸缸体上，当带有磁环的活塞移动到磁性开关所在位置时，磁性开关内的两个金属簧片在磁环磁场的作用下吸合，发出信号。当活塞移开时，舌簧开关离开磁场，触点自动断开，信号切断。通过这种方式可以方便地实现对气缸活塞位置的检测。

磁感应式接近传感器利用安装在气缸活塞上的永久磁环来检测气缸活塞的位置，省去了安装其他类型传感器时所必需的支架连接件，节省了空间，安装调试也相对简单省时。其图形符号、实物及安装方式如图 2-52 所示。

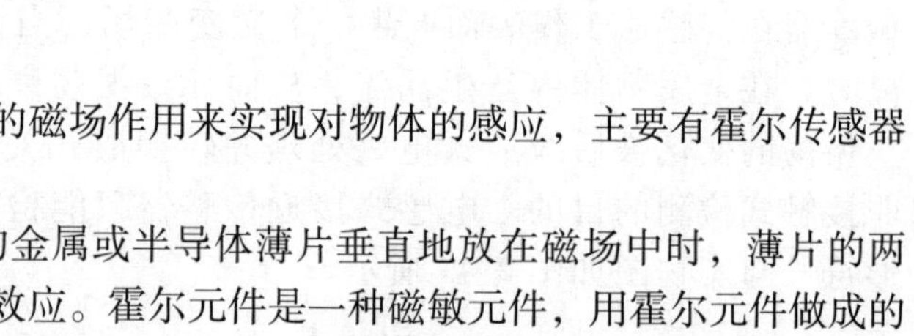

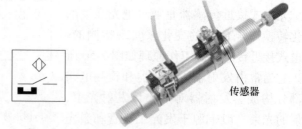

a) 图形符号　　b) 实物及安装方式

图 2-52　磁感应式接近传感器的图形符号、实物及安装方式

2.4.2　行程程序控制回路

行程程序控制回路又称为顺序动作回路，是指在气动回路中，各个气缸按一定程序完成各自的动作。单缸往复动作回路可分为单缸单往复和单缸连续往复动作回路。前者是指在给定一个信号后，气缸只完成 A_1A_0（A

表示气缸，下标"1"表示 A 缸活塞伸出动作，下标"0"表示活塞缩回动作）一次往复动作。而单缸连续往复动作回路是指输入一个信号后，气缸可连续进行 A_1A_0 A_1A_0……动作。行程程序控制回路有全气动控制方案也有电气控制方案，全气动控制方案可采用行程阀，电气控制方案可以采用行程开关或接近开关。

1. 单往复动作回路

图 2-53 所示为行程阀控制的气缸单往复动作回路。当按下按钮阀 1S2 的手动按钮后，压缩空气使气控阀 1V1 换向，活塞杆前进，当凸块压下行程阀 1S1 时，阀 1V1 复位，活塞杆返回，完成 A_1A_0 循环。

2. 连续往复动作回路

图 2-54a 所示为气缸连续往复动作回路，能完成连续的动作循环。行程阀 1S1 初态被活塞杆压下，气控阀 1V1 换向，当按下按钮阀 1S3 的按钮后，活塞向右运动；活塞到达行程终点后压下行程阀 1S2，使阀 1V1 复位，气缸返回。活塞回到行程起点压下行程阀 1S1，阀 1V1 再次换向，活塞再次向前，形成 A_1A_0 A_1A_0……连续往复动作，提起阀 1S3 的按钮后，阀 1V1 复位，活塞立即停止运动。

图 2-54b 中的阀 1S3 安装在气控阀 1V1 的主气

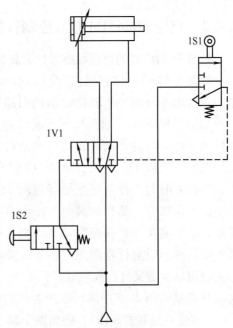

图 2-53　气缸单往复动作回路

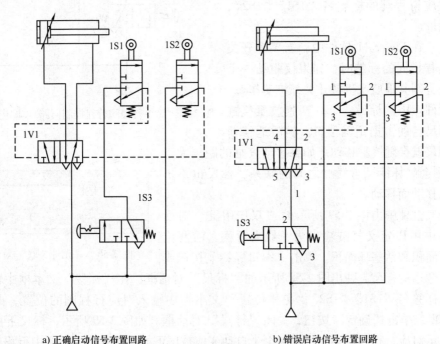

a) 正确启动信号布置回路　　　　　b) 错误启动信号布置回路

图 2-54　气缸连续往复动作回路

47

路上，直接控制气缸动作，故关闭阀 1S3，气缸气源即被切断，气缸在任意位置即刻停止，不能缩回。故一般情况下，不应将定位开关作为启动信号去控制气缸的气源，将阀 1S3 安装在阀 1S1 对应气路上，如图 2-54a 所示，无论何时关闭阀 1S3，气缸都会完成一个循环后再停止。

2.4.3 利用 FluidSIM 软件绘制行程程序控制回路图

1. 全气动控制的行程程序控制回路的绘制

以图 2-54a 所示的气缸连续往复动作回路为例，用 FluidSIM-P 软件绘制的回路实际图形如图 2-55 所示。回路采用行程阀作为位置检测元件，气缸伸出时需满足的条件为初始位置的行程阀 1S1 压下且启动按键 1S3 压下；气缸缩回的条件为终点处行程阀 1S2 压下。由于在软件内部行程阀与气缸没有建立联系，故不能实现行程控制仿真。要实现行程控制仿真，应给行程阀建立标签，并在气缸上使用标尺定义行程阀位置。

分别双击图 2-55 中两行程阀的机动滚轮 （注意不是双击阀体），弹出图 2-56 所示的"元件关联"对话框，在"标签"文本框中输入对应行程阀的标签名"1S1""1S2"，关闭对话框。

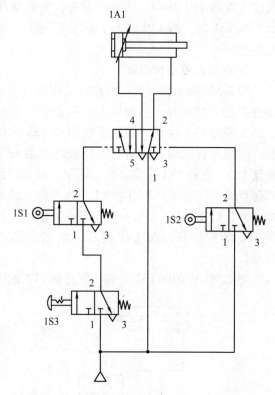

图 2-55　简单行程阀行程控制回路（未定义标尺）

注意：在 FluidSIM 软件中，当多个开关类元件具有相同的标签时，如果仅驱动一个机械开关，则其他所有机械开关都将动作。

将元件库中的标尺 拖放至气缸附近，标尺自动占据正确位置。轻微地移动气缸，标尺就会随气缸移动。如果移动气缸的距离大于 10mm，则会破坏标尺与气缸之间的联系，标尺也不再随气缸的移动而移动。

双击气缸，弹出图 2-57 所示的"双作用缸"对话框，在其中可以定义气缸输出力、最大行程、活塞位置、活塞面积和活塞环面积。单击"编辑标签"按钮或

图 2-56　"元件关联"对话框

双击气缸旁边的标尺，弹出图 2-58 所示的"标尺"对话框，在"标签"文本框中输入对应行程阀的标签名"1S1""1S2"，在"位置"文本框中输入对应行程阀的位置，此处输入"0""100"，单击"确定"按钮，关闭"标尺"对话框。如图 2-59 所示，标尺下面对应位置立即显示对应行程阀标签，行程阀 1S1 自动变成被压下的初始状态，即图中行程阀 1S1 处阴影部分所示。

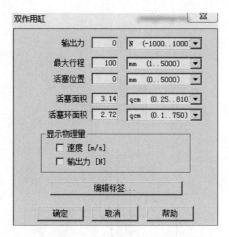

图 2-57 "双作用缸"对话框

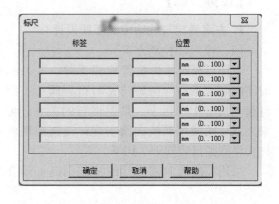

图 2-58 "标尺"对话框

2. 电气控制的行程程序控制回路的绘制

电气控制的行程程序控制回路的绘制方法和全气动控制的行程程序控制回路大致相同，也需要通过定义位置传感器标签和气缸标尺来建立传感器与气缸之间的联系。

但是，使用行程开关作为位置传感器时，FluidSIM 软件元件库中只有图 2-60 所示的开关触点，而没有图 2-61 所示的行程开关触点，类似的情况还有后面要学习的时间继电器开关触点、压力继电器开关触点。FluidSIM 软件将根据触点使用性能、触点标签和相应触点符号，自动识别延时触点、行程开关触点和压力开关触点。在绘制电路图时，直接调用图 2-60 所示的开关触点（注意常开和常闭）并定义标签 1B1、1B2 即可，在定义气缸标尺"标签"和"位置"后，开关触点符号将自动变为

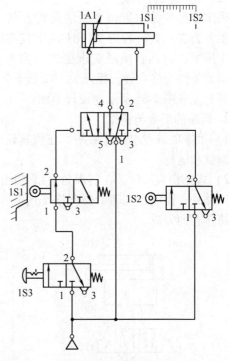

图 2-59 简单行程阀行程控制回路（定义标尺）

行程开关符号，如图 2-61 所示，且如果行程开关在回路初始状态下即被压下，如行程开关位于活塞杆初始运动位置，则 FluidSIM 软件将显示其被压下状态，并在符号左侧显示动作符号⇑。

图 2-60 开关触点

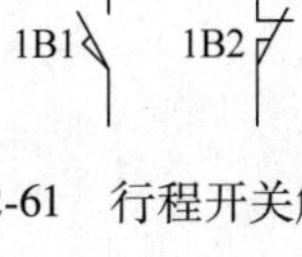

图 2-61 行程开关触点

49

【任务实施】

1. 方案确定与气动控制回路设计

（1）全气动控制方案

采用行程阀作为位置检测元件，气缸起动时需满足的条件为初始位置时行程阀 1S1 压下且起动按键 1S3 压下，是逻辑与的关系，可以采用双压阀或串联换向阀实现；气缸缩回的条件为终点处行程阀 1S2 压下。

采用控制阀串联设计的控制回路如图 2-59 所示。

采用双压阀设计气动控制回路的草图如图 2-62 所示，请补充完成。

（2）电气控制方案

采用行程开关作为位置检测元件，气缸起动的条件为起点处行程开关 1B1 压下且起动按键 1S1 压下，将两者串联实现逻辑与关系；气缸缩回的条件为终点处行程开关 1B2 压下。

补充完成图 2-63 所示的设计草图。

2. 回路的组装与调试

1）根据项目要求设计回路，在仿真软件中进行调试和运行。

2）选择相应元件，在实训台上组建回路并检查回路是否正确。实训中要严格按规范操作，小组协作互助完成。

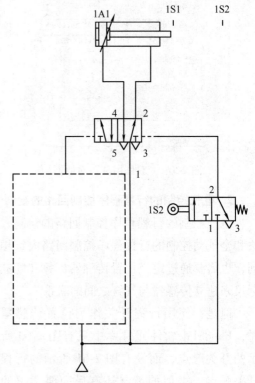

图 2-62　自动送料装置气控回路设计（1）

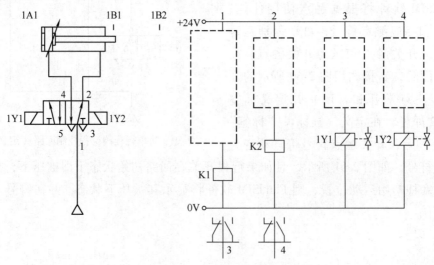

图 2-63　自动送料装置气控回路设计（2）

50

注意：

①行程检测元件一定要布置在气缸运动行程上，不可随意布置，如图2-64所示。

②安装行程检测元件后手动往复推拉气缸活塞杆，检查行程检测元件是否可以被压下到位，如图2-64所示，

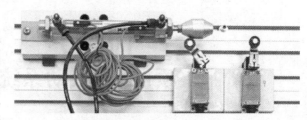

图 2-64　行程检测元件布置示例

如果不能压下到位，回路将不能正常工作。此时气缸接气口应开放，否则可能拉不动活塞杆。

③行程检测元件（如行程开关、行程阀）也有常开、常闭两种状态，本任务中采用的都是常开元件。

3）连接无误后，打开气源，观察压力表指示的压力是否在合理范围内。

4）观察运行情况，分析和解决使用中遇到的问题。

5）完成实训并经教师检查评估后，关闭电源、气源，拆下管线，将元件放回原来位置，做好实训室整理工作。

3. 思考题

1）电容式接近传感器与电感式接近传感器的区别是什么？

2）光电式接近传感器的工作原理是什么？

3）在全气动控制方案中，按钮阀为何要设计在控制回路中，而不控制五通阀主气路？

项目 3　气动系统速度控制

【项目描述】

气动系统执行元件的速度控制可以通过调节供气流量和压力两方面来实现。由于空气的压缩性，气缸的动作速度容易受到负载及压力变化的影响，很难达到匀速状态，且低速运动时，摩擦力占推力的比例较大，易出现爬行，所以低速稳定性不好。因此，系统速度调节的精度和稳定性相对较差，故气动系统一般应用在对速度精度和稳定性要求不高的场合。

随着气动技术的发展，特别是与计算机、电气、传感、通信等技术相结合，气动技术突破了传统的死区，正经历着飞跃性的发展。例如，气动伺服定位技术可使气缸在低速运动情况下实现任意点自动定位，低速、高速平稳运行的气缸相继问世。

本项目主要介绍通过控制供给执行元件运行的气体流量，来调控执行元件运行速度的方法，以及气动系统速度控制元件、气动系统常用速度控制基本回路，同时介绍了气动多缸顺序动作回路，回路中障碍信号的产生、种类、判断和排除方法。

任务 3.1　物料推送装置（1）气动控制回路的组装与调试

【学习目标】

1）能辨别常用速度控制元件，如节流阀、单向节流阀、快速排气阀的实物与图形符号。

2）能阅读和分析位移步骤图。

3）能够识读与分析基本速度控制回路、多缸顺序动作回路的工作原理图。

4）能合理选用气动元件及工具进行基本速度控制回路、多缸顺序动作回路的搭建和调试。

【任务布置】

如图 3-1 所示，利用两个气缸把已经装箱打包完成的物料从自动生产线上取下。通过一个按钮控制气缸 1A1 活塞伸出，将物料抬升到气缸 2A1 的前方；到位后，气缸 2A1 活塞杆伸出，将物料推入滑槽；完成后，气缸 1A1 活塞杆首先缩回，回缩到位后，气缸 2A1 活塞杆缩回，一个工作过程完成。为防止物料破损，应对气缸活塞运动速度进行调节。

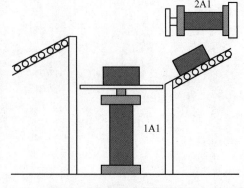

图 3-1　物料推送装置示意图

【任务分析】

本任务要求气缸 1A1 和 2A1 相互配合按一定顺序伸出和缩回,属于多缸顺序动作回路。为清楚地表示气缸之间的运动关系,应绘制相应的位移步骤图;运用行程阀或行程开关检测气缸运动是否到位并发出下一步动作的启动信号,实现顺序动作要求;同时要在回路中设计节流阀,控制气缸中活塞杆的伸出速度。

【相关知识】

3.1.1 位移步骤图

位移步骤图是利用图表的形式来描述执行元件随步骤不同状态的变化情况。利用位移步骤图能清晰地说明程序各步的动作状态,方便进行回路设计和分析。本任务中气缸 1A1 和 2A1 的位移步骤图如图 3-2 所示。绘制位移步骤图时主要应注意以下几点:

1)图中左侧的 1A1 和 2A1 分别为执行元件的标号。

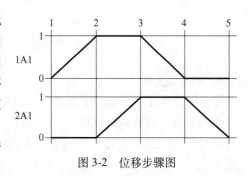

图 3-2 位移步骤图

2)图中纵坐标上的 0 和 1 分别表示气缸活塞处于完全缩回和完全伸出状态。0 为缩回到位,1 为伸出到位。

3)图中横轴的分段数由该回路一个动作循环所含的步骤数决定。

4)图中横轴采用均匀分段,即每一段只表示一个动作步骤,不表示执行该步骤所用的时间。如果有需要,也可按时间进行分段。

5)粗实线表示左侧标号所对应的执行元件的动作情况。

3.1.2 气动回路速度控制的方法

气压传动系统中气缸速度的控制是指对气缸活塞从开始运动到到达其行程终点的平均速度的控制。

在很多气动设备或气动装置中,执行元件的运动速度都应是可调节的。气缸工作时,影响其活塞运动速度的因素有工作压力、缸径和气缸所连气路的最小截面积。通过选择小公称通径的控制阀或安装节流阀可以降低气缸活塞的运动速度;通过增加管路的通流截面或使用大公称通径的控制阀以及采用快速排气阀等方法,都可以在一定程度上提高气缸活塞的运动速度。其中,使用节流阀和快速排气阀都是通过调节进入气缸或气缸排出的空气流量来实现速度控制的。这也是气动回路中最常用的速度调节方式。

1. 节流阀

从流体力学的角度来看,流量控制就是在管路中制造局部阻力,通过改变局部阻力的大小来控制流量的大小。凡用来控制和调节气体流量的阀,均称为流量控制阀,节流阀就属于流量控制阀。它安装在气动回路中,通过调节阀的节流口的开度来调节空气流量,其结构原理图、图形符号及实物图如图 3-3 所示。沿顺时针方向旋转调节螺母,节流口关小,气流量减小，反之增大。调节合适后，沿顺时针方向旋转下方锁紧螺母，顶住阀体，使调节螺母不可转动，即可锁定节流口开度。

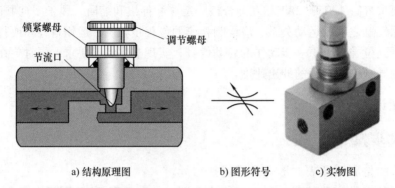

a) 结构原理图　　　　b) 图形符号　　　c) 实物图

图 3-3　节流阀的结构原理图、图形符号及实物图

2. 单向节流阀

单向节流阀是气压传动系统中最常用的速度控制元件之一，也常称为速度控制阀。它是由单向阀和节流阀并联而成的，节流阀只在一个方向上起流量控制的作用，相反方向的气流可以通过单向阀自由流通。利用单向节流阀可以实现对执行元件每个方向上的运动速度的单独调节。

如图 3-4 所示，当压缩空气从单向节流阀的左腔进入时，单向密封圈 3 被压在阀体上，空气只能从由调节螺母 1 调整其大小的节流口 2 通过，再由右腔输出。此时，单向节流阀对压缩空气起到调节流量的作用。当压缩空气从右腔进入时，单向密封圈在空气压力的作用下向上翘起，使得气体不必通过节流口而直接流至左腔并输出。此时，单向节流阀没有节流作用，压缩空气可以自由流动。有些单向节流阀的调节螺母下方还装有一个锁紧螺母，用于流量调节后的锁定。单向节流阀实物图如图 3-5 所示。

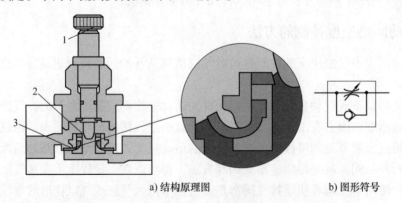

a) 结构原理图　　　　　　　　　　　　b) 图形符号

图 3-4　单向节流阀的结构原理图及图形符号

1—调节螺母　2—节流口　3—单向密封圈

3. 进气节流和排气节流

根据单向节流阀在气动回路中连接方式的不同，可以将速度控制方式分为进气节流速度控制方式和排气节流速度控制方式。

图 3-5　单向节流阀实物图

　　如图 3-6a 所示，进气节流是指压缩空气经节流阀调节后进入气缸，推动活塞缓慢运动；气缸排出的气体不经过节流阀，而是通过单向阀自由排出。如图 3-6b 所示，排气节流是指压缩空气经单向阀直接进入气缸，推动活塞运动；而气缸排出的气体必须通过节流阀受到节流后才能排出，从而使气缸活塞的运动速度得到控制。进气节流与排气节流性能比较如下。

　　（1）采用进气节流

　　1）起动时气流逐渐进入气缸，起动平稳；但是带载起动，可能因为推力不够而造成无法起动。

　　2）采用进气节流进行速度控制，活塞上微小的负载波动都会导致气缸活塞速度的明显变化，使得运动速度的稳定性较差。

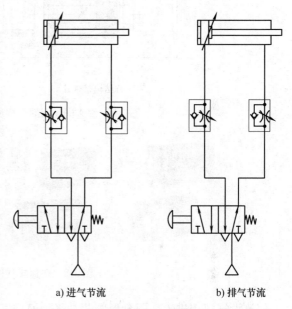

a) 进气节流　　　　　　b) 排气节流

图 3-6　进气节流和排气节流气动回路图

　　3）当负载的方向与活塞的运动方向相同时（负值负载），可能会出现活塞不受节流阀控制的前冲现象。

　　4）当活塞杆因碰到阻挡或到达极限位置而停止后，其工作腔由于受到节流作用，压力是逐渐上升到系统最高压力的，利用这个过程可以方便地实现压力顺序控制。

　　（2）采用排气节流

　　1）起动时气流不经节流直接进入气缸，会产生一定的冲击，起动平稳性不如进气节流。

　　2）采用排气节流进行速度控制，气缸排气腔由于排气受阻而形成背压。排气腔形成的这种背压减少了负载波动对速度的影响，提高了运动的稳定性，使排气节流成为最常用的调速方式。

　　3）出现负值负载时，排气节流由于有背压存在，可以阻止活塞前冲。

　　4）气缸活塞运动停止后，气缸进气腔由于没有节流，压力迅速上升；排气腔压力则在节流作用下逐渐下降到零。利用这一过程来实现压力控制比较困难且可靠性差，故一般不采用。

4. 快速排气阀

快速排气阀简称快排阀，它通过减小气缸排气腔的阻力，将空气迅速排出，从而达到提高气缸活塞运动速度的目的。其结构原理图与图形符号如图3-7所示，实物图如图3-8所示。

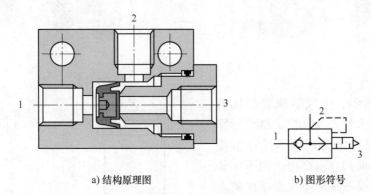

a) 结构原理图   b) 图形符号

图 3-7　快速排气阀的结构原理图与图形符号

图 3-8　快速排气阀实物图

气流沿气口1进入，圆盘形阀芯右移，使排气口3关闭，气流由气口2排出；若气流由气口2进入，则圆盘形阀芯就关闭气口1，压缩空气从大排气口3排出。一般情况下，快速排气阀直接安装在气缸上，或应尽量靠近气缸安装。

气缸中的气体一般是经过连接管路，通过主控换向阀的排气口向外排出的。管路的长度、通流面积和阀门的公称通径都会对排气产生影响，从而影响气缸活塞的运动速度。快速排气阀的作用在于当气缸内腔体向外排气时，气体可以通过它的大口径排气口迅速向外排出。这样就可以大大缩短气缸排气行程，减小排气阻力，从而提高活塞运动速度。而当气缸进气时，快速排气阀的密封活塞将排气口封闭，不影响压缩空气进入气缸。试验证明，安装快速排气阀后，气缸活塞的运动速度可以提高4~5倍。

使用快速排气阀实际上是在经过换向阀正常排气的通路上设置一个旁路，方便气缸排气腔迅速排气。因此，为保证其排气效果良好，安装时应尽量靠近执行元件的排气侧。在图3-9a中，气缸活塞返回时，气缸左腔的空气要通过单向节流阀才能从快速排气阀的排气口排出；在图3-9b中，气缸左腔的空气则是直接通过快速排气阀的排气口排出的，因此更加合理。

3.1.3　多缸顺序动作回路

两只或多只气缸按一定顺序动作的回路，称为多缸顺序动作回路。其应用较广泛，在一

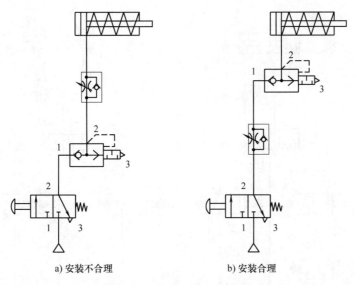

a) 安装不合理　　　　　b) 安装合理

图 3-9　快速排气阀的安装方式

个循环顺序里，若气缸只做一次往复，则称为单往复顺序；若某些气缸做多次往复，就称为多往复顺序。若用 A、B、C……表示气缸，仍用下标 1、0 表示活塞杆的伸出和缩回，则两只气缸的基本动作顺序有 $A_1B_1A_0B_0$、$A_1B_1B_0A_0$ 和 $A_1A_0B_1B_0$ 三种。而三只气缸的基本动作顺序就有 15 种之多，如 $A_1B_1C_1A_0B_0C_0$、$A_1A_0B_1C_1B_0C_0$、$A_1B_1C_1A_0C_0B_0$ 等。这些顺序动作回路都属于单往复顺序动作回路。两缸多往复顺序动作问路，其基本动作为 $A_1B_1A_0B_0A_1B_1A_0B_0$ ……的连续往复顺序动作。

【任务实施】

1. 方案确定与气动控制回路设计

（1）全气动控制方案

根据任务要求完成图 3-10 所示的气动控制回路图。在回路中应设置 4 个位置检测元件，分别检测气缸 1A1 活塞伸出到位、缩回到位，以及气缸 2A1 活塞伸出到位、缩回到位。这 4 个位置检测元件发出的信号作为前一步动作完成的标志，用来起动下一步动作。例如，在图 3-10 中的 2S1 发出信号时，说明气缸 1A1 活塞已经伸出到位，即行程程序动作中的第一步已经完成，应开始执行第二步动作，让气缸 2A1 活塞伸出。所以 2S1 信号应用来控制换向阀 2V1 换向，使气缸 2A1 活塞伸出。

采用排气节流控制，单向节流阀 1V2、2V2 用于控制气缸 1A1、2A1 活塞的伸出速度。

（2）电气控制方案

将行程阀改为行程开关，气控阀换成电磁阀，补充完成图 3-11 所示的设计回路图。在绘制回路图时，应注意行程检测元件在气路图与电气图中的联系。

2. 回路的组装与调试

1）根据任务要求设计回路，并在仿真软件中进行调试和运行。

2）按照气路图和电路图进行连接和检查。实训中要严格按规范操作，小组协作互助完成。

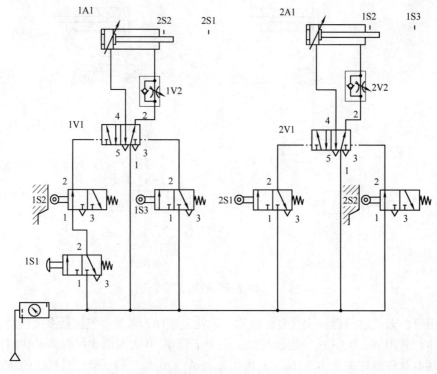

图 3-10　物料推送装置全气动控制回路图

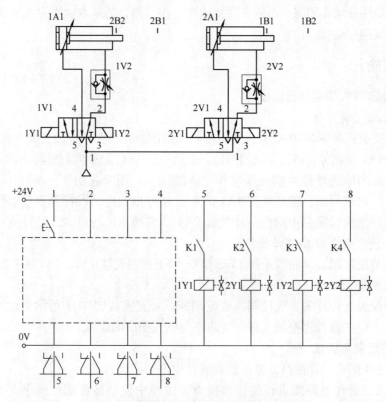

图 3-11　物料推送装置电气控制回路图

注意：

①行程检测元件的安装位置必须在气缸行程上，控制气路和主气路不要接错。

②应根据控制要求布置行程阀或行程开关，而不是按照从左往右的顺序进行布置，图 3-12 中根据相同的行程阀名称可以看出在实际安装时的对应关系。

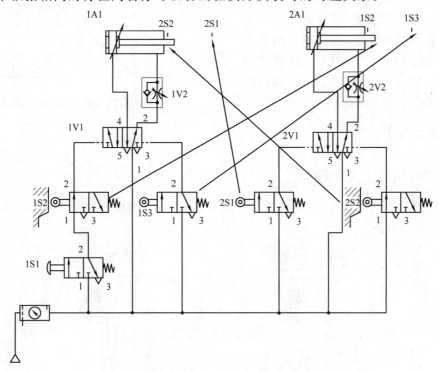

图 3-12　物料推送装置全气动控制行程阀安装图

3）连接无误后，打开气源，观察压力表指示的压力是否在合理范围内。

4）观察气缸运行情况是否符合控制要求，调节速度控制阀，使气缸运动平稳。

5）分析和解决实训中出现的问题。

6）完成实训并经教师检查评估后，关闭气源，拆下管线，将元件放回原来位置，做好实训室整理工作。

3. 思考题

1）简述进气节流和排气节流的优缺点和应用。

2）在行程控制多缸顺序动作回路中，位置检测元件的作用是什么？安装时对布置位置有何要求？

3）安装快速排气阀时，为取得更好的效果，对安装位置有何要求？

任务 3.2　物料推送装置（2）气动控制回路的组装与调试

【学习目标】

1）掌握障碍信号的分析方法。

2）能运用合适的方法排除障碍信号。

【任务布置】

任务如图 3-1 所示，利用两个气缸把已经装箱打包完成的物料从自动生产线上取下。与物料推送装置（1）的要求不同在于，将物料抬升推出装置（1）的动作顺序改为气缸 1A1 伸出→气缸 2A1 伸出→气缸 2A1 缩回→气缸 1A1 缩回，可以得到图 3-13 所示的位移步骤图。

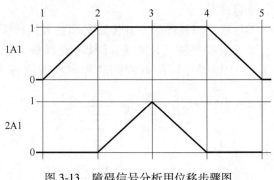

图 3-13　障碍信号分析用位移步骤图

【相关知识】

3.2.1　障碍信号定义和种类

对物料抬升推出装置的回路进行改进，在不考虑回路可靠性的前提下，可以得到图 3-14 所示的气动控制回路。

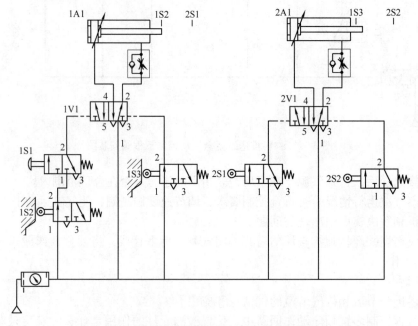

图 3-14　障碍信号分析用气动控制回路图

在图 3-14 中，行程阀 1S3 的初始位置是被压下的，所以在接通气源后就有输出。在按下按钮 1S1 控制气缸 1A1 活塞杆伸出时，1S3 会造成双气控换向阀 1V1 无法换向，致使气缸 1A1 活塞不能伸出。假设气缸 1A1 活塞杆能伸出，运动到位后将压下行程阀 2S1，使气缸 2A1 活塞杆伸出。气缸 2A1 活塞杆完全伸出时，行程阀 2S2 发出信号，控制气缸 2A1 活塞杆返回。但此时由于气缸 1A1 活塞仍处于伸出状态，因此行程阀 2S1 仍被压下，使得行程阀 2S2 发出的控制信号无法使换向阀 2V1 换向，从而使气缸 2A1 活塞杆无法返回。因此，在这个回路中，行程阀 1S3 和 2S1 所发出的信号都是错误（障碍）信号。

在大多数具有多个执行元件的行程程序控制回路中，各个控制信号间往往存在一定形式的互相干扰，这些造成干扰的信号称为障碍信号。它们会使执行元件的动作无法正常完成。因此在设计回路时，首先应分析是否存在这种障碍信号，如存在就要设法排除。

在行程程序控制回路中，障碍信号主要有 I 型障碍信号和 II 型障碍信号两种。

1）I 型障碍信号　在行程程序控制回路的一个工作过程中，每个气缸只做一次往复运动，称为单往复行程程序控制回路。在单往复程序中，若在某个主控阀的两个控制口上同时存在两个相互矛盾的控制信号，则称该障碍信号为 I 型障碍信号。

2）II 型障碍信号　在一个工作过程中，至少有一个气缸往复运动两次或两次以上，称为多往复行程程序控制回路。在这种回路中，如果一个控制信号多次控制不同动作，或分别控制同一个气缸的两个相反动作，则这个信号就是 II 型障碍信号。

3.2.2　障碍信号的分析

行程程序控制回路设计的关键就是找出障碍信号并设法排除它们。障碍信号最常用的判别方法为 X-D 状态图法。X-D 状态图（简称 X-D 图）是指用线图的形式把各个控制信号的状态和气动执行元件的动作状态表示出来，这样就能从图中分析找出障碍信号并得出排除障碍的方法。

1. X-D 状态图法中的符号规定

在使用 X-D 状态图法进行障碍信号的分析判断时，为了方便，对回路中所用元件的标号有以下规定：

1）大写字母 A、B、C、D 等表示气缸；下标"1"表示活塞杆伸出，下标"0"表示活塞杆缩回。

2）小写字母 a、b、c、d 等表示行程阀发出的信号，起动信号为 q；下标"1"是活塞杆伸出到位时发出的信号，下标"0"是活塞杆退回到位时发出的信号。

3）对于经过处理排除障碍后的执行信号，在其右上角加"＊"。

2. X-D 状态图的画法

本任务中 $A_1B_1B_0A_0$ 工作程序的 X-D 图如图 3-15 所示。将图 3-14 中的各元件按 X-D 状态图法中的符号规定进行标号即可得到图 3-15。

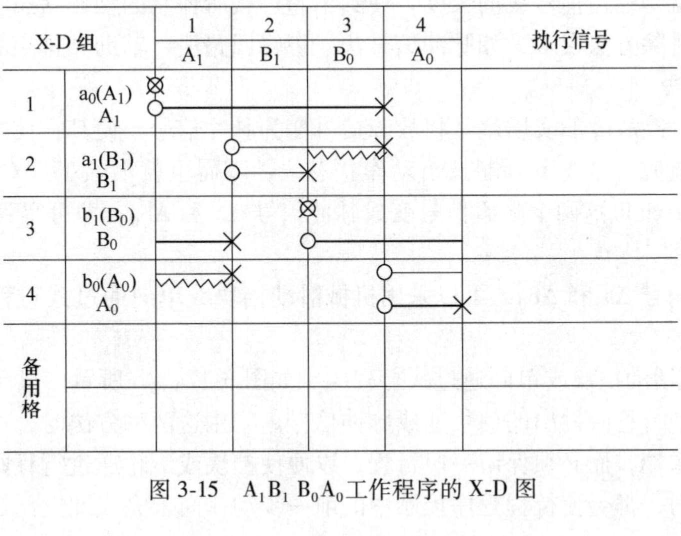

X-D组		1 A_1	2 B_1	3 B_0	4 A_0	执行信号
1	$a_0(A_1)$ A_1					
2	$a_1(B_1)$ B_1					
3	$b_1(B_0)$ B_0					
4	$b_0(A_0)$ A_0					
备用格						

图 3-15　$A_1B_1B_0A_0$ 工作程序的 X-D 图

（1）表格的画法

1）图中第一行从左往右的 1、2、3、4 分别为工作程序的序号，下一行的 A_1、B_1、B_0、A_0 则是该序号相对应的动作。每一列左侧的列线均表示该步动作的开始位置。

2）最右边一列的"执行信号"用于填写排除障碍后控制各步动作的执行信号，用带"＊"的原始信号表示。

3）左边第一列中的 1、2、3、4 也是工作程序的序号。

4）备用格用于填写为排除障碍而引入的辅助信号。

（2）动作状态线（D 线）的画法

动作状态线用粗实线表示。它的起点是该步动作的开始处，用"○"表示；终点用"×"表示，它应在该步动作状态变化开始处。

（3）信号线（X 线）的画法

信号线用细实线表示。它的起点与同一组中的动作状态线的起点位置是一致的，也用"○"表示；终点则与上一组中产生该信号的动作状态线的终点相同，用"×"表示。

若"○"和"×"重合，则表示该信号为脉冲信号，该脉冲信号的宽度为行程阀发出信号、气控换向阀换向、气缸起动及信号传递时间的总和。

3.2.3 障碍信号的判别

在 X-D 图中，若信号线比其所控制的动作的动作状态线短或长度相等，则该信号就不是障碍信号。

若信号线比其所控制动作的动作状态线长，则说明该信号为障碍信号。多出的部分称为障碍段，在其下方用"〰〰〰"表示。

如果这种情况存在，则说明在执行元件动作状态要发生改变时，其控制信号仍未消失，即不允许其改变，从而造成动作无法实现。

3.2.4 障碍信号的排除

从 X-D 图中可以看出，障碍段表现为信号线长于其所控制的动作状态线的部分。因此，排除障碍的方法就是缩短信号线的长度，使其不超过其所控制的动作状态线的长度。

障碍信号的排除方法很多，如脉冲信号法、逻辑回路法、辅助阀排除故障法等。

1. 脉冲信号法

脉冲信号法排除故障的实质就是将故障信号变为脉冲信号，使其在使主控阀换向完成后立即消失，这样就使信号线不可能长于动作状态线，障碍也就消除了。对于图 3-15 所示的 X-D 图，设法将 a_1 和 b_0 这两个障碍信号变成脉冲信号 Δa_1 和 Δb_0，即可得到图 3-16 所示的排除障碍后的 X-D 图。

要得到脉冲信号 Δa_1 和 Δb_0，可以采用机械活动挡块或单向通过式行程阀，也可以采用脉冲阀回路。

1）采用机械活动挡块或单向通过式行程阀　如图 3-17a、b 所示，可利用活动挡块或单向滚轮式行程阀使行程阀发出的信号变成脉冲信号。采用这两种方法时，不能将行程阀安装在活塞杆行程的末端，而必须保留一段行程，以便使挡块或滚轮通过行程阀。采用这两种方法排除障碍信号时，都会使行程程序控制中的前一步动作尚未完成即发出后一步动作的起动

X-D 组		1 A_1	2 B_1	3 B_0	4 A_0	执行信号
1	$a_0(A_1)$ A_1	⊗			✕	$a_0^*(A_1)=qa_0$
2	$a_1(B_1)$ B_1		○ ○		✕	$a_1^*(B_1)=\Delta a_1$
3	$b_1(B_0)$ B_0		✕	⊗ ○		$b_1^*(B_0)=b_1$
4	$b_0(A_0)$ A_0	✕			○ ○ ✕	$b_0^*(A_0)=\Delta b_0$
备用格	Δa_1		⊗			
	Δb_0			⊗		

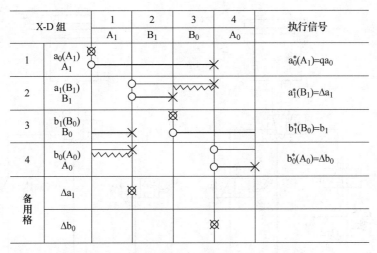

图 3-16　采用脉冲信号法排除故障后的 X-D 图

信号，因此虽然其回路较简单，但控制精度低。图 3-18 所示为采用脉冲信号法（单向滚轮式行程阀）排除故障的气动回路图。

2）采用脉冲阀回路　如图 3-17c 所示，可以利用脉冲阀使障碍信号变成脉冲信号。行程阀的故障信号一发出，连接在其出口处的常闭型延时阀便立即有信号输出，控制后一步动作开始。同时，行程阀信号也起动了延时阀的延时。当达到脉冲阀设定的延时时间后，脉冲阀的输出即被切断，从而使其输出信号变成脉冲信号。脉冲阀发出的脉冲信号的长短可通过改变延时阀节流孔的大小进行调节，并可在系统运行中检查其是否符合需要。

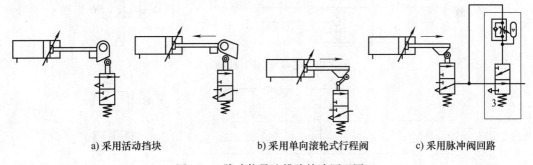

a) 采用活动挡块　　　　　b) 采用单向滚轮式行程阀　　　c) 采用脉冲阀回路

图 3-17　脉冲信号法排除故障原理图

2. 逻辑回路法

逻辑回路法是利用逻辑门的性质，将长信号变成短信号，从而排除障碍信号的方法。利用逻辑回路排除障碍信号的常用方法有逻辑与故障排除和逻辑非故障排除。

1）逻辑与故障排除　逻辑与故障排除是利用 X-D 图中现有的其他信号 x 与障碍信号 m 进行逻辑与，得到无障碍信号 m^*，以达到排除障碍的目的。如图 3-19 所示，在选用原始信号 x 时，其起点应在 m 的起点之前；终点应在 m 的起点之后，且在 m 的障碍段之前。

2）逻辑非故障排除　如图 3-20 所示，逻辑非故障排除是选择一个已有的原始信号经过逻辑非运算后再与障碍信号 m 相与，得到无障碍信号 m^*。在选用原始信号 x 时，其起点应在 m 的起点之后，且在 m 的障碍段之前；终点应在 m 的障碍段之后。

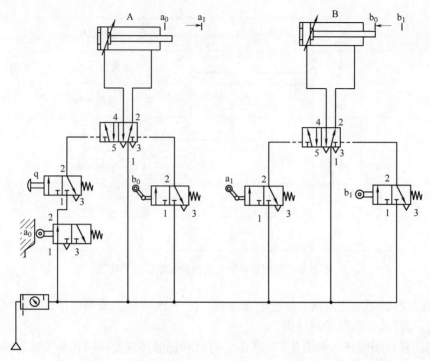

图 3-18　采用脉冲信号法（单向滚轮式行程阀）排除故障的气动回路图

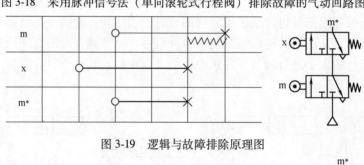

图 3-19　逻辑与故障排除原理图

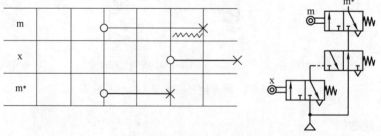

图 3-20　逻辑非故障排除原理图

3. 辅助阀排除故障法

若在现有回路中找不到可用来与障碍信号构成逻辑回路的原始信号，则可采用增加辅助阀的方法来排除障碍。辅助阀一般为双气控二位三通换向阀或二位五通换向阀。利用辅助阀的输出信号 K_d^t 作为制约信号，通过和障碍信号 m 进行逻辑与来排除障碍段，即

$$m^* = mK_d^t$$

式中，m^* 为排除障碍后的执行信号；m 为障碍信号；K_d^t 为辅助阀输出信号，其中 t 为使辅助阀

导通而产生输出的气控信号（置位信号），d 为使辅助阀输出切断的气控信号（复位信号）。

图 3-21 所示为利用辅助阀排除障碍的逻辑原理图和回路原理图，可以看出，选择 t、d 信号时有以下原则：

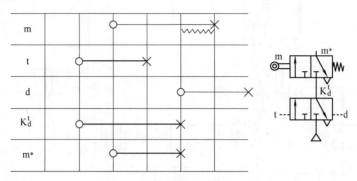

图 3-21　辅助阀排除故障原理图

1) t 信号使 K_d^t 产生输出，d 信号使 K_d^t 结束输出。两者不能同时存在，只能一先一后存在。从 X-D 图上可以看到，t 和 d 不能有重合的部分。

2) t 信号的起点应选在 m 信号的起点之前或与 m 信号同时开始，其终点必须在 m 信号的障碍段之前。

3) d 信号的起点必须在 m 信号的无障碍段中，其终点应在下一循环 t 信号的起点之前。

t 信号和 d 信号不一定是唯一的，只要是能排除障碍信号的障碍段的信号都能选取。在本例中，只有 a_0 和 b_1 符合要求，它们构成的 $K_{b_1}^{a_0}$ 可以消除 a_1 信号的障碍段；$K_{a_0}^{b_1}$ 可以消除 b_0 信号的障碍段。根据图 3-22 中的执行信号可以得到采用辅助阀排除故障后的气动回路图，如图 3-23 所示。

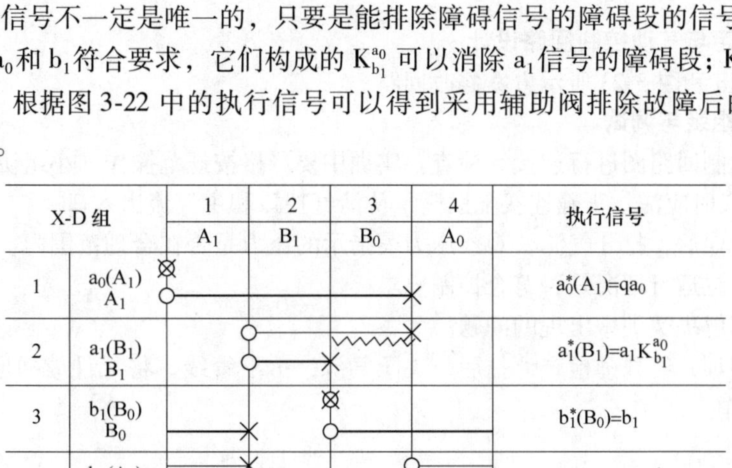

X-D 组		1 A_1	2 B_1	3 B_0	4 A_0	执行信号
1	$a_0(A_1)$ A_1	⊗			✕	$a_0^*(A_1)=qa_0$
2	$a_1(B_1)$ B_1		○	⌇✕		$a_1^*(B_1)=a_1 K_{b_1}^{a_0}$
3	$b_1(B_0)$ B_0		✕	⊗		$b_1^*(B_0)=b_1$
4	$b_0(A_0)$ A_0	⌇✕		○	✕	$b_0^*(A_0)=b_0 K_{a_0}^{b_1}$
备用格	$K_{b_1}^{a_0}$	○	✕			
	$a_1^*(B_1)$		○	✕		
	$K_{a_0}^{b_1}$		○		✕	
	$b_0^*(A_0)$			○	✕	

图 3-22　采用辅助阀排除故障后的 X-D 图

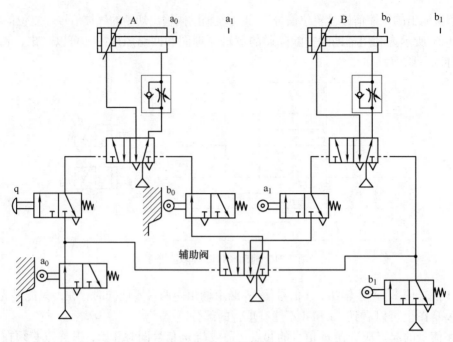

图 3-23　采用辅助阀排除故障后的气动回路图

【任务实施】

1. 方案确定与气动控制回路设计

采用图 3-18 和图 3-23 所示方案修改回路。

2. 回路的组装与调试

1）按照控制回路图进行连接和检查。实训中要严格按规范操作，小组协作互助完成。

注意：连接时应注意正确连接辅助阀，认清气控口和主气流出入口。

2）连接无误后，打开气源，观察压力表指示的压力是否在合理范围内。

3）观察气缸运行情况是否符合控制要求。

4）分析和解决实训中出现的问题。

5）完成实训并经教师检查评估后，关闭气源，拆下管线，将元件放回原来位置，做好实训室整理工作。

3. 思考题

1）在什么情况下会出现障碍信号？障碍信号的种类有哪些？有哪些方法可以消除障碍信号？

2）用单向滚轮阀排除障碍信号时，为什么需要缩短气缸行程？其对控制精度有何影响？

任务 3.3　切割机气动控制回路的组装与调试

【学习目标】

1）能辨别时间继电器、延时阀的实物与图形符号。

2）能够识读与分析气动延时回路的工作原理图。

3）能合理选用气动元件及工具进行气动延时控制回路的搭建和调试。

4）能进行气动延时控制回路常见简单故障的分析与排除。

【任务布置】

气动切割机示意图如图 3-24 所示，主要由气缸、切割刀具等组成。为了保障操作者的安全，在设备防护罩上设置了安全开关，只有在防护罩处于关闭状态时，切割机才能起动，从而避免了事故的发生。切割机的气缸活塞杆缩回会带动切割刀具向下缓慢切割物料。为保证有效地切断物料，铡刀必须在切断位置处停留 2s，然后气缸活塞杆快速伸出，带动切割刀具返回原位，其位移步骤图如图 3-25 所示。另外，要求切割机的切割速度可调，以适应切割不同物料的需要。

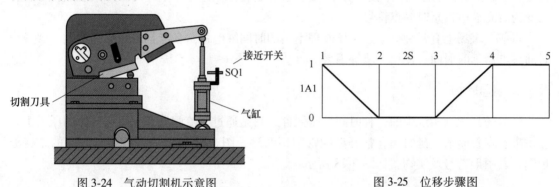

图 3-24　气动切割机示意图　　　　　图 3-25　位移步骤图

【任务分析】

在本任务中，要求气缸缩回到位后延时 2s 再自动伸出，这里就需要一个延时的功能。在传统的电气元件中，常见的能起到延时作用的元件是时间继电器。在气动控制回路中，也有起延时作用的元件，即气动延时阀。可以利用时间继电器控制电磁阀来实现任务提出的要求，也可使用气动延时阀来实现此功能。

【相关知识】

3.3.1　时间继电器

线圈接收到外部信号，经过设定时间后才使触点动作的继电器称为时间继电器，其图形符号和实物图如图 3-26 所示。按延时方式不同，时间继电器可分为通电延时时间继电器和断电延时时间继电器。

通电延时时间继电器的线圈得电后，触点延时动作；线圈断电后，触点瞬时复位。断电延时时间继电器的线圈得电后，触点瞬时动作；线圈断电后，触点延时复位。一般时间继电器也带瞬时动作触点。

FluidSIM 软件的元件库中并没有图 3-26 所示的时间继电器开关触点符号，它将根据开关触点使用性能、触点标签和相应触点符号，自动识别延时触点。在绘制电路图时直接调用

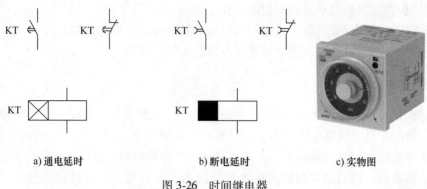

a) 通电延时　　　　　　b) 断电延时　　　　　　c) 实物图

图 3-26　时间继电器

普通开关触点，并分别对时间继电器线圈、触点定义标签建立联系即可，开关触点符号将自动变为时间继电器延时触点符号。

目前，市场上有各种类型、工作原理不同的时间继电器。在选择时间继电器时，要考虑时间继电器延时时间、使用环境等因素。

3.3.2　延时阀

延时阀是气动系统中的一种时间控制元件，它是通过节流阀调节气室充气时的压力上升速率来实现延时的。延时阀有常开型和常闭型两种，图 3-27 所示为常开型延时阀的结构原理图，其图形符号及实物图如图 3-28 所示。

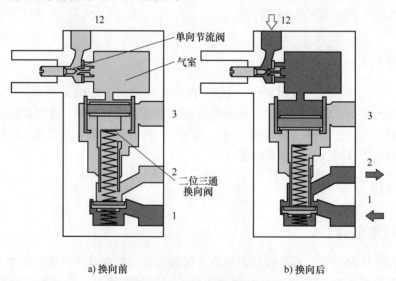

a) 换向前　　　　　　　　　b) 换向后

图 3-27　延时阀的结构原理图

图 3-27 中的常开型延时阀由单向节流阀、气室和单侧气控二位三通换向阀组合而成。控制信号从 12 口经节流阀进入气室，由于节流阀的节流作用，使得气室压力上升速度较慢。当气室压力达到换向阀的动作压力时，换向阀换向，输入口 1 和输出口 2 导通，产生输出信号。由于从 12 口有控制信号到输出口 2 产生信号输出有一定的时间间隔，因此可以用来控制气动执行元件的运动停顿时间。

a) 图形符号   b) 实物图

图 3-28　延时阀的图形符号及实物图

　　若要改变延时时间的长短，只需调节节流阀的开度即可。通过附加气室还可以进一步延长延时时间。当 12 口撤除控制信号时，气室内的压缩空气迅速通过单向阀排出，延时阀快速复位。所以延时阀的功能相当于电气控制中的通电延时时间继电器。

【任务实施】

1. 方案确定与气动控制回路设计

　　1）全气动控制方案　气缸起动的条件为初始位置时行程检测元件压下且起动按钮压下，在逻辑上是与的关系；气缸缩回的条件为终点处行程开关压下且延时 2s，这两个条件在逻辑上也是与的关系，故气缸伸出或缩回条件可通过阀串联或双压阀来实现。请补充完成回路设计草图，如图 3-29 所示。

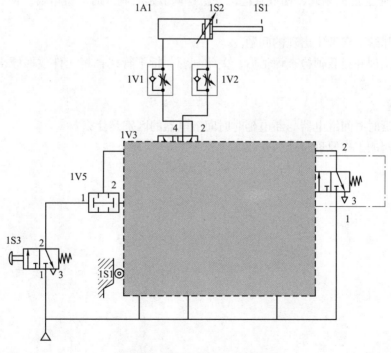

图 3-29　切割机气动控制回路图

2）电气控制方案　将延时阀改为时间继电器、气控阀换成电磁阀，重新设计回路，如图 3-30 所示。

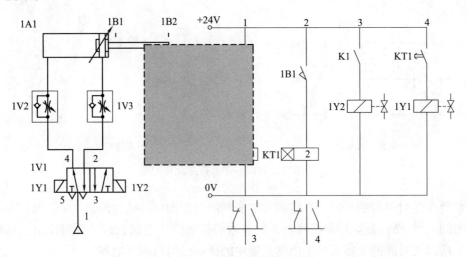

图 3-30　切割机电气控制回路图

2. 回路的组装与调试

1）根据项目要求设计回路，在仿真软件中进行调试和运行。

2）按照气路图和电路图进行连接和检查。

注意：应正确连接延时阀，认清气控口和主气流出入口。

3）连接无误后，打开气源，观察压力表指示的压力是否在合理范围内。

4）观察气缸运行情况是否符合控制要求。

注意：调节速度控制阀，使气缸运动平稳；调节延时阀或时间继电器，使气缸按要求延时动作。

5）分析和解决实训中出现的问题。

6）完成实训并经教师检查评估后，关闭气源，拆下管线，将元件放回原来位置，做好实训室整理工作。

3. 思考题

1）通电延时时间继电器与断电延时时间继电器的区别是什么？

2）延时阀的工作原理是什么？

项目 4　气动系统压力控制

【项目描述】

压力控制阀是控制气动系统中压缩空气的压力以满足系统对不同压力的需要，或者根据系统压力发出信号以实现某种动作的元件。压力控制阀都是利用空气压力和弹簧力相平衡的原理来工作的。气动系统中常用的压力控制元件有调压阀（一般为减压阀）、顺序阀、压力继电器等。其中，减压阀在项目1中已经介绍。

本项目主要介绍气动系统压力控制元件中的顺序阀和压力继电器，以及压力顺序动作回路。本项目是气动部分最后一个项目，在项目中安排了综合训练任务，要求设计和搭建中等复杂程度的气动回路。

任务 4.1　气动压合机（1）控制回路的组装与调试

【学习目标】

1）能辨别常用气动压力控制元件，如减压阀、顺序阀、压力开关的实物与图形符号。
2）能够识读与分析基本压力控制回路的工作原理图。
3）能合理选用气动元件及工具进行基本压力控制回路的搭建和调试。
4）能进行基本压力控制回路常见简单故障的分析与排除。

【任务布置】

气动压合机常用于自动粘贴装置和压实装置。如图 4-1 所示，气缸活塞向下伸出带动压头实现压合动作，当气缸活塞杆运动到行程终点，大约经过 3s 的时间后，气缸无杆腔压力达到 0.3MPa 时，表明一个压合过程结束，气缸活塞自动缩回。

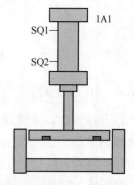

图 4-1　气动压合机示意图

【任务分析】

气动压合机运动到行程终点大约经过 3s 时间后要求压力达到 0.3MPa，气缸自动退回，完成压合动作，气缸的退回信号应由压力检测元件发出，3s 的时间应由节流阀控制气缸压力的上升速度来实现，而不应由延时阀或时间继电器控制。压力顺序阀和压力开关都是根据所检测位置气压的大小来控制回路中各执行元件的动作的元件。压力顺序阀产生的输出信号为气压信号，用于气动控制；压力开关的输出信号为电信号，用于电气控制。本任务要求能分别应用上述两种元件设计气动控制回路和电气控制回路，并能正确组装和调试相应控制回路，实现有效的压合动作。

【相关知识】

4.1.1　压力顺序阀

　　顺序阀是依靠气路中压力的作用来控制执行元件按顺序动作的压力控制阀。如图4-2a所示，压力顺序阀是由一个主阀和一个导阀构成的，其主阀为单气控二位三通换向阀。当主阀控制口12无气压信号输入或输入的气压小于调定压力时，导阀关闭，单气控二位三通换向阀处于右位，1口关闭，2口与3口相通，处于向外排气状态。当控制口12有气压信号输入，且其压力大于调定压力时，导阀打开，驱动二位三通换向阀换向，使1口和2口相通。压力顺序阀实质上是由作用在主阀阀芯上的气压力和弹簧力之间的平衡来控制主阀的换向。导阀调节弹簧的弹簧力可以通过调节螺母进行预先调节设定，可以无级调节控制信号压力的大小。压力顺序阀的图形符号如图4-2b所示，实物图如图4-3所示。

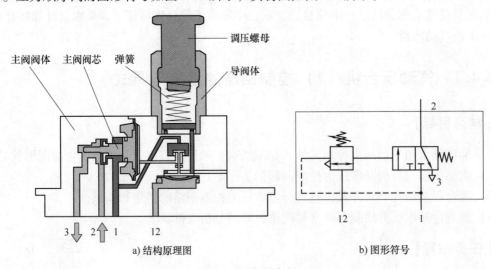

a) 结构原理图　　　　　　　　　　　　　b) 图形符号

图4-2　压力顺序阀

4.1.2　压力开关

　　压力开关是一种简单的压力控制装置，当被测压力达到额定值时，压力开关可发出警报或控制信号。压力开关的输入信号是气压信号，输出信号是电信号，这种利用输入气压信号来接通和断开电路的装置也称为气电转换器。

图4-3　压力顺序阀实物

　　压力开关的结构原理如图4-4a所示，当X口的气压力达到一定值时，即可推动阀芯克服弹簧力右移，电气触点上顶，而使触点1、2断开，1、4闭合导通，发出电信号；当X口的气压力下降到一定值时，阀芯在弹簧力的作用下左移，电气触点复位，触点1、2闭合导通，1、4断开，发出电信号。可以通过调节螺母设定压力值的大小。

　　压力开关常用于需要进行压力控制和具有保护作用的场合。应当注意的是，使压力开关触点吸合的压力值一般高于使其释放的压力值。

压力开关在气路图和电路图中的图形符号不相同，如图 4-4b 所示。FluidSIM 软件的元件库中并没有如图 4-4b 所示的电气图中的压力继电器开关触点符号，它将根据触点使用性能、触点标签和相应触点符号，自动识别压力继电器触点。绘制电路图时直接调用普通触点，并分别对压力继电器线圈、触点定义标签建立联系即可，触点符号将自动变为压力继电器延时触点符号。

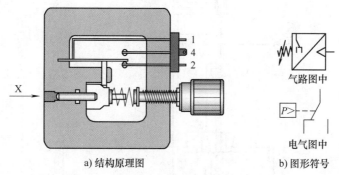

a) 结构原理图　　　　　　　　b) 图形符号

图 4-4　压力开关的结构原理图和图形符号

压力开关实物如图 4-5 所示。

图 4-5　压力开关实物图

4.1.3　压力控制的回路

在图 4-6 所示由压力控制的气动压合机（1）全气动控制回路中，应对气缸运动对应动作采用进气节流控制，调节气缸运动到终点后压力的上升速度。如果不节流或采用排气节流控制，会导致气缸压力上升过快，压力检测元件无法可靠动作。压力检测元件的控制口应接在气缸和节流阀之间。

当某些气动设备或装置中因结构限制而无法安装或难以安装位置传感器、行程阀进行位置检测时，可依据气压的大小来控制气动执行机构的动作，采用安装位置相对灵活的压力顺序阀来代替位置传感器。因为在空载或轻载时气缸工作压力较低，活塞运动到位停止时压力上升，使压力顺序阀产生输出信号，这时它们所起的作用就相当于位置传感器。

【任务实施】

1. 方案确定与控制回路设计

1）全气动控制方案　采用压力顺序阀的设计回路如图 4-6 所示，它可使气缸活塞杆在压力达到要求后退回。注意：气缸活塞杆伸出速度控制应采用进气节流，压力顺序阀的导阀压力控制口应接在气缸和节流阀之间。本任务要求气源压力为 0.4MPa，由于气源压力要高于顺序阀或压力继电器的调定压力，故取顺序阀或压力继电器的开启压力为 0.3MPa。注意调节合适的节流阀开度，控制气缸升压速度，观察压力表 p1 的指针，使得气缸活塞杆在伸出到位 3s 后退回。

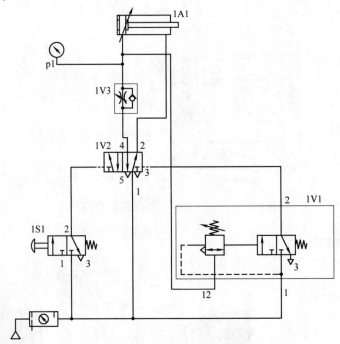

图 4-6　气动压合机（1）全气动控制回路

2）电气控制方案　用压力开关代替压力顺序阀、电磁换向阀代替气动换向阀，将全气控回路改为电气控制回路，请补充完成图 4-7 所示的电路图。

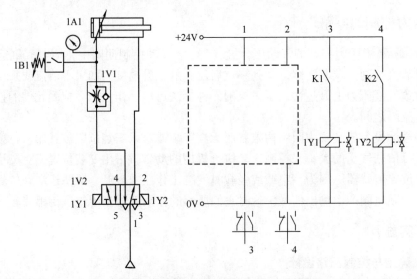

图 4-7　气动压合机（1）电气控制回路图

2. 回路的组装与调试

1）根据任务要求设计回路，在仿真软件中进行调试和运行。

2）按照气路图和电路图进行连接和检查。实训中要严格按规范操作，小组协作互助完成。

注意：

①压力顺序阀的导阀控制口必须接在节流阀和气缸进气口之间。

②气缸活塞杆伸出采用进气节流控制。

3）连接无误后，打开气源，观察压力表指示的压力是否在合理范围内。

注意：气源压力要高于顺序阀或压力继电器的调定压力，任务要求顺序阀或压力继电器的调定压力为 0.3MPa，故气源压力至少要调整为 0.4MPa。

4）调整顺序阀或压力继电器的开启压力、节流阀的开度，使压力上升速度符合要求，观察气缸运行情况是否符合控制要求。

注意：

①调整顺序阀或压力继电器时，一般应当先将开启压力调高，在气缸伸出后再逐渐调低压力，直至气缸在合适的压力下自动退回。调整时要注意观察其控制口处的压力表。

②应调节到合适的节流阀开度，使压力在气缸伸出到位后逐步上升，这对顺序阀或压力继电器的压力调节及工作有很大影响。注意观察气缸无杆腔侧压力表指针的转动情况，大致经过 3s 左右，气缸压力上升到 0.3MPa 以上，气缸即应退回。

5）实训完成并经教师检查评估后，关闭气源，拆下管线，将元件放回原来位置，做好实训室整理工作。

3. 思考题

1）为何压力顺序阀能够在某些情况下代替行程阀工作？

2）节流阀在压力控制回路中的作用是什么？将它设计在回路中的什么位置上比较合理？

3）压力控制回路为何采用进气节流，而不采用排气节流控制？

任务 4.2　气动压合机（2）控制回路的组装与调试

【学习目标】

1）能够熟练地识读、分析与设计中等复杂程度的基本气动控制回路的工作原理图。

2）能较熟练地选用气动元件及工具进行中等复杂程度气动控制回路的搭建和调试。

3）能进行中等复杂程度控制回路常见简单故障的分析与排除。

【任务布置】

本任务在气动压合机（1）的基础上增加了以下要求：设备工作可以选择单次循环和连续循环；为安全起见，在供电或供气中断后，装置必须重新起动，不得自行开始动作；要求下一次起动必须在间隔 5s 后才能开始。

【任务分析】

本任务的控制要求相对较多，是对前述各种类型的基本回路的综合应用，包括气缸活塞伸出速度和时间控制，气缸活塞缩回压力和时间控制、气缸压力调节、单次循环和连续循环的切换四方面。各个控制条件之间有与的关系也有或的关系，应仔细梳理并完成回路设计。

【相关知识】

气动装置工作时常常需要在单次循环和连续循环之间进行切换，且要求供气或供电中断后不得自行起动。可设计为通过一个按钮起动，并用一个定位开关来选择工作状态是单次循环还是连续循环。

如图4-8a所示，通过全气动控制方法实现切换，按下左侧按钮阀，可实现单次循环；按下右侧按键阀可实现连续循环。但这种回路在系统供气中断又恢复供气后会自行起动，故不符合任务要求。

如图4-8b所示，仅按下左侧按钮阀，单气控三通换向阀输出口供气，松开按钮阀，单气控三通换向阀在弹簧力作用下复位，实现单次循环；先按下右侧按键阀，再按下左侧按钮阀，单气控三通换向阀输出口气流通过按键阀流通到梭阀右侧，锁定单气控三通换向阀左位工作，实现连续供气，装置实现连续循环。当系统供气中断时，锁定消除，供气恢复后装置不会自行起动。

如图4-8c所示，利用按钮1S1和按键开关1S2可通过电气控制方法实现单次循环与连续循环的切换。供电中断后，系统不会自行起动。

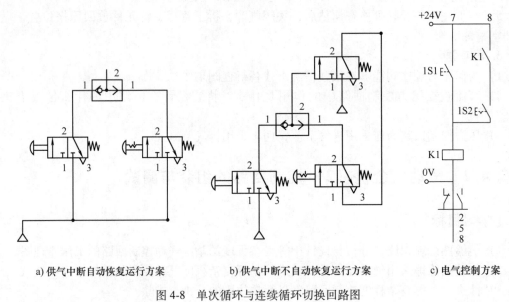

a) 供气中断自动恢复运行方案   b) 供气中断不自动恢复运行方案   c) 电气控制方案

图4-8   单次循环与连续循环切换回路图

【任务实施】

1. 方案确定与控制回路设计

（1）方案确定

本任务共有四个控制要求，在进行回路设计时，可分成四部分分别进行分析和设计。

1）气缸活塞伸出速度和时间控制。为确保取件和安装工件的时间，新的一次压合过程必须在气缸活塞完全缩回5s后才能开始。故气缸活塞伸出的条件有两个：一是活塞杆完全返回，另一个是返回停留时间为 5s。因此，可通过延时阀或时间继电器对停留时间进行控制，以控制下一次压合的开始时间；为检测气缸活塞是否缩回到位，可使用行程阀或行程开关。在这两个条件全部满足后气缸活塞才能伸出，所以它们之间是逻辑与的关系。

2）气缸活塞缩回压力和时间控制。气缸活塞缩回的条件有两个：一是活塞杆完全伸出，另一个是压力达到 0.3MPa。因此，需要一个用于检测气缸活塞完全伸出的行程阀或行程开关，以及一个检测气缸无杆腔压力的压力顺序阀或压力继电器。在这两个条件全部满足后气缸活塞才能缩回，所以它们之间也是逻辑与的关系。

3）气缸压力调节。为保证压合质量，压铁作用在工件上的作用力和作用时间应调整适当，注意对气缸活塞伸出进行进气节流控制，并通过调节节流阀开度来调节无杆腔压力的上升速度，以满足活塞杆伸出到位 3s 后无杆腔压力增至 0.3MPa 的要求，而不应用延时阀来实现 3s 的延时。为方便压力检测和设定压力顺序阀的压力值，应在相应检测位置安装压力表。

4）单次循环和连续循环的切换。根据任务要求，可采用图 4-8b 或 c 所示方案。起动信号发出和气缸完全缩回并停留 5s 两个条件之间也是逻辑与的关系。

（2）全气动控制方案

该方案草图如图 4-9 所示，采用双作用气缸，利用行程阀、延时阀、压力顺序阀实现相应功能，请补充完成该设计回路。

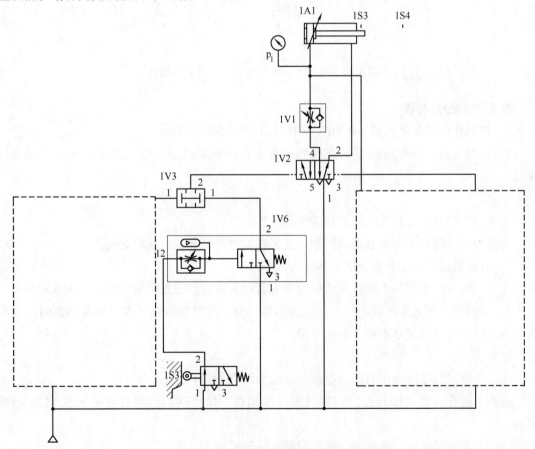

图 4-9　气动压合机（2）全气动控制回路图

（3）电气控制方案

该方案草图如图 4-10 所示，采用双作用气缸，利用行程开关、时间继电器、压力继电器实现相应功能，请补充完成该设计回路。

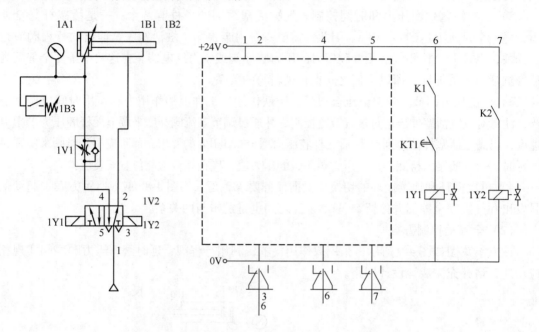

图 4-10　气动压合机（2）电气控制回路图

2. 回路的组装与调试

1）根据任务要求完成图 4-9 和图 4-10 所示控制回路图的设计。

2）按照气路图和电路图进行连接和检查。实训中要严格按规范操作，小组协作互助完成。

注意：

①采用进气节流控制气缸活塞杆的伸出速度。

②压力顺序阀和压力继电器的控制口要接在节流阀与气缸进气口之间。

3）打开气源，调整为合适的工作压力。

注意：气源压力要高于顺序阀或压力继电器调定压力，任务要求气源压力为 0.4MPa。

4）分别设定压力顺序阀、压力开关的工作压力，调整节流阀开度、延时阀或时间继电器，观察气缸运行情况是否符合控制要求。

注意：

①任务要求顺序阀或压力继电器的开启压力为 0.3MPa。

②调节适合的节流阀开度，控制气缸升压速度，使得气缸活塞杆在伸出到位 3s 后再退回。

③调节延时阀或时间继电器，使气缸两次循间隔 5s。

5）分析和解决实训中出现的问题。

78

6）完成实训并经教师检查评估后，关闭气源，拆下管线，将元件放回原来位置，做好实训室整理工作。

3. 思考题

1）简述单次循环与连续循环切换回路的工作原理。

2）简述本任务中气缸伸出到位 3s 后退回是如何实现的。

项目5 认识液压系统

【项目描述】

以液体为传动介质来实现能量传递的传动方式称为液体传动，液体传动按工作原理不同可分为两类：主要以液体动能进行工作的称为液力传动（如液力变矩器等）；主要以液体压力能进行工作的称为液压传动。液压传动是本书要讨论的内容，它与单纯的机械传动、电气传动和气压传动相比，具有输出能量大、运动和换向平稳等优点，所以在机械设备中，液压传动是被广泛采用的传动方式之一，特别是近年来，通过与微电子、计算机等技术相结合，液压技术的发展进入了一个新的阶段，成为发展速度最快的技术之一。

本项目主要介绍液压系统的工作原理、组成、优缺点、应用和发展等内容；液压液的种类、物理性质、污染原因及控制方法；液压液的静力学和动力学规律；液压系统中的常用辅助件，包括油管、管接头、过滤器、蓄能器等的结构、功用与选用方法。

任务5.1 认识液压千斤顶及其工作原理

【学习目标】

1）理解液压系统的基本工作原理。
2）理解液压系统的压力、速度、流量、功率等参数的含义。

【任务布置】

如图5-1所示，液压千斤顶是一种采用柱塞式液压缸作为刚性顶举件的千斤顶。观察液压千斤顶的工作过程，分析液压千斤顶的工作原理，了解液压系统的基本工作原理和基本概念。

【相关知识】

图5-1a所示为液压千斤顶的结构原理图。大液压缸9和大活塞8组成举升液压缸。杠杆手柄1、小液压缸2、小活塞3、单向阀4和7组成手动液压泵。提起手柄使小活塞向上移动，则小活塞下端油腔容积增大，形成局部真空，这时单向阀4打开，通过吸油管5从油箱12中吸油；用力压下手柄，小活塞下移，小活塞下腔压力升高，单向阀4关闭，单向阀7打开，下腔中的油液经管道6输入举升液压缸9的下腔，迫使大活塞8向上移动，顶起重物。再次提起手柄吸油时，单向阀7自动关闭，使油液不能倒流，从而保证了重物不会自行下落。不断地往返扳动手柄，就能不断地把油液压入举升缸下腔，使重物逐渐升起。如果打开截止阀11，举升缸下腔的油液将通过管道10、截止阀11流回油箱12，重物就会向下移动。这就是液压千斤顶的工作原理。

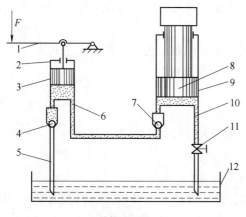

a) 结构原理图   b) 实物图

图 5-1　液压千斤顶结构原理图及实物图

1—杠杆手柄　2—小液压缸　3—小活塞　4、7—单向阀　5—吸油管　6、10—管道
8—大活塞　9—大液压缸　11—截止阀　12—油箱

　　从上述原理可以看出，液压千斤顶是一种简单的液压传动装置。分析液压千斤顶的工作过程可知，液压传动是依靠液体在密封容积中的压力能来传递运动和动力的。液压传动装置本质上是一种能量转换装置，它先将机械能转换为便于输送的液压能，然后又将液压能转换为机械能做功。液压传动利用液体的压力能进行工作，它与利用液体的动能进行工作的液力传动有根本的区别。

5.1.1　力比关系

　　帕斯卡原理：在密闭容器内，施加于静止液体上的压力将以等值同时传递到液体各点。千斤顶力分析如图 5-2 所示，施加于小缸上的液压力 p 将等值传递到大缸，可得如下结论

$$p = \frac{F_1}{A_1} = \frac{W}{A_2} \qquad (5\text{-}1)$$

图 5-2　千斤顶力分析

$$\frac{W}{F_1} = \frac{A_2}{A_1}$$

　　重要基本概念一：工作压力取决于负载，而与流入的液体多少无关。

　　注意：液压工程技术中所说的压力指的是物理学中的压强。

5.1.2　运动关系

　　若不考虑泄漏和液体的可压缩性，则活塞的运动速度与其作用面积成反比，即

$$A_1 h_1 = A_2 h_2 \qquad \frac{h_2}{h_1} = \frac{A_1}{A_2}$$

$$A_1 \frac{h_1}{t} = A_2 \frac{h_2}{t} \qquad \frac{v_2}{v_1} = \frac{A_1}{A_2} \qquad\qquad (5\text{-}2)$$

重要基本概念二：活塞的运动速度 v 取决于进入液压（气压）缸（马达）的流量 q，而与液体压力 p 的大小无关。

流量 $q(\text{L/min})$ 是单位时间内流过某一截面积 A 的流体体积，其公式为

$$q = A_1 v_1 = A_2 v_2 \tag{5-3}$$

5.1.3 功率关系

若不考虑损耗，则小缸的输入功率应等于大缸的输出功率，即

$$P = F_1 v_1 = W v_2$$
$$P = p A_1 v_1 = p A_2 v_2 = pq \tag{5-4}$$

压力 p 和流量 q 是流体传动中最基本、最重要的两个参数，它们相当于机械传动中的力和速度，它们的乘积即为功率。

液压与气压传动是以流体的压力能来传递动力的。

【任务实施】

1）观察液压千斤顶的工作过程。

2）分析液压千斤顶的工作原理，思考当负载为 0 时，系统的工作压力是多少。

任务 5.2　认识磨床的液压传动系统

【学习目标】

1）了解液压系统的组成与特点。

2）能辨别几种常见液压元件的实物与图形符号。

3）能初步阅读液压系统回路图。

4）熟悉 FluidSIM-H 软件的基本操作。

【任务布置】

磨床工作台的工作通常采用液压传动控制，要求观察磨床工作台的工作情况及其液压控制系统，了解液压传动系统的组成与特点，使用 FluidSIM-H 软件绘制磨床的液压系统原理图，熟悉 FluidSIM-H 软件和液压系统原理图。

【相关知识】

5.2.1　磨床液压传动系统的工作原理

图 5-3 所示为磨床工作台液压传动系统的工作原理图。液压泵 4 在电动机（图中未画出）的带动下旋转，油液由油箱 1 经过滤器 2 被吸入液压泵 4，由液压泵输入的液压油通过手动换向阀 9、节流阀 13、手动换向阀 15 进入液压缸 18 的左腔，推动活塞 17 和工作台 19 向右移动，液压缸 18 右腔的油液经手动换向阀 15 排回油箱。如果将手动换向阀 15 转换成如图 5-3c 所示的状态，则液压油将进入液压缸 18 的右腔，推动活塞 17 和工作台 19 向左移

动，液压缸 18 左腔的油液经手动换向阀 15 排回油箱。工作台 19 的移动速度由节流阀 13 来调节，当节流阀开大时，进入液压缸 18 的油液增多，工作台的移动速度增大；当节流阀关小时，工作台的移动速度减小。液压泵 4 输出的液压油除了进入节流阀 13 以外，其余的通过溢流阀 7 流回油箱。如果将手动换向阀 9 转换成如图 5-3d 所示的状态，液压泵输出的油液将经手动换向阀 9 流回油箱，这时工作台停止运动，液压系统处于卸荷状态。

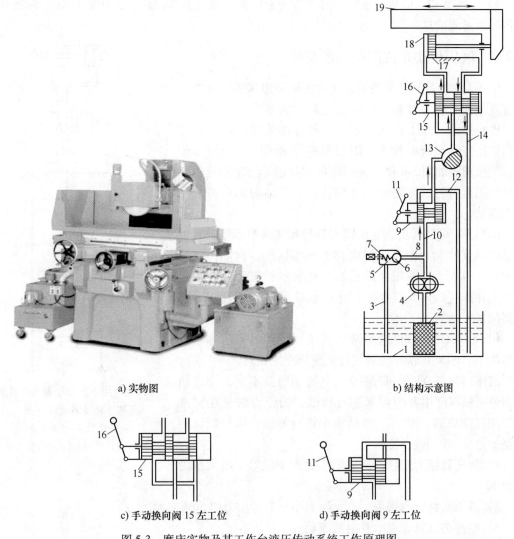

a) 实物图　　　　　　　　　　　　　　　b) 结构示意图

c) 手动换向阀 15 左工位　　　　　d) 手动换向阀 9 左工位

图 5-3　磨床实物及其工作台液压传动系统工作原理图

1—油箱　2—过滤器　3、8、10、12、14—油管　4—液压泵　5—弹簧　6—钢球　7—溢流阀
9、15—手动换向阀　11、16—手柄　13—节流阀　17—活塞　18—液压缸　19—工作台

5.2.2　液压传动系统的组成

从图 5-3 中可看出，一个完整的液压系统，由以下五部分组成：

1）动力装置　动力装置是将原动机输出的机械能转换成液体压力能的元件，其作用是向液压系统提供液压油。液压泵是液压系统的心脏。

2）执行装置　执行装置把液体压力能转换成机械能，包括液压缸和液压马达。

3）控制装置　控制装置包括压力、方向、流量控制阀，是对系统中油液的压力、流量、方向进行控制和调节的元件。

4）辅助装置　上述三个组成部分以外的其他元件，如管道、管接头、油箱、过滤器等。

5）工作介质　即传动液体，通常称为液压油。绝大多数液压油采用矿物油，系统用它来传递能量或信息。

5.2.3　液压传动系统图及图形符号

图 5-3 中的各元件是用半结构式图形画出来的，这种图形直观性强、较易理解，但难以绘制，系统中的元件数量多时更是如此。在工程实际中，一般都用简单的图形符号绘制液压传动系统原理图。用图形符号表示的磨床液压传动系统原理图如图 5-4 所示。国家标准规定了液压系统中各元件的图形符号，可表示元件的功能，详细的图形符号见本书附录。

由图 5-4 可以看出，液压图形符号和气动图形符号有很明显的一致性和相似性，但也存在一些区别。例如，气源用空心三角表示，液压源用实心三角表示；气动系统一般通过元件排气口向大气排气，液压系统则需要通过回油路将回油接入油箱。

用 FluidSIM-H 软件绘制液压系统原理图的方法基本上也和用 FluidSIM-P 软件绘制气动系统原理图相同。

液压回路仿真时的管路颜色与气动回路不同，管路仿真颜色可根据使用者的要求进行修改，操作方法是在"选项"下拉菜单的"仿真"对话框中进行修改，系统默认的管路颜色具有以下意义：

1）液压管路为暗红色，表示压力大于或等于最大压力的 50%。

2）液压管路为黄褐色，表示压力小于最大压力的 50% 或无压力。

3）电路为红色，表示有电流流动。

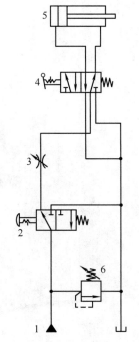

图 5-4　用图形符号表示的磨床液压传动系统原理图
1—液压源　2、4—手动换向阀
3—节流阀　5—液压缸　6—溢流阀

5.2.4　液压传动的特点

1. 液压传动的优点

1）单位功率的重量轻，结构尺寸小。据统计，轴向柱塞泵每千瓦功率的重量只有 1.5～2N，而直流电动机则高达 15～20N。这说明在同等功率情况下，前者的重量只有后者的 10%～20%；在尺寸上，前者为后者的 12%～13%。这就是飞机上的操舵装置、起落架、发动机的自动调节系统、自动驾驶仪、导弹的发射与控制装置均采用液压传动的原因。

2）工作比较平稳，换向冲击小，反应快。由于重量轻、惯性小、反应快，易于实现快速起动、制动和频繁换向。

3）能在大范围内实现无级调速（调速范围最大可达1：2000），而且调速性能好。

4）操纵、控制、调节比较方便、省力，便于实现自动化，尤其是和电气控制结合起来，能实现复杂的顺序动作和远程控制。

5）液压装置易于实现过载保护，而且工作油液能使零件实现自润滑，故使用寿命长。

6）液压元件已实现标准化、系列化和通用化，便于设计和选用，也使液压元件的布置更为方便，成本更低。

2. 液压传动的主要缺点

1）油液的泄漏和液体的可压缩性会影响执行元件运动的准确性，故无法保证严格的传动比。

2）液压传动对油温变化比较敏感，其工作稳定性很容易受到温度的影响。因此，它不宜在很高或很低的温度条件下工作。

3）能量损失较大（摩擦损失、泄漏损失、节流和溢流损失等），故传动效率不高，不宜做远距离传动。

4）液压元件在制造精度上的要求较高，因此它的造价较高，使用、维护要求比较严格。

5）系统的故障原因有时不易查明。

5.2.5　液压传动的应用和发展

液压传动相对于机械传动来说是一门新的学科，它的发展历史虽然较短，但发展速度却非常快。自从1795年制成世界上第一台水压机起，液压技术进入了工程领域，1906年开始应用于国防战备武器领域。目前，工业生产的各个部门都在应用液压传动技术，如工程机械（挖掘机）、矿山机械、压力机械（压力机）和航空工业中都采用了液压传动技术。我国的液压工业开始于20世纪50年代，其产品最初应用于机床和锻压设备，后来又用于拖拉机和工程机械。特别是20世纪60年代以后，随着原子能科学、空间技术、计算机技术的发展，液压技术也得到了很大发展。当前，液压技术正向高压、高速、大功率、高效、低噪声、高性能、高度集成化、模块化、智能化的方向发展，同时新型液压元件的应用、液压系统的计算机辅助设计（CAD）、机电一体化技术以及污染控制技术等也是当前液压传动及控制技术的发展和研究方向。

【任务实施】

1）观察磨床工作台的工作情况。

2）分析磨床工作台液压传动系统的工作原理。

3）利用FluidSIM-H软件绘制磨床工作台液压传动系统原理图。

4）查找资料，了解液压传动在生活或工业中的应用，并举出2~3个实例。

任务 5.3　认识液压传动介质

【学习目标】

1）掌握工作介质的基本性质。
2）了解工作介质的污染原因、危害及其控制方法。
3）了解液压油的选用方法。

【任务布置】

观察不同型号和种类的液压油的外观、流动状态，了解其选用方法。学习液压油的物理特性，了解液压系统的压力损失、气穴、液压冲击等现象。

【相关知识】

5.3.1　液压传动工作介质的物理性质

液体是液压传动的工作介质，最常用的是液压油，此外，还有乳化型传动液和合成型传动液。工作介质的物理性质有多项，现介绍与液压传动性能密切相关的三项。

1. 密度

单位体积液体所具有的质量称为该液体的密度，用公式表示为

$$\rho = \frac{m}{V} \tag{5-5}$$

式中，ρ 为液体的密度（kg/m^3）；m 为液体的质量（kg）；V 为液体的体积（m^3）。

严格来说，液体的密度随着压力和温度的变化而变化，但变化量一般很小，在工程计算中可以忽略不计。在进行液压系统的相关计算时，通常取液压油的密度为 $900kg/m^3$。

2. 可压缩性

液体受增大的压力作用而使体积缩小的性质称为液体的可压缩性。设容器中液体原来的压力为 p_0，体积为 V_0，当液体压力增大 Δp 时，体积缩小 ΔV，则液体的可压缩性可用压缩系数 k 来表示，它是指液体在单位压力变化下的体积相对变化量，用公式表示为

$$k = -\frac{1}{\Delta p}\frac{\Delta V}{V_0} \tag{5-6}$$

式中，k 为压缩系数（m^2/N）。

压缩系数 k 的倒数，称为液体的体积弹性模量，简称体积模量，用 K 表示，即

$$K = \frac{1}{k} = \frac{\Delta p}{\Delta V}V_0 \tag{5-7}$$

表 5-1 列举了各种工作介质的体积模量，液体的体积模量与温度、压力有关。温度升高时，K 值减小；压力增大时，K 值增大，但当 $p \geqslant 3MPa$ 时，K 值基本上不再增大。

一般情况下，在研究液压系统静态（稳态）条件下的工作性能时，工作介质的可压缩性影响不大，可以不予考虑；但在高压下或研究系统动态性能及计算远距离操纵的液压系统

时，必须予以考虑。

表 5-1　各种工作介质的体积模量（20℃，0.1MPa）

工作介质种类	体积模量 K/MPa	工作介质种类	体积模量 K/MPa
石油基液压油	$(1.4\sim2.0)\times10^3$	水-乙二醇基型	3.45×10^3
油包水乳化液	2.2×10^3	磷酸酯基型	2.65×10^3
水包油乳化液	1.95×10^3		

3. 黏性

（1）黏性的定义

液体在外力作用下流动时，分子间的内聚力会阻碍分子间的相对运动而产生一种内摩擦力。这一特性称作液体的黏性。液体只有在流动（或有流动趋势）时才会呈现出黏性，静止液体是不呈现黏性的。黏性是液体重要的物理特性，是选择液压油的主要依据。

（2）黏性的度量

度量黏性大小的物理量称为黏度。常用的黏度有三种：动力黏度、运动黏度、相对黏度。

1）动力黏度。动力黏度的物理意义是液体在单位速度梯度下，单位面积上的内摩擦力大小。可以理解为面积为 $1cm^2$，相距 1cm 的两层液体，以 1 cm/s 的速度做相对运动时所产生的内摩擦力大小，用 μ 表示。

在国际单位制和我国的法定计量单位中，μ 的单位为 Pa·s（帕·秒）或 N·s/m²（牛·秒/米²）；而在厘米·克·秒（CGS）制中，μ 的单位为 P（泊）或 cP（厘泊），$1Pa·s=10P=10^3cP$。

2）运动黏度。在同一温度下，液体的动力黏度 μ 与其密度 ρ 之比称为运动黏度 ν，即

$$\nu = \frac{\mu}{\rho} \tag{5-8}$$

在国际单位制和我国的法定计量单位中，ν 的单位为 m²/s；在 CGS 制中，ν 的单位为 cm²/s，通常称为 St（斯）。St 的单位较大，工程上常用 cSt（厘斯）来表示，1St = 100cSt。由于运动黏度具有长度和时间的量纲，即具有运动学的量，故称为运动黏度。

运动黏度 ν 没有明确的物理意义，习惯上常用来标志液体的黏度。液压油牌号就是这种油液在 40℃时的运动黏度 ν 的平均值。例如，40 号液压油就是指这种液压油在 40℃时的运动黏度 ν 的平均值为 40cSt（厘斯）。

3）相对黏度。相对黏度是在特定测量条件下制定的，又称为条件黏度。测量条件不同，各国采用的相对黏度单位也不同。例如，中国、德国、俄罗斯用恩氏黏度°E；美国、英国采用通用赛氏秒 SUS 或商用雷氏秒 R_1S。

恩氏黏度的测定方法：将 200mL 温度为 t℃的被测液体装入恩氏黏度计的容器内，测量液体从底部 $\phi2.8mm$ 小孔流尽所需的时间 t_1，再测出相同体积温度为 20℃的蒸馏水在同一黏度计中流尽所需的时间 t_2，这两个时间之比即为被测液体在 t℃下的恩氏黏度，即

$$°E_t = \frac{t_1}{t_2} \tag{5-9}$$

恩氏黏度与运动黏度（m²/s）之间的换算关系式为

$$\nu = \left(7.31°E - \frac{6.31}{°E} \right) \times 10^{-6} \tag{5-10}$$

（3）黏度与温度的关系

温度对油液黏度的影响很大，如图 5-5 所示，当油温升高时，其黏度显著下降，这一特性称为油液的黏温特性，它直接影响液压系统的性能和泄漏量，因此希望油液的黏度随温度的变化越小越好。

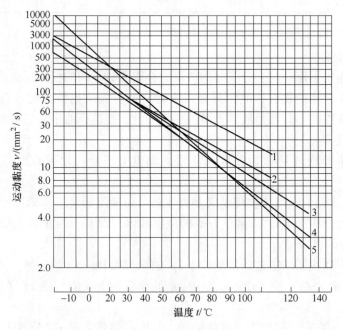

图 5-5　油液黏温特性图

（4）压力对黏度的影响

当油液所受的压力加大时，其分子间的距离就缩小，内聚力增加，黏度会变大。但是这种变化在低压时并不明显，可以忽略不计；在高压情况下，这种变化则不可忽略。

5.3.2　液压系统工作介质选择

1. 工作介质的性能要求

液压系统虽然都由泵、阀、缸等元件组成，但不同工作机械、不同使用条件的不同液压系统对工作介质的要求有很大不同。为了使液压系统能正常地工作，很好地传递运动和动力，使用的工作介质应主要具备以下性能：

1）合适的黏度和较好的黏温特性。

2）良好的润滑性能。

3）良好的防腐性、防锈性、抗泡沫性。

4）良好的抗乳化性、抗磨性。

5）良好的抗氧化性、抗剪切稳定性、抗空气释放性、抗水解安定性和抗低温性。

6）与金属和密封件、橡胶软管、涂料等的相容性要好。

7）流动点和凝固点要低，闪点和燃点要高，比热容和热导率要大，体积膨胀要小。

2. 工作介质的类型与选用

（1）工作介质的类型

工作介质同时满足上述各项要求是不可能的，一般根据需要满足其中一项或几项要求即可。按国际标准化组织（ISO）的分类，工作介质的类型见表 5-2，主要有石油基液压油和难燃液压油。现在，有 90% 以上的液压设备采用石油基液压油。石油基液压油以全损耗系统用油为基料，这种油的价格低，但物理化学性能较差，只能用在压力较低和要求不高的场合。为了改善全损耗系统用油的性能，往往需要加入各种添加剂。添加剂有两类：一类是改善油液化学性能的，如抗氧化剂、防腐剂、防锈剂等；另一类是改善油液物理性能的，如增黏剂、抗磨剂、防爬剂等。

表 5-2 工作介质的类型

类别		组成与特性		代号	
石油基液压油		无添加剂的石油基液压油		L-HH	
		HH+抗氧化剂、防锈剂		L-HL	
		HL+抗磨剂		L-HM	
		HL+增黏剂		L-HR	
		HM+增黏剂		L-HV	
		HM+防爬剂		L-HG	
难燃液压油	含水液压油	高含水液压油	水包油乳化液	L-HFA	L-HFAE
			水的化学溶液		L-HFAS
		油包水乳化液		L-HFB	
		水-乙二醇		L-HFC	
	合成液压油	磷酸酯		L-HFDR	
		氯化烃		L-HFDS	
		HFDR+HFDS		L-HFDT	
		其他合成液压油		L-HFDU	

（2）工作介质的选用

在选择工作介质时，主要考虑以下因素：

1）液压系统的环境条件。如气温的变化情况，系统的冷却条件，有无高温热源和明火，抑制噪声能力，废液再生处理及环保要求等。

2）液压系统的工作条件。如压力范围、液压泵的类型和转速、温度范围、与金属及密封和涂料的相容性、系统的运行时间和工作特点等。液压泵的工作条件是选择液压油的重要依据，应尽可能满足液压泵样本中提出的油品要求，系统压力和执行装置的工作速度也是选择液压油的重要依据。

3）液压油的性质。如液压油的理化指标和使用性能、各类液压油的特性等。

4）经济性和供货情况。如液压油的价格、使用寿命、对液压元件寿命的影响、当地油品的货源以及维护、更换的难易程度等。

5.3.3 液压油的污染及其控制

据调查统计可知，液压油被污染是系统发生故障的主要原因，它严重影响着液压系统的可靠性及元件的寿命。因此，了解液压油的污染途径，控制液压油的污染程度是非常重要的。

1. 产生污染的原因

凡是液压油成分以外的任何物质都可以认为是污染物。液压油中的污染物主要是固体颗粒物、空气、水及各种化学物质。另外，系统的静电能、热能、磁场能和放射能等也是以能量形式存在的对液压油有危害的污染物质。液压油污染物的来源如图5-6所示，主要有以下两方面：外界侵入物的污染物和工作过程中产生的污染物。

2. 污染的危害

液压油被污染后，将会对系统及元件产生以下不良影响：

1）固体颗粒及胶状生成物会加速元件磨损，堵塞泵及过滤器，堵塞元件相对运动缝隙，使液压泵和阀的性能下降，使泄漏增加，产生气蚀和噪声。

2）空气的侵入会降低液压油的体积模量，使系统响应性能变差，刚性下降，系统更易产生振动、爬行等现象。

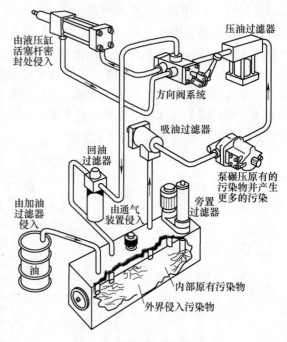

图5-6 液压油污染物的来源

3）水和悬浮气泡显著削弱运动副间的油膜强度，降低液压油的润滑性。油液中的空气、水、热量、金属磨粒等加速了液压油的氧化变质，同时产生气蚀，加速了液压元件的损坏。

3. 防止污染的措施

为了延长液压元件的使用寿命，保证液压传动系统的正常工作，应将油的污染控制在规定范围内。一般常用以下措施：使用前严格清洗元件和系统；防止污染物从外界侵入；使用合适的过滤器；控制液压油的工作温度；定期检查和更换液压油。

【任务实施】

1）观察几种不同液体的流动，分析其流动的主要影响因素。

2）查询相关资料或者到企业实际调查，了解实际中液压油的选用方法和防止泄漏的措施。

任务5.4　液压泵吸油口真空度分析

【学习目标】

1）了解液体静力学和动力学基本方程，掌握方程的运用方法。

2）能够运用液体力学方程分析液压系统中的常见物理现象。

3）了解气穴现象产生的原因、危害。

【任务布置】

如图 5-7 所示，液压泵的流量 $q = 32\text{L}/\text{min}$，吸油管通道的直径 $d = 20\text{mm}$，液压泵吸油口距离液面的高度 $h = 500\text{mm}$，液压泵的运动黏度 $\nu = 20 \times 10^{-6}\text{m}^2/\text{s}$，密度 $\rho = 900\text{kg}/\text{m}^3$。不计压力损失，试分析液压泵吸油口的真空度。

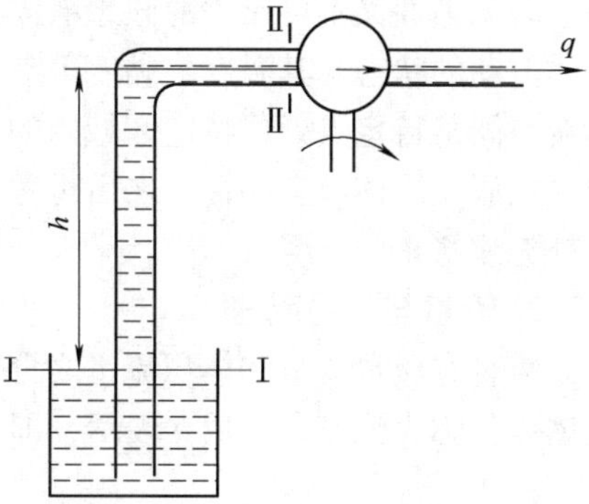

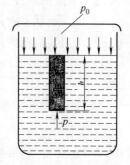

图 5-7　泵从油池中吸油

【相关知识】

5.4.1　液体静力学

液体静力学是研究液体处于静止状态时的力学规律。液体的黏性在液体静力学问题中不起作用。

1. 液体静压力

静止液体单位面积上所受的法向力称为静压力。静压力在液体传动中简称压力。若法向作用力 F 均匀地作用在面积 A 上，则压力可表示为 $p = F/A$，液体静压力的重要特性如下：

1）液体静压力的作用方向始终指向作用面的内法线方向。由于液体质点间的内聚力很小，液体不能受拉，只能受压。

2）静止液体中任何一点所受到的各个方向的液体静压力都相等。如果在液体中某点受到的各个方向的压力不等，那么液体就要运动，这就破坏了静止的条件。

3）在密封容器内，施加于静止液体上的压力将以等值传递到液体中所有各点，这就是帕斯卡原理，或称静压传递原理。

2. 静压力方程

在图 5-8 所示容器中连续均质绝对静止的液体，上表面受到压力 p_0 的作用。在液面下方深度为 h 处，液体静压力 p 是由液面压力 p_0 和液体自重 $\rho g h$ 形成的压力，即

$$p = p_0 + \rho g h$$

如上表面受到大气压力 p_a 的作用，则

$$p = p_\text{a} + \rho g h \qquad (5\text{-}11)$$

式（5-11）即为静压力基本方程，从式（5-11）可以看出：静止液体在自重作用下，任何一点的压力随着液体深度呈线性规律递增。液体中压力相等的液面叫等压面，静止液体的等压面是一水平面。

图 5-8　重力作用下的静止液体

当不计自重时，液体静压力可认为是处处相等的。在一般情况下，液体自重产生的压力与液体传递的压力相比要小得多，所以在液压传动中常常忽略液体自重。

5.4.2　液体动力学

本节主要讨论液体在流动时的运动规律、能量转换和流动液体对固体壁面的作用力等问

题。重点研究连续性方程和能量方程（伯努利方程）及其应用。

1. 理想液体

既无黏性又不可压缩的假想液体称为理想液体。实际生活中，理想液体几乎是没有的，液体流动的状态与其温度、黏度等参数有关。在液压与气压传动中，研究的是整个液体或气体在空间某特定点处或特定区域内的平均运动情况。为了便于分析，往往简化条件，在研究中往往假设液体没有黏性，之后再考虑黏性的作用并通过试验验证等办法对理想化的结论进行补充或修正。

2. 流量与平均流速

流量有质量流量和体积流量之分。在液压传动中，一般把单位时间内流过某通流截面的液体体积称为流量，常用 q 表示，即

$$q = \frac{V}{t} \tag{5-12}$$

式中，q 为流量（m^3/s 或 L/min）；V 为液体的体积（m^3 或 L）；t 为流过液体体积 V 所需的时间（s 或 min）。

由于实际液体具有黏度，液体在某一通流截面流过时截面上各点的流速可能是不相等的。例如，液体在管道内流动时，管壁处的流速为零，管道中心处的流速最大。为方便起见，在液压传动中用平均流速 v 来求流量，并且认为以平均流速 v 流过通流截面 A 的流量与以实际流速流过通流截面 A 的流量相等，即

$$q = \int_A u \mathrm{d}A = vA \tag{5-13}$$

所以

$$v = \frac{q}{A} \tag{5-14}$$

3. 连续性方程

两端通流截面面积为 A_1、A_2 的流束如图 5-9 所示，通过这两个截面的流速分别为 v_1 和 v_2，假设：

1）流束形状不随时间变化。

2）不可能有液体经过流束的侧面流入或流出。

3）液体是不可压缩的，并且在液体内部不形成空隙。

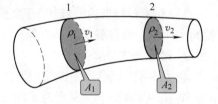

图 5-9　连续性方程推导简图

在上述条件下，根据质量守恒定律，有如下关系式

$$v_1 A_1 = v_2 A_2 \tag{5-15}$$

根据式（5-13），式（5-15）可写成

$$q_1 = q_2 \tag{5-16}$$

式中，q_1、q_2 分别为液体流经通流截面 A_1、A_2 的流量；v_1、v_2 分别为液体在通流截面 A_1、A_2 上的平均速度。

因为两通流截面的选取是任意的，故有

$$q = Av = 常数 \tag{5-17}$$

这就是液流的流量连续性方程，是质量守恒定律的另一种表示形式。这个方程式表明，不管平均流速和液流通流截面面积沿着流程怎样变化，流过不同通流截面的液体流量都

相同。

4. 伯努利方程（能量方程）

由于在液压传动系统中是利用有压力的流动液体来传递能量的，故伯努利方程也称为能量方程，它实际上是流动液体的能量守恒定律。由于流动液体的能量问题比较复杂，为了理论上研究方便，把液体看作理想液体处理，然后再对实际液体进行修正，得出实际液体的能量方程。

（1）理想液体的能量方程

只受重力作用的理想液体做恒定流动时具有压力能、位能和动能三种能量形式，在任意截面上这三种能量形式之间可以互相转换，且这三种能量在任意截面上的和为一定值，即能量守恒。将 $\dfrac{p}{\rho g}$ 称为比压能，z 称为比位能，$\dfrac{v^2}{2g}$ 称为比动能。

在图 5-10 所示通流截面 A_1、A_2 处可列出理想液体的能量守恒方程为

$$\frac{p_1}{\rho g} + z_1 + \frac{v_1^2}{2g} = \frac{p_2}{\rho g} + z_2 + \frac{v_2^2}{2g} = c \quad (5\text{-}18)$$

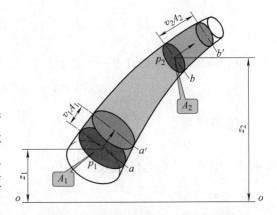

（2）实际液体的能量方程

实际液体流动时，要克服由于黏性所产生的摩擦阻力，存在能量损失，所以当液体沿着流束流动时，液体的总能量在不断减少。可用单位重量液体所消耗的能量 h_w 对理想液体的能量方程进行修正。

此外，由于液体的黏性和液体与管壁之

图 5-10　理想液体能量方程示意简图

间的附着力的影响，当实际液体沿着管壁流动时，接触管壁一层液体的流速为零；随着与管壁之间的距离增大，流速也逐渐增大，在管子中心达到最大流速，其实际流速为抛物线分布规律。假设用平均流速来代替真实流速的动能计算，将引起一定的误差。可以用动能修正系数 α 来纠正这一偏差，α 即为截面上单位时间内流过液体所具有的实际动能与按该截面上平均流速计算的动能之比（层流时 $\alpha = 2$，紊流时 $\alpha = 1$）。

实际液体做恒定流动时的能量方程为

$$\frac{p_1}{\rho g} + z_1 + \frac{1}{2g}\alpha_1 v_1^2 = \frac{p_2}{\rho g} + z_2 + \frac{1}{2g}\alpha_2 v_2^2 + h_w \quad (5\text{-}19)$$

式中，α 为动能修正系数；h_w 为单位重量液体所消耗的能量。

应用能量方程时必须注意：

1）截面 1、2 须顺流向选取（否则 h_w 为负值），且应选在缓变的通流截面上。

2）截面中心在基准面以上时，z 取正值；反之，取负值。通常选取特殊位置水平面作为基准面。

【任务实施】

利用液体流动的连续性方程和能量方程分析液压泵吸油口的真空度。

吸油管中的平均速度

$$v_2 = \frac{q}{A} = \frac{4q}{\pi d^2} = \frac{4 \times 32 \times 10^{-3}/60}{\pi \times (20 \times 10^{-3})^2} \text{m/s} = 1.7 \text{m/s}$$

油液的运动黏度

$$\nu = 20 \times 10^4 \text{m}^2/\text{s} = 0.2 \text{cm}^2/\text{s}$$

油液在吸油管中的雷诺数

$$Re = \frac{vd}{\nu} = \frac{170 \times 2}{0.2} = 1700$$

由手册可查得液体在吸油管中的运动为层流状态，$d=2$。选取自由截面Ⅰ—Ⅰ和靠近吸油口的截面Ⅱ—Ⅱ列能量方程，以Ⅰ—Ⅰ截面为基准面，因此 $z_1 = 0$，$v_1 \approx 0$（截面大，油箱中液面的下降速度相对于管道流动速度要小得多），$p_1 = p_a$（液面受大气压力的作用），不计压力损失 $h_w = 0$ 得如下能量方程为

$$\frac{p_a}{\rho g} = \frac{p_2}{\rho g} + z_2 + \frac{v_2^2}{g}$$

因 $z_2 = h$，所以泵吸油口（Ⅱ—Ⅱ截面）的真空度为

$$p_a - p_2 = \rho g h + \rho v_2^2 = (900 \times 10 \times 500 \times 10^{-3} + 900 \times 1.7^2) \text{MPa} = 0.0071 \text{MPa}$$

【知识拓展】

5.4.3 空穴、气蚀的概念及危害

1. 空穴

在液压系统的工作介质中，不可避免地混有一定量的空气，当流动液体某处的压力低于空气分离压时，正常溶解于液体中的空气就成为过饱和状态，从而会从油液中迅速分离出来，使液体中产生大量气泡。此外，当油液中某一点处的压力低于当时温度下的蒸气压时，油液将沸腾汽化，也在油液中形成气泡。上述两种情况都会使气泡混杂在液体中，使原来充满在管道或元件中的液体成为不连续状态，这种现象一般称为空穴。

当液体流到图 5-11 所示的水平放置管道节流口的喉部时，因 $q = Av$，通流截面面积小，流速变得很高，根据能量方程，该处的压力会很低，即 $p_2 < p_1$。如该处的压力 p_2 低于液体工作温度下的空气分离压，就会出现气穴现象。同样，在液压泵的自吸过程中，如果泵的吸油管太细、阻力太大、滤网堵塞，或泵安装位置过高、转速过快等，也会使其吸油腔的压力低于工作温度下的空气分离压，从而产生气穴。

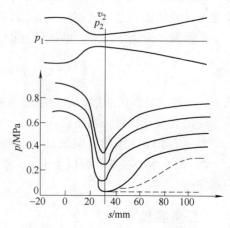

图 5-11 节流口的气穴现象

2. 气蚀

当气泡随着液流进入高压区时，在高压作用下，气泡将迅速破裂或急剧缩小，又凝结成液体，原来气泡所占据的空间形成了局部真空，周围液体质点以极高的速度来填补这一空间，质点间相互碰撞而产生局部高压，形成液压冲击。如果这个

局部液压冲击作用在零件的金属表面上，将使金属表面腐蚀。这种因空穴产生的腐蚀称为气蚀。

3. 空穴、气蚀的危害

当液压系统中出现空穴现象时，大量的气泡将使液流的流动特性变坏，造成流量不连续，流动不稳，噪声骤增。特别是当带有气泡的液流进入下游高压区时，气泡受到周围高压的作用而迅速破灭，使局部产生非常高的液压冲击，引起噪声和振动。再加上气泡中有氧气，在高温、高压和氧化的作用下会使工作介质变质，使零件表面疲劳，还会对金属产生气蚀作用，从而使液压元件表面产生腐蚀、剥落，出现海绵状的小洞穴，甚至造成元件失灵。

当液压泵发生空穴现象时，除了会产生噪声和振动，还会由于液体的连续性被破坏而降低吸油能力，以致造成流量和压力的波动，使液压泵零件承受冲击载荷，缩短液压泵的使用寿命。

4. 减少空穴的措施

在液压系统中，只要液体压力低于空气分离压，就会产生空穴现象。要完全消除空穴现象是十分困难的，但可尽力加以防止，须从设计、结构、材料的选用上来考虑，具体措施有：

1）保持液压系统中的油压高于空气分离压。对于管道来说，要求油管有足够大的管径，并尽量避免有狭窄处或急剧转弯处；对于阀来说，应正确设计阀口，减少液体通过阀孔前后的压差；对于液压泵，距离油面的高度不得过高，以保证液压泵吸油管路中各处的油压都不低于空气分离压。

2）降低液体中气体的含量。如管路的密封要好，不要漏气，以防空气侵入。

3）液压元件的制造应选用耐蚀性较好的金属材料，并进行合理的结构设计，适当提高零件的机械强度，减小表面粗糙度值，以提高液压元件的抗气蚀能力。

任务5.5　管路系统的流动状态分析

【学习目标】

1）能判断液体的流动状态。
2）了解液流在管道中的流动特性。
3）了解液体流经小孔和缝隙时的流量压力特性。
4）能分析液压系统的压力损失。

【任务布置】

液体在管路中流动是工程中最常见的现象之一，由于实际液体都是有黏性的，所有液体在管路中的流动必然都会产生液压能的损失。本任务要求了解液压系统中液体在管路、局部结构及元件中的流动状态，了解液压系统的压力损失和减少压力损失的措施。

【相关知识】

5.5.1　液体的两种流态及雷诺数判断

19世纪末，英国物理学家雷诺通过实验发现液体在管道中流动时有两种完全不同的流动状态：层流和紊流。流动状态的不同直接影响液流的各种特性。

1. 层流和紊流

层流：液体流动时，液体质点间没有横向运动，且不混杂，做线状或层状流动。

紊流：液体流动时，液体质点有横向运动或产生小漩涡，做杂乱无章的运动。

2. 雷诺数判断

液体的流动状态是层流还是紊流，可以通过无因次值雷诺数 Re 来判断。试验证明，液体在圆管中的流动状态可用下式来表示

$$Re = \frac{vd}{\nu} \tag{5-20}$$

式中，v 为管道中的平均速度；ν 为液体的运动黏度；d 为管道的内径。

由雷诺数 Re 的数学表达式可知，惯性力与黏性力的无因次比值即为雷诺数，影响液体流动的力主要是惯性力和黏性力。雷诺数大就说明惯性力起主导作用，这样的液流呈紊流状态；雷诺数小，则说明黏性力起主导作用，这样的液流呈层流状态。

在雷诺实验中发现，液流由层流转变为紊流和由紊流转变为层流时的雷诺数是不同的，前者比后者的雷诺数要大。因为由杂乱无章的运动转变为有序的运动更慢、更不易。在理论计算中，一般都用小的雷诺数作为判断流动状态的依据，称其为临界雷诺数，用 Re_{cr} 表示。当雷诺数小于临界雷诺数时，看作层流；反之，为紊流。

5.5.2 液压系统的压力损失

实际液体是有黏性的，当液体流动时，这种黏性表现为阻力。要克服这个阻力，就必须消耗一定能量。这种能量消耗表现为压力损失。损耗的能量转变为热能，使液压系统温度升高，性能变差。因此在设计液压系统时，应尽量减少压力损失。

1. 沿程压力损失

沿程压力损失是指液体在直径不变的直管中流动时克服摩擦阻力的作用而产生的能量消耗。因为液体流动有层流和紊流两种状态，所以沿程压力损失也有层流沿程损失和紊流沿程压力损失两种。

2. 局部压力损失

局部压力损失，就是液体流经管道的弯头、接头、阀口和突然变化的截面等处时，因流速或流向发生急剧变化而在局部区域产生流动阻力所造成的压力损失。

3. 管路中总的压力损失

液压系统的管路由若干段直管和一些弯管、阀、过滤器、管接头等元件组成，因此，管路中总的压力损失就等于所有直管中的沿程压力损失之和与所有局部压力损失之和的叠加。

通常情况下，液压系统的管路并不长，所以沿程压力损失比较小，而阀等元件的局部压力损失却较大。因此，管路总的压力损失一般以局部损失为主。

液压系统的压力损失绝大部分转换为热能，使油液温度升高、泄漏增多、传动效率降低。为了减少压力损失，常采取下列措施：

1）尽量缩短管道，减少截面变化和管道弯曲。

2）管道内壁尽量做得光滑，油液黏度恰当。

3）由于流速的影响较大，应将油液的流速限制在适当的范围内。

5.5.3 液体流经小孔和缝隙时的流量压力特性

小孔在液压与气压传动中的应用非常广泛。本节主要根据液体经过薄壁小孔、短孔和细长孔的流动情况，分析它们的流量压力特性，为以后学习节流调速及伺服系统工作原理打下理论基础。

1. 液体流经小孔时的流量压力特性

如图 5-12 所示小孔的流量可以综合用式（5-21）表示

$$q = CA\Delta p^m \qquad (5\text{-}21)$$

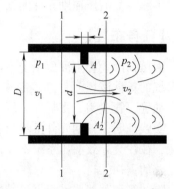

式中，C 为由流经小孔的油液性质所决定的系数；A 为小孔的通流截面面积；Δp 为通过小孔前后的压力差；m 为由小孔形状所决定的指数，薄壁小孔 $m = 0.5$，短孔 $0.5 < m < 1$，细长孔 $m = 1$。

由式（5-21）可知，液体流经细长孔的流量和孔前

图 5-12　薄壁小孔的流量分析简图

后压力差 Δp 的一次方成正比，而流经薄壁孔的流量和孔前后压力差的平方根成正比，所以细长孔相对薄壁小孔而言，压力差对流量的影响要大些。同时，流经细长孔的流量和液体动力黏度 μ 成反比，当温度升高时，油液的黏度降低，因此流量受液体温度变化的影响较大，而薄壁小孔流量基本不受温度影响。细长孔一般用作阻尼器或对流量调节程度要求低的场合，用于调速的节流小孔一般采用薄壁小孔。

2. 液体流经缝隙时的流量压力特性

在液压系统中的阀、泵、马达、液压缸等部件中存在着大量的缝隙，这些缝隙构成了泄漏的主要原因，会造成这些液压元件的容积效率降低、功率损失加大、系统发热增加。另外，缝隙过小也会造成相对运动表面之间的摩擦阻力增大。因此，适当的间隙是保证液压元件正常工作的必要条件。

油液在缝隙中的流动状态一般是层流。液压系统中常见的缝隙形式有两种：一种是由两平行平面形成的平面缝隙；另一种是由内、外两个圆柱面形成的环形缝隙。

缝隙两端存在压力差 $\Delta p = p_1 - p_2$ 的作用，产生压差流动；形成缝隙的两个面之间相对运动，产生剪切流动。

通过平行平板缝隙的压差流量与缝隙值的三次方成正比，元件内缝隙的大小对其泄漏量的影响是很大的。

液压和气动各零件间的配合间隙大多是圆环形间隙，如缸筒和活塞间、滑阀和阀套间等，所有这些情况在理想状况下为同心环形缝隙，可看作将平板缝隙弯曲形成。但在实际中，环形缝隙可能存在偏心。当处于最大偏心位置时，理论上其压差流量为同心环形缝隙流量的 2.5 倍。所以在液压元件的制造装配中，为了减少流经缝隙的泄漏量，应尽量使配合件处于同心状态。

【任务实施】

1）观察水流的流动状态，判断它是处于层流还是紊流状态。

2）查阅资料或到工厂实地调查，了解液压系统的压力损失、泄漏及其控制方法。

任务 5.6 认识液压辅助元件

【学习目标】

了解各类液压辅助元件的结构、功用和选用方法。

【任务布置】

液压辅助装置是液压系统不可缺少的组成部分，在液压系统中起辅助作用，它把组成液压系统的各种液压元件连接起来，并保证液压系统正常工作。它包括蓄能器、过滤器、油箱、油管、管接头、密封件、压力计、压力开关、热交换器等液压辅助元件。

实践证明，辅助元件虽然只起辅助作用，但由于设计、安装和使用时对辅助装置的疏忽大意，往往会导致液压系统不能正常工作。因此，对辅助装置的正确设计、选择和使用应给予足够的重视。

除油箱和蓄能器需根据机械装置和工作条件来进行必要的设计外，常用辅助元件已标准化、系列化，选用时一般应按系统的最大压力和最大流量合理选用。

本任务要求了解各类常用液压辅助元件的结构、功用和选用方法。

【相关知识】

5.6.1 油管和管接头

1. 油管

液压系统中使用的油管有钢管、铜管、尼龙管、塑料管、橡胶软管等多种类型，应根据液压元件的安装位置、使用环境和工作压力等进行选择。

钢管能承受高压（35~32MPa）、其价格低廉、耐油、耐蚀、刚性好，但装配时不能任意弯曲，因而多用于中、高压系统的压力管道。一般中、高压系统用 10 号、15 号冷拔无缝钢管，低压系统可用焊接钢管。

纯铜管装配时易弯曲成各种形状，但承受能力较低（一般为 6.5~10MPa）。铜是贵重材料，抵抗振动的能力较差，又易使油液氧化，应尽量少用。纯铜管一般只用在液压装置内部配接不便之处。黄铜管可承受较高的压力（25MPa），但不如纯铜管那样容易弯曲成形。

尼龙管是一种新型的乳白色半透明管，承压能力（2.5~8MPa）因材料而异，目前大都在低压管道中使用。将尼龙管加热到 140℃ 左右后可随意弯曲和扩口，然后浸入冷水冷却定形，因而使用广泛。

耐油塑料管价格便宜、装配方便，但承压能力差，只适用于工作压力小于 0.5MPa 的管道，如回油管道、泄油管道等处。塑料管长期使用后会变质老化。

橡胶软管用于两个相对运动件之间的连接，分为高压和低压两种。高压橡胶软管由夹有几层钢丝编织的耐油橡胶制成，钢丝层数越多，耐压越高。低压橡胶软管由夹有帆布的耐油橡胶或聚氯乙烯制成，多用于低压回油管道。

2. 管接头

液压系统中油液的泄漏多发生在管路的连接处，所以管接头的重要性不容忽视。管接头必须具有足够的强度，能在振动、压力冲击下保持管路的密封性。在高压处油液不能向外泄漏，在有负压的吸油管路上不允许空气向内渗入。常用的管接头有以下几种。

1）焊接式管接头　如图5-13所示，这种管接头多用于钢管的连接。它连接牢固，利用球面进行密封，简单而可靠；缺点是装配时球形头与油管焊接，因而必须采用厚壁钢管。

2）卡套式管接头　如图5-14所示，这种管接头也用在钢管连接中。它利用卡套2卡住油管1进行密封，轴向尺寸要求不严格，装拆简便，不必事先焊接或扩口，但对油管的径向尺寸精度要求较高，一般用精度较高的冷拔钢管制作油管。

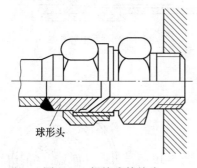

图5-13　焊接式管接头

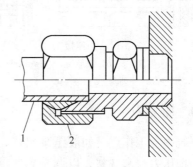

图5-14　卡套式管接头

1—油管　2—卡套

3）扩口式管接头　如图5-15所示，扩口式管接头由接头体1、管套2和接头螺母3组成。它只适用于使用薄壁铜管、工作压力不大于8MPa的场合。拧紧接头螺母，通过管套可使带有扩口的管子压紧密封，适用于低压系统。

4）胶管接头　胶管接头有可拆式和扣压式两种，各有A、B、C三种形式。随管径不同，可用于工作压力为6~40MPa的液压系统中。图5-16所示为扣压式管接头，这种管接头的连接和密封部分与普通的管接头是相同的，只是要把接管加长，成为心管1，并和接头外套2一起将软管夹住（需在专用设备上扣压而成），使管接头和胶管连成一体。

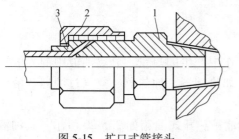

图5-15　扩口式管接头

1—接头体　2—管套　3—接头螺母

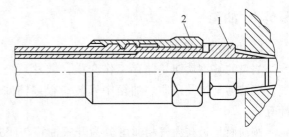

图5-16　扣压式管接头

1—心管　2—接头外套

5）快速接头　快速接头的全称为快速装拆管接头，无需装拆工具，适用于经常装拆处。图5-17所示为油路接通的工作位置，需要断开油路时，可用力把外套4向左推，再拉出接头体5，钢球3（有6~12颗）即从接头体槽中退出，与此同时，单向阀的锥形阀芯2和6分别在弹簧1和7的作用下将两个阀口关闭，油路即断开。这种管接头结构复杂，压力损失大。

6）伸缩管接头　如图 5-18 所示，这种接头用于两个元件有相对直线运动要求时管道连接的场合。这种管接头的结构类似于一个柱塞缸，移动管的外径必须精密加工，固定管的管口处则需加粗，并设置导向部分和密封装置。

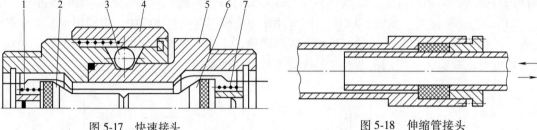

图 5-17　快速接头

1、7—弹簧　2、6—锥形阀芯　3—钢球

4—外套　5—接头体

图 5-18　伸缩管接头

5.6.2　压力表

系统中各工作点，如液压泵出口、减压阀后的压力，一般都借助压力表来观察，以调整到要求的工作压力。图 5-19 所示的压力表由测压弹性元件 1、放大机构 2、基座 3 及指示器 4 等组成。当弹性元件的弹簧管通入液压油时，弹簧管由于存在内外面积差，受液压力作用后要伸张，通过放大机构中的杠杆、扇形齿轮及小齿轮使指针偏摆，其偏角的大小取决于通入液压油的压力高低。

连接压力表的管接头，表径小的（$\phi60mm$）为 M10×1、M14×1.5，表径大的（$\phi100mm$、$\phi150mm$）为 M20×1.5。压力表的测量上限分为 0.16MPa、0.25MPa、0.4MPa、0.6MPa、1MPa、1.6MPa、2.5MPa、4MPa、6MPa、10MPa、25MPa 等几种。

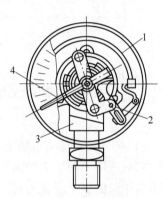

图 5-19　压力表

1—测压弹性元件　2—放大机构

3—基座　4—指示器

5.6.3　油箱

1. 油箱的功用与分类

油箱的基本功能是储存工作介质，散发系统工作中产生的热量，分离油液中混入的空气，沉淀污染物及杂质。油箱中安装有很多辅件，如冷却器、加热器、空气过滤器及液位计等。

按油面是否与大气相通可分为开式油箱与闭式油箱。开式油箱如图 5-20 所示，其油液循环示意图如图 5-21 所示，广泛用于一般的液压系统。闭式油箱则用于水下和高空中无稳定气压的场合。开式油箱中的液面与大气相通，在油箱盖上装有空气过滤器。开式油箱结构简单，安装维护方便，液压系统普遍采用这种形式。闭式油箱一般用于压力油箱，内充具有一定压力的惰性气体，充气压力可达 0.05MPa。

油箱按形状不同，还可分为矩形油箱和圆罐形油箱。矩形油箱制造容易，箱上易于安放液压元件，所以被广泛采用。圆罐形油箱的强度高，重量轻，易于清理，但制造较难，占地空间较大，在大型冶金设备中经常采用。

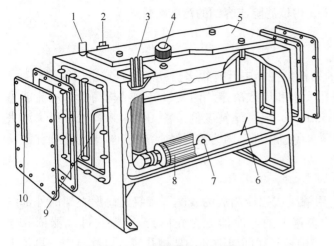

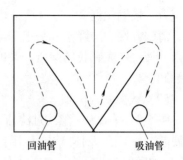

图 5-20 油箱结构示意图

1—回油管 2—泄油管 3—吸油管 4—空气过滤器 5—安装板
6—隔板 7—放油口 8—吸油过滤器 9—清洗窗 10—液位计

图 5-21 油液循环示意图

2. 油箱的设计要点

在初步设计时，油箱的有效容量可按下述经验公式确定

$$V = mq_{\mathrm{p}} \tag{5-22}$$

式中，V 为油箱的有效容量；q_{p} 为液压泵的流量（L/min）；m 为系数（min），低压系统为 2~4min，中压系统为 5~7min，中高压或高压系统为 6~12min。

对于功率较大且连续工作的液压系统，必要时还要进行热平衡计算，以最后确定油箱容量。

5.6.4 过滤器

1. 过滤器的功用

过滤器的功用是清除油液中的固体杂质，使油液保持清洁，延长液压元件的使用寿命，保证系统工作可靠。过滤器的图形符号如图 5-22 所示。

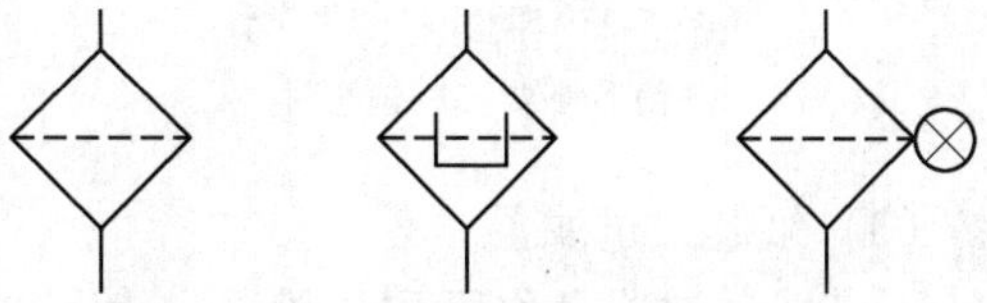

2. 过滤器的主要性能指标

a) 一般符号　　b) 磁性过滤器　　c) 污染指示过滤器

图 5-22 过滤器的图形符号

（1）过滤精度

过滤精度用来表示过滤器对各种不同尺寸污染颗粒的滤除能力。常用的评定指标为绝对过滤精度、过滤比。

绝对过滤精度是指能通过滤芯元件的坚硬球状颗粒的最大尺寸，它反映滤芯的最大通孔尺寸，是选择过滤器时最重要的性能指标。

过滤比 β_x 是指过滤器上游油液中大于某尺寸 x 的颗粒数与下游油液中大于 x 的颗粒数之比。β_x 越大，过滤精度越高。

（2）压降特性和纳垢容量

压降特性是指油液通过过滤器滤芯时所产生的压力损失，过滤精度越高，压降越大。纳垢容量是指过滤器的压降达到规定值前，可以滤除或容纳的污染物数量。

3. 过滤器的主要类型

（1）网式过滤器

图 5-23 所示为网式过滤器，它的结构是在周围开有很多窗孔的塑料或金属筒形骨架 1 上包着一层铜丝网 2。过滤精度由网孔大小和层数决定。网式过滤器结构简单、通流能力大、清洗方便、压降小（一般为 0.025MPa），但过滤精度低，常用于泵入口处，用来滤去混入油液中较大颗粒的杂质，保护液压泵免遭损坏。因为需要经常清洗，安装时需要注意便于拆卸。

（2）线隙式过滤器

图 5-24 所示为线隙式过滤器，它用铜线或铝线制成的线圈 2 密绕在筒形心架的外部组成滤芯，并装在壳体 3 内（用于吸油管路上的过滤器则无壳体）。线隙式过滤器依靠铜（铝）丝间的微小间隙来滤除固体颗粒，油液经线间缝隙和心架槽孔流入过滤器内，再从上部孔道流出。这种过滤器结构简单，通流能力大，不易清洗，过滤精度高于网式过滤器，一般用于低压回路或辅助回路。

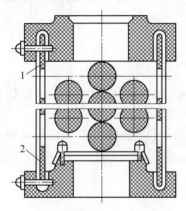

图 5-23　网式过滤器

1—筒形骨架　2—铜丝网

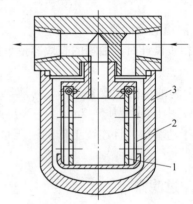

图 5-24　线隙式过滤器

1—心架　2—线圈　3—壳体

（3）纸芯式过滤器

纸芯式过滤器又称纸质过滤器，其结构类似于线隙式过滤器，只是滤芯为滤纸，如图 5-25所示。油液经过滤芯时，通过滤纸上的微孔滤去固体颗粒。为了增大滤芯强度，一般滤芯由三层组成：外层 2 为粗眼钢板网，中间层 3 为折叠成 W 形的滤纸，里层 4 由金属网与滤纸一并折叠而成。滤芯中央还装有支承弹簧 5。纸芯式过滤器过滤精度高，可在高压下工作，结构紧凑，重量轻，通流能力大，但易堵塞，无法清洗，需经常更换滤芯，常用于过滤质量要求高的高压系统。

（4）烧结式过滤器

图 5-26 所示为金属烧结式过滤器，选择不同粒度的粉末烧结成不同厚度的滤芯可以获得不同的过滤精度。油液从侧孔进入，依靠滤芯颗粒之间的微孔滤去油液中的杂质，再从中孔流出。烧结式过滤器的过滤精度较高，滤芯强度高，抗冲击性能好，能在高温下工作，有良好的耐蚀性，且制造简单，但易堵塞、难清洗，使用过程中烧结颗粒可能会脱落，一般用于要求过滤精度较高的系统中。

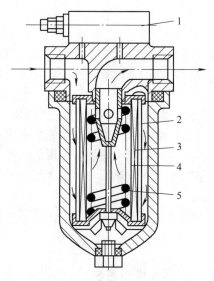

图 5-25　纸芯式过滤器

1—污染指示器　2—滤芯外层　3—滤芯中间层
4—滤芯里层　5—支承弹簧

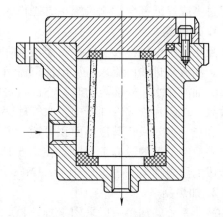

图 5-26　烧结式过滤器

（5）磁性过滤器

利用磁铁吸附铁磁颗粒，对其他污染物不起作用，故一般不单独使用。

4. 过滤器的安装位置

安装过滤器时应注意，一般过滤器只能单向使用，即进、出口不可互换，以利于滤芯的清洗和安全。因此，过滤器不能安装在液流方向可能变换的油路上，必要时可增设单向阀。

1）安装在泵的吸油口处　此时可用来保护泵，使其不致吸入较大的机械杂质，根据泵的要求，可用粗的或普通精度的过滤器，为了不影响泵的吸油性能，防止发生空穴现象，过滤器的过滤能力应为泵流量的两倍以上，压力损失不得超过 0.01~0.035MPa。

2）安装在泵的出口油路上　此时可保护系统中除泵和溢流阀外的所有元件，在高压下工作，为保护泵不过载，安装在溢流阀油路之后。这种安装位置主要用来滤除进入液压系统中的污染杂质，一般采用过滤精度为 10~15μm 的过滤器。它应能承受油路上的工作压力和冲击压力，其压力降应小于0.35MPa，并应有安全阀或堵塞状态发信装置，以防泵过载和滤芯损坏。

3）安装在系统的回油路上　此时可滤去油液流入油箱以前的污染物，为液压泵提供清洁的油液。因回油路压力很低，可采用滤芯强度不高的精过滤器，并允许过滤器有较大的压力降。

4）安装在系统的分支油路上　当泵的流量较大时，若仍采用上述过滤方式，过滤器可能过大。为此，可在流量只有泵流量20%~30%的支路上安装一小规格过滤器，对油液起滤清作用。这种过滤方法在工作时，只有一部分系统流量通过过滤器，因而其缺点是不能完全保证液压元件的安全。

5）安装在系统外的过滤回路上　大型液压系统可专设一个由液压泵和过滤器构成的滤油子系统，滤除油液中的杂质，以保护主系统。过滤车即是这种单独过滤系统。

5.6.5 热交换器

液压系统中油液的工作温度一般以 40~60℃ 为宜，最高不超过 65℃，最低不低于 15℃，油温过高或过低都会影响系统正常工作。为控制油液温度，油箱上常安装冷却器和加热器。

1. 冷却器

液压系统中用得较多的冷却器是强制对流式多管冷却器，其结构及图形符号如图 5-27 所示。油液从进油口流入，从出油口流出，冷却水从进水口流入，通过多根水管后由出水口流出。油液在水管外部流动时，它的行进路线因冷却器内设置了隔板而加长，因而增加了散热效果。在翅片管式冷却器中，水管外面增加了许多横向或纵向散热翅片，大大扩大了散热面积和热交换效果，其散热面积可达光滑管的 8~10 倍。

一般冷却器的最高工作压力在 1.6MPa 以内，使用时应安装在回油管路或低压管路上，所造成的压力损失一般为 0.01~0.1MPa。

2. 加热器

液压系统的加热一般采用电加热器，这种加热器的安装方式如图 5-28 所示，它通过法兰盘水平安装在油箱侧壁上，发热部分全部浸入油液内，加热器应安装在油液流动处，以利于热量的交换。由于油液是热的不良导体，单个加热器的功率容量不能太大，以免其周围油液的温度过高而发生变质现象。加热器的图形符号如图 5-29 所示。

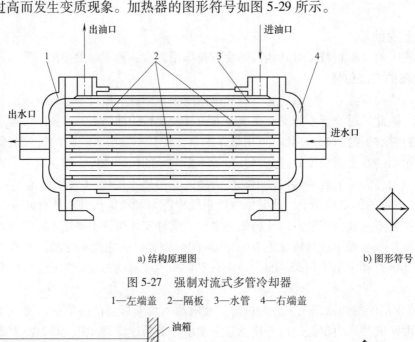

a) 结构原理图   b) 图形符号

图 5-27 强制对流式多管冷却器
1—左端盖 2—隔板 3—水管 4—右端盖

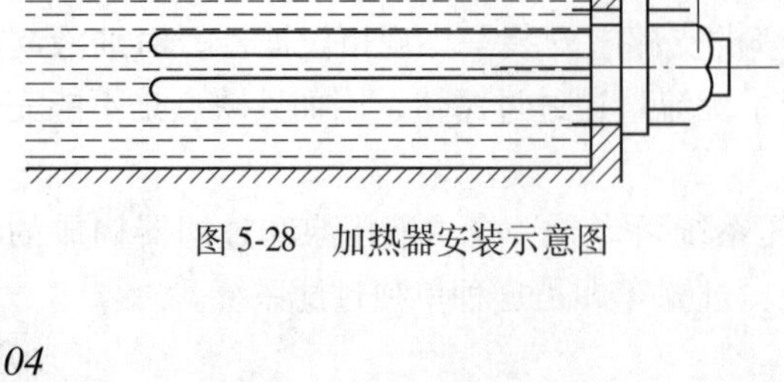

图 5-28 加热器安装示意图    图 5-29 加热器的图形符号

5.6.6 蓄能器

蓄能器是液压系统中的储能元件，如图 5-30 所示。它储存多余的油液，并在需要时释放出来供给系统。目前常用的是利用气体膨胀和压缩进行工作的充气式蓄能器。

1. 充气式蓄能器分类

充气式蓄能器根据结构分为活塞式、囊式、隔膜式三种。下面主要介绍前两种蓄能器。

1) 活塞式蓄能器　活塞式蓄能器中的气体和油液由活塞隔开，其结构如图 5-31 所示。活塞 1 的上部为压缩气体（一般为氮气），下部是高压油。气体由

图 5-30　蓄能器实物

阀 3 充入，其下部经油孔 a 通向液压系统，活塞上装有 O 形密封圈，活塞的凹部面向气体，以增加气体室的容积。活塞 1 随下部液压油的储存和释放而在缸筒 2 内来回滑动。这种蓄能器结构简单、寿命长，主要用于大体积和大流量的场合。但因活塞有一定的惯性和 O 形密封圈存在较大的摩擦力，所以反应不够灵敏，不宜用于吸收脉动和液压冲击以及低压系统。此外，活塞的密封问题不能解决，密封件磨损后会使气液混合，影响系统工作稳定性。

2) 囊式蓄能器　囊式蓄能器中的气体和油液用囊隔开，其结构如图 5-32 所示。囊用耐油橡胶制成，固定在耐高压壳体的上部，囊内充入惰性气体，壳体下端的提升阀 4 由弹簧加菌形阀构成，液压油由此通入，并能在油液全部排出时防止囊膨胀而挤出油口。这种结构使气、液密封可靠，并且因囊惯性小而克服了活塞式蓄能器响应慢的弱点，因此，这种蓄能器

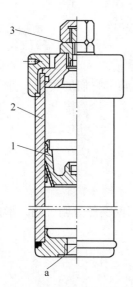

图 5-31　活塞式蓄能器

1—活塞　2—缸筒　3—阀　a—油孔

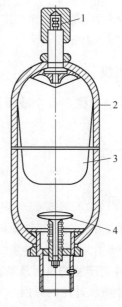

图 5-32　囊式蓄能器

1—充气阀　2—壳体　3—囊　4—提升阀

的油、气完全隔离，气液密封可靠，反应灵敏，但工艺性较差。它的应用范围非常广泛，主要用于蓄能和吸收冲击液压系统中。

2. 蓄能器的功用

1）做辅助动力源 在间歇工作或实现周期性动作循环的液压系统中，蓄能器可以把液压泵输出的多余液压油储存起来。当系统需要时，再由蓄能器释放出来。这样可以降低液压泵的额定流量，从而减小电动机的功率消耗，降低液压系统温升。

2）保压补漏 若液压缸需要在相当长的一段时间内保压而无动作，可用蓄能器保压并补充泄漏，这时可令泵卸荷。

3）做应急动力源 对于有些系统（如静压轴承供油系统），当泵出现故障或停电而不能正常供油时，可能会发生事故；或者有的系统要求在供油突然中断时，执行元件应继续完成必要的动作（如为了安全起见，液压缸活塞杆应缩回缸内）。因此，应在系统中增设蓄能器作为应急动力源，以便在短时间内维持一定压力。

4）吸收系统脉动，缓和液压冲击 蓄能器能吸收系统压力突变，如液压泵突然起动或停止，液压阀突然关闭或开启，液压缸突然运动或停止时的冲击；也能吸收液压泵工作时由流量脉动所引起的压力脉动，相当于油路中的平滑滤波（在泵的出口处并联一个反应灵敏而惯性小的蓄能器）。

3. 蓄能器的安装

安装蓄能器时应考虑以下几点：

1）囊式蓄能器应垂直安装，且油口向下。

2）用于降低噪声、吸收脉动和液压冲击的蓄能器，应尽可能靠近振动源处。

3）蓄能器和泵之间应安装单向阀，以免泵停止工作时，蓄能器储存的液压油倒流而使泵反转。

4）必须将蓄能器牢固地固定在托架或基础上。

5）蓄能器必须安装于便于检查、维修的位置，并远离热源。

【任务实施】

在实际生产中找 2~3 个液压设备中的液压辅助元件，确定它们的类型，并分析其工作情况。

【知识拓展】

5.6.7 液压冲击

在液压系统中，由于某种原因引起油液的压力在某一瞬间突然急剧升高，形成较大的压力峰值，这种现象称为液压冲击。

1. 液压冲击产生的原因及危害

（1）产生液压冲击的原因

1）液压冲击多发生在液流突然停止运动的时候，如迅速关闭阀门时，液体的流动速度突然降为零，液体受到挤压，使其动能转换为压力能，造成压力急剧升高，而引起液压冲击。

2）在液压系统中，高速运动的工作部件的惯性力也会引起压力冲击。例如，工作部件换向或制动时，从液压缸排出油液的排油管路上常有一个控制阀用来关闭油路，使油液不能从液压缸中排出，但此时运动部件因惯性的作用还不能立即停止运动，这样也会引起液压缸和管路中局部油压急剧升高而产生液压冲击。

3）由于液压系统中某些元件的反应动作不够灵敏，也会造成液压冲击。例如，溢流阀在超压时不能迅速打开，形成压力的超调；限压式变量液压泵在油压升高时不能及时减少输油量等，都会造成液压冲击。

（2）液压冲击的危害

产生液压冲击时，系统的瞬时压力峰值有时比正常工作压力高好几倍，会引起设备振动和噪声，大大降低了液压传动的精度和寿命。液压冲击还会损坏液压元件、密封装置，甚至会使管子爆裂。由于压力增高，还会使系统中的某些元件，如顺序阀和压力继电器等产生误动作，影响系统正常工作，可能会造成工作中的事故。

2. 减少液压冲击的措施

因液压冲击有较多的危害，应针对上述影响冲击压力 Δp 的因素，采取以下措施来减少液压冲击：

1）适当加大管径，限制管道流速 v，一般在液压系统中把 v 控制在 4.5m/s 以内，Δp_{max} 不超过 5MPa 就可以认为是安全的。

2）正确设计阀口或设置缓冲装置（如阻尼孔），使运动部件制动时速度变化比较均匀。

3）缓慢开关阀门，可采用换向时间可调的换向阀。

4）尽可能地缩短管长，以减少压力冲击波的传播时间，变直接冲击为间接冲击。

5）在容易发生液压冲击的部位采用橡胶软管或设置蓄能器，以吸收冲击压力；也可以在这些部位安装安全阀，以限制压力升高。

项目6　认识液压动力与执行元件

【项目描述】

一个完整的液压系统由以下五部分组成：动力装置、执行装置、控制装置、辅助装置、工作介质。其中动力装置是将原动机输出的机械能转换成液体压力能的元件，一般是指液压泵，其作用是向液压系统提供液压油，是液压系统的心脏。执行装置则把液体压力能转换成机械能，做有用机械功，执行元件包括液压缸和液压马达。

本项目主要介绍常用液压泵、液压缸、液压马达的工作原理、特点、应用和选用方法。

任务6.1　认识液压动力元件

【学习目标】

1) 能辨别液压动力元件（液压泵）的实物及图形符号。
2) 能理解各种泵的工作原理、结构特点与应用。
3) 能识记常用动力元件的图形符号。
4) 能正确选用和合理使用液压泵，并具有初步的分析和排除液压泵故障的能力。

【任务布置】

本任务要求观察各类液压机械中的液压泵，并通过齿轮泵、柱塞泵、叶片泵等的拆装加深对泵结构及工作原理的了解，并对液压泵的加工及装配工艺有一个初步的认识。

【相关知识】

6.1.1　液压泵的工作原理

液压泵是液压系统中的动力元件，其作用是把原动机输入的机械能转换为液压能，向系统提供一定压力和流量的液流，其图形符号如图6-1所示。

图6-2所示为单柱塞液压泵的结构原理图。图中柱塞2装在泵体3中形成一个密封容积 a，柱塞在弹簧4的作用下始终压紧在偏心轮1上。原动机驱动偏心轮1旋转，使柱塞2做往复运动，密封容积 a 的大小随之发生周期性的变化。当 a 由小变大时，腔内形成部分真空，油箱中的油液便在大气压强差的作用下，经油管顶开单向阀6进入 a 中实现吸油，此时单向阀5处于关闭状态。随着偏心轮的转动，密封容积由大变小，其内油液压力则由小变大，当压力达到一定值时，便顶开单向阀5进入系统而实现压油（此时单向阀6关闭）。这样，液压泵就将原动机输入的机械能转换为液体的压力能。随着原动机驱动偏心轮不断地旋转，液压泵就不断地吸油和压油。

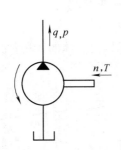

图 6-1 液压泵的图形符号

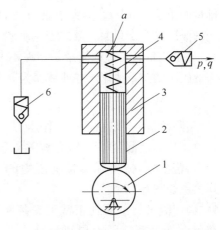

图 6-2 单柱塞液压泵的结构原理图
1—偏心轮 2—柱塞 3—泵体
4—弹簧 5、6—单向阀

由此可知，液压泵是通过密封容积的变化来完成吸油和压油的，其排量的大小取决于密封容积变化的大小，而与偏心轮转动的次数及油液压力的大小无关，故称为容积式液压泵。为了保证液压泵的正常工作，对系统有以下三点要求：

1）具有若干个密封且周期性变化的空间。

2）应具有相应的配流机构，将吸、压油腔分开，保证液压泵有规律地吸、压油。

3）油箱内的液体压力必须等于或大于大气压力。一般油箱和大气相通，以保证液压泵吸油。

6.1.2 液压泵分类

液压泵按结构形式可分为齿轮式液压泵、叶片式液压泵、柱塞式液压泵、螺杆式液压泵等；按压力大小又可分为低压泵、中压泵和高压泵；按输出流量能否变化则可分为定量泵和变量泵。

6.1.3 液压泵的主要性能参数

液压泵的主要性能参数有压力、排量、流量、功率和效率。

1. 压力

1）工作压力 p 液压泵工作时实际输出油液的压力称为工作压力。其大小取决于外负载，与液压泵的流量无关，单位为 Pa 或 MPa。

2）额定压力 p_n 液压泵在正常工作时，按试验标准规定连续运转的最高压力称为液压泵的额定压力。其大小受液压泵本身的泄漏和结构强度等的限制，主要受泄漏的限制。

3）最高允许压力 p_{max} 在超过额定压力的情况下，根据试验标准规定，允许液压泵短时运行的最高压力值，称为液压泵的最高允许压力。泵在正常工作时，不允许长时间处于这种工作状态。

2. 排量和流量

1）排量 V 泵每转一转，由于其密封容积发生变化所排出液体的体积称为液压泵的排量。排量的单位为 m^3/r，其大小只与泵的密封腔几何尺寸有关，而与泵的转速 n 无关。排量不变的液压泵为定量泵；反之，为变量泵。

2）理论流量 q_t 理论流量是指在不考虑泄漏的情况下，泵单位时间内所排出液体的体积。当液压泵的排量为 V，主轴转速为 n 时，液压泵的理论流量 q_t 为

$$q_t = Vn \tag{6-1}$$

3）实际流量 q 泵在某一工作压力下，单位时间内实际排出液体的体积称为实际流量。

其中，泵的泄漏流量与压力有关，压力越高，泄漏流量就越大，故实际流量随压力的增大而减小，其关系如图 6-3 所示。

4）额定流量 q_n 泵在正常工作条件下，按试验标准规定（在额定压力和额定转速下）必须保证的流量称为额定流量。

3. 功率和效率

（1）液压泵的功率

1）输入功率 P_i 输入功率是指作用在液压泵主轴上的机械功率，它是以机械能的形式表现的。当输入转矩为 T_i，角速度为 ω 时，则有

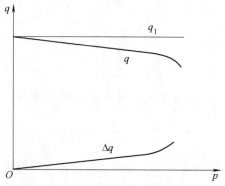

图 6-3 液压泵流量与压力的关系图

$$P_i = T_i \omega \tag{6-2}$$

2）输出功率 P 输出功率是指液压泵在实际工作中所建立起来的压力 p 和实际输出流量 q 的乘积，它是以液压能的形式表现的，即

$$P = pq \tag{6-3}$$

（2）液压泵的效率

液压泵的功率损失包括容积损失和机械损失。

1）容积损失 容积损失是指液压泵在流量上的损失。造成损失的主要原因有液压泵内部油液的泄漏、油液的压缩、吸油过程中油阻太大和油液黏度大，以及液压泵转速过高等。

液压泵的容积损失通常用容积效率 η_V 表示。它等于液压泵的实际输出流量 q 与理论流量 q_t 之比，即

$$\eta_V = \frac{q}{q_t} = \frac{q}{Vn} \tag{6-4}$$

液压泵的泄漏流量 Δq 随压力的升高而增大，故而容积效率随着液压泵工作压力的增大而减小，并随液压泵的结构类型不同而异。

2）机械损失 机械损失是指液压泵在转矩上的损失，主要是由液压泵内相对运动部件之间的摩擦损失以及液体的黏性引起的摩擦损失。液压泵的机械损失用机械效率 η_m 表示。

设液压泵的理论转矩为 T_t，实际输入转矩为 T_i，则液压泵的机械效率为

$$\eta_m = \frac{T_t}{T_i} \tag{6-5}$$

3）液压泵的总效率 液压泵的总效率是指液压泵的输出功率 P 与输入功率 P_i 的比值，即

$$\eta = \frac{P}{P_i} = \eta_V \eta_m \tag{6-6}$$

由式（6-6）可知，液压泵的总效率等于泵的容积效率与机械效率的乘积。即提高泵的容积效率或机械效率就可提高泵的总效率。

6.1.4 齿轮泵

齿轮泵是一种常用的液压泵，它一般做成定量泵。按结构不同，齿轮泵分为外啮合齿轮泵和内啮合齿轮泵。外啮合齿轮泵结构简单，制造方便，价格低廉，体积小，重量轻，自吸性能好，对油的污染不敏感，工作可靠，便于维护修理，因此应用广泛。

1. 齿轮泵的工作原理

（1）外啮合齿轮泵的工作原理

如图 6-4 所示，在泵体内有一对齿数相同的外啮合齿轮，齿轮的两端有端盖盖住（图中未画出）。泵体、端盖和齿轮之间形成了密封工作腔，并由两个齿轮的齿面啮合线将它们分隔成吸油腔和压油腔。当齿轮按图示方向旋转时，左侧吸油腔内的轮齿相继脱开啮合，使密封容积增大，形成局部真空，油箱中的油在大气压力作用下进入吸油腔，并被旋转的轮齿带入右侧。右侧压油腔的轮齿则不断进入啮合，使密封容积减小，油液被挤出，从压油口压到系统中去。齿轮泵没有单独的配流装置，齿轮的啮合线起配流作用。

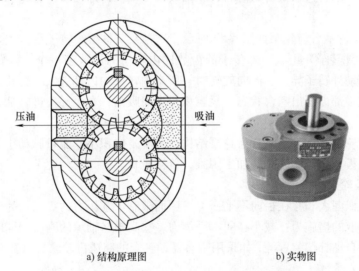

a) 结构原理图   b) 实物图

图 6-4　外啮合齿轮泵的结构原理图和实物图

外啮合齿轮泵的排量可认为是两个齿轮的齿槽容积之和。假设齿槽容积等于轮齿体积，那么其排量就等于一个齿轮的齿槽容积和轮齿体积的总和。当齿轮的模数为 m、齿数为 z、节圆直径为 d、有效齿高为 h、齿宽为 B 时，齿轮泵的实际输出流量为

$$q = 6.66zm^2Bn\eta_v \tag{6-7}$$

式中，q 为齿轮泵的平均流量。实际上，由于齿轮啮合过程中压油腔的容积变化率是不均匀的，因此，齿轮泵的瞬时流量是脉动的。齿数越少，脉动越大。流量脉动引起压力脉动，随之产生振动与噪声，所以精度要求高的场合不宜采用齿轮泵。

（2）内啮合齿轮泵的工作原理

内啮合齿轮泵有渐开线齿形和摆线齿形两种，其结构原理图和实物图如图 6-5 所示。

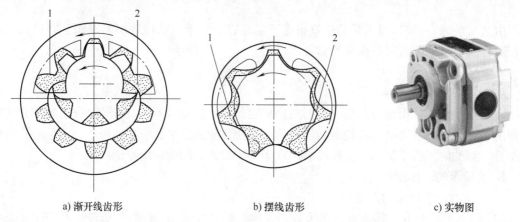

a) 渐开线齿形   b) 摆线齿形   c) 实物图

图 6-5　内啮合齿轮泵的结构原理图和实物图

1—吸油腔 2—压油腔

1) 渐开线齿形内啮合齿轮泵如图 6-5a 所示，该泵由小齿轮、内齿轮、月牙形隔板等组成。当小齿轮带动内齿轮旋转，左半部齿退出啮合状态时容积增大而吸油。进入齿槽的油被带到压油腔，右半部齿进入啮合状态时容积减小而压油。月牙板在内齿轮和小齿轮之间，将吸、压油腔隔开。

2) 摆线齿形内啮合齿轮泵如图 6-5b 所示，这种泵又称摆线转子泵，主要由一对内啮合的齿轮（即内、外转子）组成。外转子的齿数比内转子的齿数多一个，两转子之间有一偏心距。内转子带动外转子异速、同向旋转时，所有内转子的齿都进入啮合状态，形成六个独立的密封腔。左半部齿退出啮合状态，泵容积增大而吸油；右半部齿进入啮合状态，泵容积减小而压油。

与外啮合齿轮泵相比，内啮合齿轮泵结构更紧凑，体积小，流量脉动小，运转平稳，噪声小。但内啮合齿轮泵齿形复杂，加工困难，价格较贵。

2. 外啮合齿轮泵的结构特点

齿轮泵由于泄漏大和存在径向不平衡力，因而限制了其压力的提高。为使齿轮泵能在高压下工作，常采取的措施为：减小径向不平衡力，提高轴与轴承的刚度，同时对泄漏量最大的端面间隙采用自动补偿装置等，如采用带有浮动轴套的高压齿轮泵，其额定工作压力可达 10～16MPa。

6.1.5　叶片泵

叶片泵具有结构紧凑、外形尺寸小、工作压力高、流量脉动小、工作平稳、噪声较小、寿命较长等优点。但也存在着结构复杂、自吸能力差、对油污敏感等缺点。叶片泵在机床液压系统中和部分工程机械中应用很广。

叶片泵按工作时转子旋转一圈其密封容积吸油和压油的次数，可分为单作用叶片泵和双作用叶片泵。

1. 单作用叶片泵

图 6-6 所示为单作用叶片泵，它由定子、转子、叶片、配油盘（图中未画出）等组成。

定子固定不动且具有圆柱形内表面，而转子可沿轴线左右移动，定子和转子间有偏心距 e，且偏心距 e 的大小是可调的。叶片装在转子槽中，并可在槽内滑动，当转子旋转时，在离心力的作用下叶片紧压在定子内表面，这样，便在定子、转子、相邻两叶片和两侧配油盘间形成一个个密封容积腔。

如图 6-6 所示，当叶片转至下侧时，在离心力的作用下叶片逐渐伸出叶片槽，使密封容积逐渐增大，腔内压力减小，油液从吸油口被压入，此区为吸油腔。当叶片转至上侧时，叶片被定子内壁逐渐压进槽内，密封容积逐渐减小，腔内油液的压力逐渐增大，压力增大的油液从压油口压出，此区为压油腔。吸油腔和压油腔之间有一段油区，当叶片转至此区时，既不吸油也不压油，且此区将吸、压油腔分开，称其为封油区。叶片泵转子每转一周，每个密封容积将吸、压油各一次，故称为单作用叶片泵。因为这种泵的转子在工作时所受到的径向液压力不平衡，所以又称为非平衡式叶片泵。

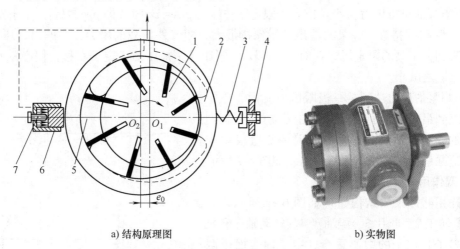

a) 结构原理图   b) 实物图

图 6-6 单作用叶片泵

1—转子 2—定子 3—限压弹簧 4—限压螺钉 5—密封容积 6—柱塞 7—螺钉

由叶片泵的工作原理可知，叶片泵每转一周所排出液体的体积即为排量 V。叶片泵的排量和流量可用下列近似公式计算

$$V = 2\pi DeB \tag{6-8}$$
$$q = 2\pi DeBn\eta_V \tag{6-9}$$

式中，V 为叶片泵的排量（m^3/r）；q 为叶片泵的流量（m^3/s）；D 为定子内圆直径（m）；e 为偏心距（m）；B 为定子的宽度（m）；n 为电动机的转速（r/s）；η_V 为叶片泵的容积效率。

单作用叶片泵的结构特点如下：

1）叶片采用后倾 24° 的方式安放，其目的是有利于叶片从槽中甩出。

2）只要改变偏心距 e 的大小，就可改变泵输出的流量。

3）转子上所受的不平衡径向液压力，随泵内压力的增大而增大，此力使泵轴产生一定弯曲，加重了转子对定子内表面的摩擦，所以不宜用于高压。

4）单作用叶片泵的流量具有脉动性。泵内叶片数越多，流量脉动率越小，奇数叶片泵的脉动率比偶数叶片泵的脉动率小，所以单作用泵的叶片数均为奇数，一般为 13 或 15 片。

2. 限压式变量叶片泵

限压式变量叶片泵是单作用叶片泵，其流量的改变是利用压力的反馈来实现的。它有内反馈和外反馈两种形式。

外反馈限压式变量泵的工作原理如下：

1）如图 6-6 所示，转子中心 O_1 固定不动，定子中心 O_2 可沿轴线左右移动。螺钉 7 调定后，定子在限压弹簧 3 的作用下，被推向最左端与柱塞 6 靠紧，使定子中心 O_2 与转子中心 O_1 之间有了初始偏心距 e_0，e_0 的大小可决定泵的最大流量。通过螺钉 7 改变 e_0 的大小，就可决定泵的最大流量。

2）当具有一定压力 p 的液压油经一定的通道作用于柱塞 6 的定值面积 A 上时，柱塞对定子产生一个向右的作用力 pA，它与限压弹簧 3 的预紧力 kx_0（k 为弹簧的刚度系数，x_0 为弹簧的预压缩量）作用于一条直线上，且方向相反。

3）当泵的出口压力 p_b 小于或等于限定工作压力 $p_c A = kx_0$ 时，即 $p_b A \leqslant kx_0$，定子不移动，初始偏心距 e_0 保持最大，泵的输出流量保持最大；随着外负载的增大，泵的出口压力逐渐增大，直到大于泵的限定压力 p_c 时，$p_b A > kx_0$，限压弹簧被压缩，定子右移，偏心距 e 减小，泵的流量随之减小。

4）当泵的压力达到某一极限压力 p_d 时，限定弹簧被压缩到最短，定子移动到最右端位置，e 减到最小，泵的流量也达到最小值，此时的流量仅用于补偿泵的泄漏量，其流量压力特性曲线如图 6-7 所示。

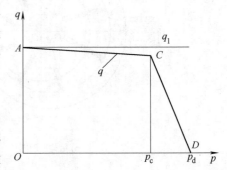

图 6-7 限压式变量叶片泵的流量压力特性曲线

3. 双作用叶片泵

双作用叶片泵的结构原理如图 6-8a 所示，它由定子 1、转子 2、叶片 3、配油盘 4、转动轴 5 和泵体组成。转子和定子的中心重合，定子内表面由两段长半径圆弧、两段短半径圆弧和四段过渡曲线组成，近似为椭圆柱形。建压后，叶片在离心力和其根部液压油的作用下从槽中伸出并紧压在定子内表面上。这样，在两叶片之间，定子的内表面、转子的外表面和两侧配油盘之间形成了一个个密封容积腔。

当转子按图 6-8a 所示方向旋转时，密封容积腔的容积在经过渡曲线运动到大圆弧的过程中，叶片外伸，密封容积腔的容积增大，形成部分真空而吸入油液；转子继续转动，密封容积腔的容积从大圆弧经过渡曲线运动到小圆弧时，叶片被定子内壁逐渐压入槽内，密封容积腔的容积减小，将液压油从压油口压出。在吸、压油区之间有一段封油区，将吸、压油腔分开。因此，转子每转一周，每个密封容积吸油和压油各两次，故称为双作用叶片泵。另外，这种叶片泵的两个吸油腔和两个压油腔是径向对称的，作用在转子上的径向液压力相互平衡，因此，该泵又可称为平衡式叶片泵。

在不计叶片所占容积时，设定子曲线长半径为 $R(\mathrm{m})$，短半径为 $r(\mathrm{m})$，叶片宽度为 $b(\mathrm{m})$，转子转速为 $n(\mathrm{r/s})$，则叶片泵的排量近似为

$$V = 2\pi b(R^2 - r^2) \tag{6-10}$$

叶片泵的实际流量为

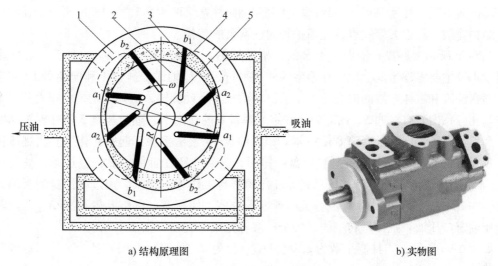

a) 结构原理图   b) 实物图

图 6-8 双作用叶片泵

1—定子 2—转子 3—叶片 4—配油盘 5—转动轴

$$q = 2\pi b(R^2 - r^2)n\eta_V \tag{6-11}$$

双作用叶片泵的结构特点与应用如下：

1）双作用叶片泵的叶片前倾 $10° \sim 14°$，其目的是减小压力角，减小叶片与槽之间的摩擦，以利于叶片在槽内滑动。

2）不能改变排量，只能用作定量泵。

3）为使径向力完全平衡，密封容积数（即叶片数）应当为双数。

4）定子内曲线利用综合性能较好的等加速等减速曲线作为过渡曲线，且过渡曲线与弧线交接处应圆滑过渡，使叶片能紧压在定子内表面上而保证密封性，以减少冲击、噪声和磨损。

5）双作用叶片泵具有径向力平衡、运转平稳、输油量均匀和噪声小的特点。但它的结构复杂，吸油特性差，对油液的污染也比较敏感，故一般用于中压液压系统中。

6.1.6 柱塞泵

1. 柱塞泵的工作原理

柱塞泵是利用柱塞在缸体中做往复运动，使密封容积发生变化来实现吸油与压油的液压泵。与上述两种泵相比，柱塞泵具有以下优点：

1）形成密封容积的零件为圆柱形的柱塞和缸孔，其加工方便，配合精度高，密封性能好，在高压下仍有较高的容积效率，因此常用于高压场合。

2）柱塞泵中的主要零件均处于受压状态，材料强度性能可得到充分发挥，具有较长的使用寿命。

3）柱塞泵结构紧凑，效率高，只需改变柱塞的工作行程就能实现流量的调节。

因此，柱塞泵在需要高压、大流量、大功率的系统中和流量需要调节的场合（如在龙门刨床、拉床、液压机、工程机械、矿山冶金机械、船舶上）得到广泛的应用。

由于单柱塞泵只能断续供油，因此实际柱塞泵常由多个柱塞组合而成。按柱塞的排列和运动方向不同,柱塞泵可分为径向柱塞泵和轴向柱塞泵两大类。径向柱塞泵由于径向尺寸大、结构复杂、噪声大等缺点,逐渐被轴向柱塞泵所替代。

图 6-9a 所示为斜盘式轴向柱塞泵的结构原理图。它主要由柱塞 5、缸体 7、配油盘 10和斜盘 1 等主要零件组成。轴向柱塞泵的柱塞平行于缸体轴线。斜盘 1 和配油盘 10 固定不动,斜盘法线和缸体轴线间的交角为 γ。缸体由轴 9 带动旋转,缸体上均匀分布着若干个轴向柱塞孔,孔内装有柱塞 5,内套筒 4 在定心弹簧 6 的作用下,通过压盘 3 使柱塞头部的滑履 2 和斜盘靠牢,同时外套筒 8 使缸体 7 和配油盘 10 紧密接触,起密封作用。当缸体按图6-9a 所示方向转动时,由于斜盘和压盘的作用,迫使柱塞在缸体内做往复运动,柱塞在转角 $0 \sim \pi$ 范围内逐渐向外伸出,柱塞底部缸孔的密封工作容积增大,通过配油盘的吸油窗口吸油;在 $\pi \sim 2\pi$ 范围内,柱塞被斜盘逐渐推入缸体,使柱塞底部缸孔容积减小,通过配油盘的压油窗口压油。缸体每转一周,每个柱塞各完成一次吸、压油。

如图 6-9a 所示,当柱塞个数为 z,柱塞的直径为 d,柱塞分布圆直径为 D,斜盘倾角为 γ 时,每个柱塞的行程 $L = D\tan\gamma$。z 个柱塞的排量为

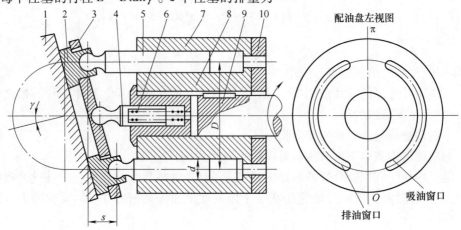

a) 结构原理图

b) 实物图

图 6-9 斜盘式轴向柱塞泵

1—斜盘 2—滑履 3—压盘 4—内套筒 5—柱塞 6—定心弹簧 7—缸体
8—外套筒 9—轴 10—配油盘

$$V = \frac{\pi}{4}d^2Dz\tan\gamma \tag{6-12}$$

若泵的转速为 n ，容积效率为 η_V ，则泵的实际输出流量为

$$q = \frac{\pi}{4}d^2Dz(\tan\gamma)n\eta_V \tag{6-13}$$

2. 柱塞泵的应用特点

1）改变斜盘倾角 γ 的大小，就能改变柱塞行程的长度，从而改变柱塞泵的排量和流量；改变斜盘倾角方向，就能改变吸油和压油的方向，使其成为双向变量泵。

2）柱塞泵的柱塞数一般为奇数，且随着柱塞数的增多，流量的脉动性也相应减小，因而一般柱塞泵的柱塞数为单数，即 $z=7$ 或 $z=9$ 。

6.1.7 液压泵的选用

液压泵是向液压系统提供一定流量和压力的油液的动力元件，它是每个液压系统不可缺少的核心元件。合理地选择液压泵，对于降低液压系统的能耗、提高系统的效率、减少噪声、改善工作性能和保证系统的可靠工作都十分重要。

选择液压泵的原则：根据主机工况、功率大小和系统对工作性能的要求，首先确定液压泵的类型，然后按系统所要求的压力、流量大小确定其规格型号。表 6-1 列出了液压系统中常用液压泵的主要性能比较。

表 6-1　液压系统中常用液压泵的主要性能比较

性能	外啮合齿轮泵	双作用叶片泵	限压式变量叶片泵	径向柱塞泵	轴向柱塞泵	螺杆泵
输出压力	低压	中压	中压	高压	高压	低压
流量调节	不能	不能	能	能	能	不能
效率	低	较高	较高	高	高	较高
输出流量脉动	很大	很小	一般	一般	一般	最小
自吸特性	好	较差	较差	差	差	好
对油液污染的敏感性	不敏感	较敏感	较敏感	很敏感	很敏感	不敏感
噪声	大	小	较大	大	大	最小

一般来说，由于各类液压泵有各自突出的特点，其结构、功用和运转方式各不相同，因此，应根据不同的使用场合选择合适的液压泵。一般在机床液压系统中，往往选用双作用叶片泵和限压式变量叶片泵；而在筑路机械、港口机械和小型工程机械中，往往选择抗污染能力较强的齿轮泵；在负载大、功率大的场合往往选择柱塞泵。

【任务实施】

1. 拆装液压泵

1）了解该液压泵的型号及相关技术参数，记录液压元件的类型与参数。

2）从外观上仔细检查液压元件的外形及进出油口、安装方式。

3）按照拆装步骤，选择合适的工具逐步进行操作，拆卸过程中应爱护工具，禁止蛮横

拆卸。

4）拆卸完毕后，摆放好各零部件，仔细观察分析液压元件的结构特点及功能。对以上配件进行擦洗整理，修理，分类堆放，以便于今后安装。

5）组装前，擦净所有的零部件，并用液压油涂抹所有滑动表面，注意不要损害密封装置及配合表面。

6）按拆卸的反顺序进行装配，确保完成所有零部件的装配。

7）完成实训并经教师检查评估后，将元件放回原来位置，整理好实训室。

2. 观察液压泵

在实际生产中找 2~3 个设备中使用的液压泵，确定它们的类型，并分析其工作情况。

3. 思考题

1）齿轮泵的密封容积是怎样形成的？有无配流装置？它是如何完成吸、压油分配的？

2）单作用叶片泵和双作用叶片泵在结构上有什么区别？

3）双作用叶片泵的定子内表面是由哪几段曲线组成的？

4）柱塞泵是如何实现配流的？

5）柱塞泵采用中心弹簧机构有何优点？

任务 6.2　认识液压执行元件

【学习目标】

1）能认识和辨别液压执行元件的实物及图形符号。

2）能理解各种液压缸、液压马达的工作原理、应用场合与结构特点。

3）能进行液压缸的负载能力、输出速度分析。

4）能正确选用、合理使用常用液压执行元件，并具有初步的分析和排除故障的能力。

【任务布置】

液压缸和液压马达将液压能转换为机械能，用来驱动工作机构进行直线运动（移动液压缸）、摆动运动（摆动液压缸、摆动液压马达）或转动（液压马达）。本任务要求观察各类液压机械中的液压缸、液压马达，注意其外形，安装、动作特点；了解液压执行元件的工作原理、结构特点、安装方式；了解液压执行元件的类型及相关技术参数。通过拆装液压执行元件，观察其结构，了解各零部件的作用，并对液压执行元件的加工及装配工艺有一个初步的认识。

【相关知识】

6.2.1　液压缸

液压缸是将液压能转变为机械能、做直线往复运动（或摆动运动）的液压执行元件。它的结构简单、工作可靠。用它来实现往复运动时，可免去减速装置，并且没有传动间隙，运动平稳，因此在各种液压系统中得到广泛应用，是液压系统中最常用的执行元件。图 6-10

所示为单杆活塞式液压缸的图形符号与实物图。

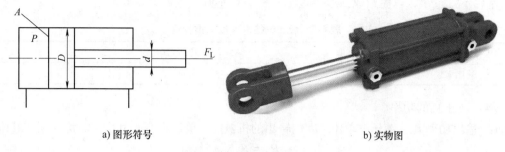

a) 图形符号　　　　　　　　　　　　　　　b) 实物图

图 6-10　单杆活塞式液压缸

1. 液压缸的主要参数

（1）液压缸的压力

1）工作压力 p　油液作用在活塞单位面积上的法向力（图 6-13）称为工作压力，单位为 Pa，其值为

$$p = \frac{F_L}{A} \tag{6-14}$$

式中，F_L 为活塞杆承受的总负载；A 为活塞的有效工作面积。

式（6-14）表明，液压缸的工作压力是由于负载的存在而产生的，负载越大，液压缸的压力也越大。

2）额定压力 p_n　也称为公称压力，是液压缸能用以长期工作的最高压力。表 6-2 所列为国家标准规定的液压缸公称压力系列。

表 6-2　液压缸公称压力　　　　　　　　　　（单位：MPa）

0.63	1	1.6	2.5	4	6.3	10	16	20	25	31.5	40

3）最高允许压力 p_{max}　也称试验压力，是液压缸在瞬间能承受的极限压力。通常情况下，$p_{max} \leqslant 1.5 p_n$。

（2）液压缸的输出力　液压缸的理论输出力 F 等于油液的压力和工作腔有效面积的乘积，即 $F = pA$。

由于图 6-10 所示液压缸为单活塞杆形式，两腔的有效面积不同，因此在相同压力条件下，液压缸往复运动的输出力也不同。由于液压缸内部存在密封圈阻力、回油阻力等，故液压缸的实际输出力小于理论作用力。

（3）液压缸的输出速度和速比

1）液压缸的输出速度为

$$v = \frac{q}{A} \tag{6-15}$$

式中，v 为液压缸的输出速度（m/s）；A 为液压缸工作腔的有效面积（m²）；q 为输入液压缸工作腔的流量（m³/s）。

2）速比 λ_v　图 6-10 所示的单活塞杆式液压缸，由于两腔有效面积不同，液压缸在活塞前进时的输出速度 v_1 与活塞后退时的输出速度 v_2 也不相同，通常将液压缸往复运动输出速度之比称为速比，用 λ_v 表示。

速比不宜过小，以免造成活塞杆过细，稳定性不好，其值见表 6-3。

表 6-3　液压缸往复速度比推荐值

工作压力 p/MPa	≤ 10	12.5~20	>20
速比 λ_v	1.33	1.46~2	2

（4）液压缸的功率

1）输出功率 P_o　液压缸单位时间内输出的机械能，单位为 W，其中文名称为瓦，其值为

$$P_o = Fv \tag{6-16}$$

式中，F 为作用在活塞杆上的外负载（N）；v 为活塞的平均运动速度（m/s）。

2）输入功率 P_i　液压缸单位时间内输入的液压能，单位为 W，它等于压力和流量的乘积，即

$$P_i = pq \tag{6-17}$$

式中，p 为液压缸的工作压力（Pa）；q 为液压缸的输入流量（m³/s）。

由于液压缸内存在能量损失（摩擦和泄漏），因此，输出功率小于输入功率。

2. 液压缸的主要形式

液压缸的类型较多，按用途可分为两大类，即普通液压缸和特殊液压缸。

普通液压缸按结构不同，可分为单作用式液压缸和双作用式液压缸。单作用式液压缸在液压力的作用下只能向一个方向运动，其反向运动需要靠重力或弹簧力等外力来实现；双作用式液压缸靠液压力可实现正、反两个方向的运动。单作用式液压缸包括活塞式和柱塞式两大类，其中活塞式液压缸应用最广；双作用式液压缸包括单活塞杆液压缸和双活塞杆液压缸两大类。

特殊液压缸包括伸缩套筒式液压缸、串联液压缸、增压缸、回转液压缸和齿条液压缸等。

3. 液压缸的工作原理

（1）双杆活塞式液压缸

图 6-11 所示为双杆活塞式液压缸的原理图。活塞两侧均装有活塞杆。图 6-11a 所示为缸体固定式结构，缸的左腔进油，右腔回油时，活塞向右移动，反之活塞向左移动。其工作台的运动范围约等于活塞有效行程的 3 倍，一般用于中小型设备。图 6-11b 所示为活塞杆固定式结构，缸的左腔进油，右腔回油时，油液推动缸体向左移动；反之，缸体向右移动，其工作台的运动范围约等于缸体有效行程的两倍，常用于大中型设备中。当两活塞杆直径相同（即有效工作面积相等）、供油压力和流量不变时，活塞（或缸体）在两个方向的推力 F 和运动速度 v 也都相等，即

$$F = (p_1 - p_2)A = \frac{\pi}{4}(D^2 - d^2)(p_1 - p_2) \tag{6-18}$$

$$v = \frac{q}{A} = \frac{4q}{\pi(D^2 - d^2)} \tag{6-19}$$

式中，A 为活塞的有效作用面积；p_1 为液压缸的进油压力；p_2 为液压缸的回油压力；q 为液压缸的输入流量；D 为缸体内径；d 为活塞杆直径。

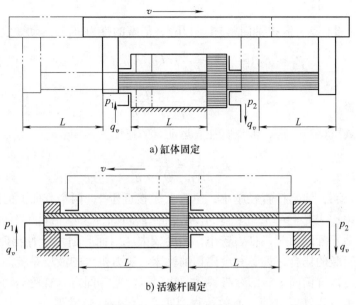

a) 缸体固定

b) 活塞杆固定

图 6-11　双杆活塞式液压缸

双杆活塞式液压缸适用于要求往复运动速度和输出力相同的工况，如磨床液压系统。

（2）单杆活塞式液压缸

图 6-12 所示为双作用单杆活塞式液压缸的连接方式。它只在活塞的一侧装有活塞杆，因而两腔的有效工作面积不同。当向缸的两腔分别供油，且供油压力和流量不变时，活塞在两个方向上的运动速度和输出推力都不相等。

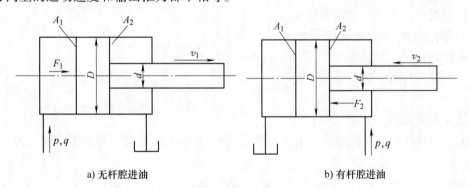

a) 无杆腔进油　　　　　　　　　　　b) 有杆腔进油

图 6-12　单杆活塞式液压缸的连接方式

1）无杆腔进油。无杆腔进油时（图 6-12a），活塞的推力 F_1 和运动速度 v_1 分别为

$$F_1 = p_1 A_1 - p_2 A_2 = \frac{\pi}{4} D^2 (p_1 - p_2) + \frac{\pi}{4} d^2 p_2 \tag{6-20}$$

$$v_1 = \frac{q}{A_1} = \frac{4q}{\pi D^2} \tag{6-21}$$

式中，q 为液压缸的输入流量；p_1 为液压缸的进油压力；p_2 为液压缸的回油压力；D 为活塞直径（即缸体内径）；d 为活塞杆直径；A_1 为无杆腔的活塞有效工作面积；A_2 为有杆腔的活

塞有效工作面积。

2）有杆腔进油。有杆腔进油时（图6-12b），活塞的推力 F_2 和运动速度 v_2 分别为

$$F_2 = p_1 A_2 - p_2 A_1 = \frac{\pi}{4} D^2 (p_1 - p_2) - \frac{\pi}{4} d^2 p_1 \tag{6-22}$$

$$v_2 = \frac{q}{A_2} = \frac{4q}{\pi (D^2 - d^2)} \tag{6-23}$$

由式（6-21）和式（6-23）得，液压缸往复运动时的速比为

$$\lambda_v = \frac{v_2}{v_1} = \frac{D^2}{D^2 - d^2} \tag{6-24}$$

式（6-24）表明，活塞杆直径越小，速比 λ_v 越接近于1，两个方向上的速度差值越小。

比较式（6-20）～式（6-23），由于 $A_1 > A_2$，故 $F_1 > F_2$，$v_1 < v_2$。即活塞杆伸出时，推力较大，速度较小；活塞杆缩回时，推力较小，速度较大。因而它适用于伸出时承受工作载荷、缩回时为空载或轻载的场合，如各种金属切削机床、压力机等的液压系统。

单杆活塞缸可以缸筒固定，活塞杆移动；也可以活塞杆固定，缸筒运动。但其工作台往复运动范围都约为活塞（或缸筒）有效行程的两倍，结构比较紧凑。

3）差动连接。单杆活塞缸的两腔同时通入液压油的油路连接方式称为差动连接，采用差动连接的单杆活塞缸称为差动液压缸，如图6-13所示。在忽略两腔连通油路压力损失的情况下，两腔中油液的压力相等。但由于无杆腔受力面积大于有杆腔，活塞向右的作用力大于向左的作用力，活塞杆做伸出运动，并将有杆腔的油液挤出，流进无杆腔，加快活塞的运动速度。

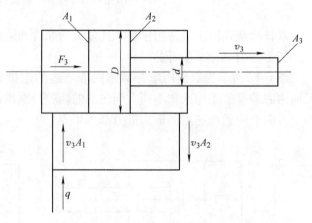

图6-13 差动连接的液压缸

若活塞的速度为 v_3，则无杆腔进油量为 $v_3 A_1$，有杆腔的排油量为 $v_3 A_2$，因而有 $v_3 A_1 = q + v_3 A_2$，故活塞杆伸出速度 v_3 为

$$v_3 = \frac{q}{A_1 - A_2} = \frac{4q}{\pi d^2} \tag{6-25}$$

差动连接时，$p_2 \approx p_1$，活塞的推力 F_3 为

$$F_3 = p_1 A_1 - p_2 A_2 \approx \frac{\pi}{4} D^2 p_1 - \frac{\pi}{4} (D^2 - d^2) p_1 = \frac{\pi}{4} d^2 p_1 \tag{6-26}$$

由式（6-25）和式（6-26）可知，差动连接时实际起有效作用的面积是活塞杆的横截面积。由于活塞杆的横截面积总是小于活塞的面积，因而与非差动连接工况相比，在输入油液压力和流量相同的条件下，活塞运动速度较大而推力较小。因此，这种方式被广泛用于组合机床的液压动力滑台和其他机械设备的快速运动中。

如果要使活塞往返运动速度相等，即 $v_3 = v_2$，经推导可得 D 与 d 必须存在 $D = \sqrt{2} d$ 的比例关系。

4. 液压缸的结构

图 6-14 所示为一种工程用单杆活塞式液压缸的结构。它由缸底 1、缸筒 10、活塞 5、活塞杆 16、导向套 12 和缸盖 13 等主要零件组成。缸底与缸筒焊接成一体，缸盖与缸筒采用螺纹联接。为防止油液由高压腔向低压腔泄漏或向外泄漏，在活塞与活塞杆、活塞与缸筒、导向套与缸筒、导向套与活塞杆之间均设置有密封圈。为防止活塞快速退回到行程终端时撞击缸底，活塞杆后端设置了缓冲柱塞。为了防止脏物进入液压缸内部，在缸盖外侧还装有防尘圈。

由图 6-14 可知，液压缸主要由缸体组件（缸筒、端盖等）、活塞组件（活塞、活塞杆等）、密封件等基本部分组成。此外，一般液压缸还设有缓冲装置和排气装置。

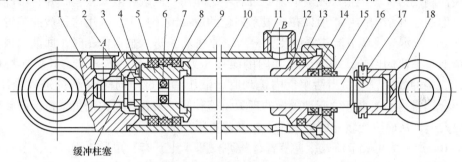

图 6-14　单杆活塞式液压缸的结构

1—缸底　2—弹簧挡圈　3—卡环帽　4—轴用卡环　5—活塞　6—O 形密封圈
7—抗磨环　8—支承环　9—Y 形密封圈（图中未画出）　10—缸筒　11—管接头　12—导向套
13—缸盖　14—Y 形密封圈　15—防尘圈　16—活塞杆　17—紧定螺钉　18—耳环

（1）液压缸的安装定位

液压缸在机体上的安装有法兰式、耳环式、耳轴式和底脚式等多种方式，如图 6-15 所示。当缸筒与机体间没有相对运动时，可采用底脚或法兰来安装定位。如果液压缸两端都有底脚，一般固定一端，使另一端浮动，以适应热胀冷缩的需要。如果缸筒与机体间需要有相对摆动，则可采用耳轴和耳环等连接方式。具体选用时可参考有关手册。

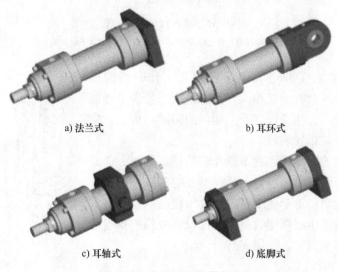

a) 法兰式　　　　　　　　　　b) 耳环式

c) 耳轴式　　　　　　　　　　d) 底脚式

图 6-15　液压缸的安装定位

（2）缓冲与排气

1）缓冲装置。当液压缸驱动质量较大、移动速度较快的工作部件时，一般应在液压缸内设置缓冲装置，以免产生液压冲击、噪声，甚至造成液压缸的损坏。尽管液压缸中缓冲装置的结构形式很多，但它们的工作原理都是相同的，即当活塞快速运动到接近缸盖时，增大排油阻力，使液压缸的排油腔产生足够大的缓冲压力，使活塞减速，从而避免与缸盖快速相撞。常见的缓冲装置如图 6-16 所示。

图 6-16a 所示为间隙式缓冲装置，当缓冲柱塞 A 进入缸盖上的内孔时，被封闭的油液只能经环形间隙排出，缓冲油腔 B 产生缓冲压力，使活塞速度降低。这种装置在缓冲开始时产生的缓冲制动力大，但很快便降下来，最后不起作用，故缓冲效果很差，并且缓冲压力不可调节。但由于其结构简单，所以在一般系列化的成品液压缸中多采用这种缓冲装置。

图 6-16b 所示为可调节流式缓冲装置，当缓冲柱塞 A 进入缸盖内孔时，回油口被柱塞堵住，只能通过节流阀回油，缓冲油腔 B 内的缓冲压力升高，使活塞减速，其缓冲特性类似于间隙式，缓冲效果较差。当活塞反向运动时，液压油通过单向阀 D 很快进入液压缸内，故活塞不会因推力不足而产生起动缓慢的现象。这种缓冲装置可以根据负载情况调整节流阀 C 开度的大小，从而改变缓冲压力的大小，因此适用范围较广。

图 6-16c 所示为可变节流式缓冲装置，缓冲柱塞 A 上开有三角形节流沟槽，节流面积随着缓冲行程的增大而逐渐减小，由于这种缓冲装置在缓冲过程中能自动改变节流口的大小，因而缓冲作用均匀，冲击压力小，但结构较复杂。

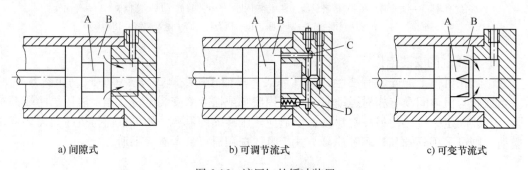

a) 间隙式　　　　　　　　b) 可调节流式　　　　　　　　c) 可变节流式

图 6-16　液压缸的缓冲装置

A—缓冲柱塞　B—缓冲油腔　C—节流阀　D—单向阀

2）排气装置。在安装过程中或在停止工作一段时间后，液压系统中往往会有空气渗入。液压系统，特别是当液压缸中存在空气时，会使液压缸产生爬行或振动。因此，应考虑在液压缸上安装排气装置。

对于要求不高的液压缸往往不设专门的排气装置，而是将油口布置在缸筒两端的最高处，这样可使空气随油液排往油箱，再从油面逸出；对于速度稳定性要求较高的液压缸或大型液压缸，常在液压缸两侧的最高部位设置专门的排气装置，如排气塞、排气阀等，如图 6-17 所示。

（3）液压缸的密封

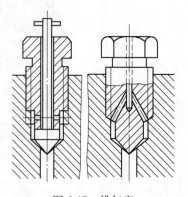

图 6-17　排气塞

液压缸工作的时候，一边为高压腔，一边为低压腔，高压腔中的油液会向低压腔泄漏，称为内泄漏。液压缸中的油液也可能向外部泄漏，叫作外泄漏。由于液压缸存在内泄漏和外泄漏，使得液压缸的容积效率降低，从而影响液压缸的工作性能，严重时会使系统压力上不去，甚至无法工作，并且外泄漏还会污染环境，为了防止泄漏的产生，液压缸中需要密封的地方必须采取相应的密封措施。虽然密封件是液压设备中的辅件，但其质量的好坏在一定程度上制约着液压元件和液压系统性能和可靠性的提高，以及液压系统使用寿命的长短。

液压缸的密封主要有：防止液压缸两腔之间相互内漏或者窜漏，如活塞密封；防止液压油泄漏到缸外或者其他外泄漏，如活塞杆密封、缸盖密封；防止外界灰尘等进入缸内，如活塞杆上的防尘密封。

液压缸常见的密封形式主要有间隙密封和密封圈密封。

1）间隙密封　间隙密封的原理是利用相对运动零件配合面之间的微小间隙来防止泄漏。活塞采用间隙密封时，常在其上切出若干条平衡槽，其作用是自动对中，减小偏心量；储存油液，自动润滑，减小摩擦力；增大泄漏阻力，提高密封性能。

间隙式密封结构简单，摩擦阻力小，耐高温，但泄漏较多，并且泄漏随着时间增加而增加，加工要求高，主要用于尺寸小、压力低、速度高的液压缸或各种阀。

2）密封圈密封　液压缸密封圈有 O 形、Y 形、小 Y 形、V 形和组合式等类型，用于对液压缸各部分进行密封，如图 6-18~图 6-22 所示。

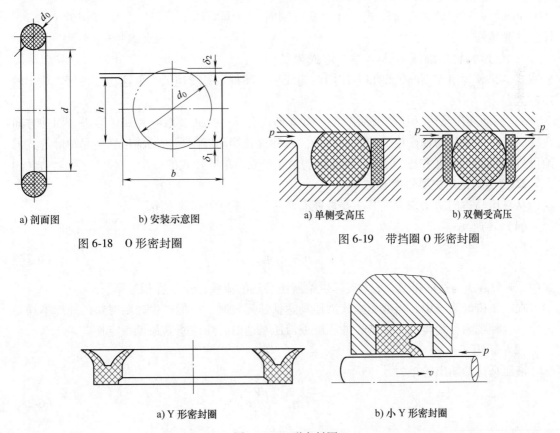

图 6-18　O 形密封圈

图 6-19　带挡圈 O 形密封圈

图 6-20　Y 形密封圈

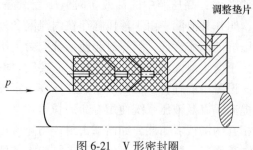

图 6-21 V 形密封圈

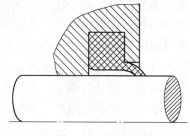

图 6-22 防尘圈

6.2.2 液压马达

液压马达是将液压能转化为机械能，并能输出旋转运动的液压执行元件。液压马达与液压泵在原理上可逆，在结构上类似，它把输入油液的压力能转换为输出轴转动的机械能，用来推动负载做功，其图形符号和实物图如图 6-23 所示。

1. 液压马达分类

1）高速小转矩液压马达（额定转速大于 500r/min）　基本形式有齿轮式、叶片式、轴向柱塞式和螺杆式。

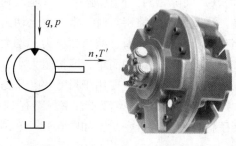

a) 图形符号　　　　b) 实物图

图 6-23　液压马达

2）低速大转矩液压马达　基本形式为径向柱塞式，又分为单作用曲轴型和多作用内曲线型。其特点是转速低、低速稳定性好、输出转矩较大。

3）摆动液压马达（摆动液压缸）　基本形式有单叶片式、双叶片式。当进、回油方向改变时，叶片就带动轴往相反的方向转动。双叶片式摆动液压马达的输出转矩是单叶片式的两倍（相同结构尺寸和压力下），而其摆动角速度则是单叶片式的一半。

2. 液压马达的主要性能参数

从液压马达的功用来看，其主要性能有转速 n、转矩 T 和效率 η。

（1）转速 n

$$n = \frac{q}{V}\eta_V \tag{6-27}$$

式中，V 为液压马达的排量；q 为实际供给液压马达的流量；η_V 为容积效率。

在液压传动系统中，当液压缸或液压马达低速运转时，可能产生时断时续的速度不均匀现象，这种现象称为爬行。在选择液压缸或液压马达时，应注意其最低稳定速度。

（2）转矩 T

液压马达的输出转矩为

$$T = T_{t}\eta_{m} = \frac{pV}{2\pi}\eta_{m} \tag{6-28}$$

式中，T_t 为液压马达的理论输出转矩，即 $T_t = \dfrac{pV}{2\pi}$；p 为油液压力；V 为液压马达的排量；η_m

为机械效率。

（3）液压马达的总效率

液压马达的总效率为其输出功率 $2\pi nT$ 和输入功率 pq 之比，即

$$\eta = \frac{2\pi nT}{pq} = \eta_V \eta_{\mathrm{m}} \tag{6-29}$$

由式（6-29）可知，液压马达的总效率等于其机械效率与容积效率的乘积。

3. 轴向柱塞式液压马达

轴向柱塞式液压马达的结构原理图和实物图如图 6-24 所示，其柱塞运动方向与转轴轴线平行，当液压油经配油盘的窗口进入缸体的柱塞孔时，柱塞在液压油的作用下被顶出柱塞孔压在斜盘上，其工作原理如下：设斜盘作用在某一柱塞上的反作用力为 F，F 可分解为 F_{r} 和 F_{t} 两个分力。其中轴向分力 F_{r} 和作用在柱塞后端的液压力相平衡，其值为 $F_{\mathrm{r}} = \dfrac{\pi d^2 p}{4}$，而垂直于轴向的分力 $F_{\mathrm{t}} = F_{\mathrm{r}} \tan\gamma$，它使缸体产生一定的转矩，其大小为

$$T_{\mathrm{i}} = F_{\mathrm{t}}a = F_{\mathrm{r}}R\sin\varphi = F_{\mathrm{r}}\tan\gamma R\sin\varphi = \frac{\pi d^2}{4}pR\tan\gamma\sin\varphi \tag{6-30}$$

液压马达输出的转矩应该是高压腔柱塞所产生转矩的总和，即

$$T = \sum \frac{\pi d^2}{4}pR\tan\gamma\sin\varphi \tag{6-31}$$

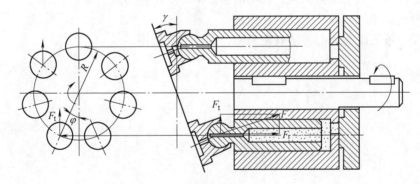

a) 结构原理图

b) 实物图

图 6-24　轴向柱塞式液压马达

由于柱塞的瞬时方位角 φ 是变化的，柱塞产生的转矩也随之变化，故液压马达产生的总转矩是脉动的。若互换液压马达的进、回油路，则液压马达将反向转动；若改变斜盘倾角，液压马达的排量便随之发生改变，从而可以调节输出转矩或转速。

【任务实施】

1. 液压缸拆装分析

1）了解该液压缸型号及相关技术参数，记录液压元件的类型与参数。

2）从外观上仔细检查液压缸的外形及进、出油口，安装方式。

3）按照拆装步骤，选择合适的工具逐步进行操作，拆卸过程中应爱护元件和工具，禁止蛮横拆卸。

4）拆卸完毕后，摆放好各零部件，仔细观察分析其结构特点及功能。

5）组装前，擦净所有的零部件，并用液压油涂抹所有滑动表面，注意不要损害密封装置及配合表面。

6）按拆卸的反顺序进行装配，确保完成所有零部件的装配。

7）完成实训并经教师检查评估后，将元件放回原来位置，整理好实训室。

2. 观察液压缸

在实际生产中找 2~3 个实际设备中使用的液压缸，确定它们的类型，并分析其工作情况。

3. 思考题

1）活塞式液压缸有哪几种形式？它们各有什么特点？分别用在什么场合？

2）以单杆活塞式液压缸为例，说明液压缸的一般结构形式。

3）试分析液压缸缓冲装置的工作原理。

4）试说明液压缸哪些部位装有密封圈，并说明其功用。

项目 7　液压系统方向控制

【项目描述】

在液压系统中，执行元件的起动、停止或运动方向的改变等都是通过控制进入执行元件的液流的通、断及变向来实现的，而实现这些控制的回路称为方向控制回路。方向控制阀即为通过控制液压系统中液流的通断或流动方向，从而控制执行元件的起动、停止及运动方向的液压阀。

本项目主要介绍液压系统方向控制元件和方向控制基本回路。方向控制阀可分为单向阀和换向阀两种；方向控制回路有换向回路和锁紧回路。

任务 7.1　工件推送装置（1）液压回路的组装与调试

【学习目标】

1）能理解各种液压换向阀的工作原理、结构和用途。
2）能辨别常用液压换向阀的实物与图形符号。
3）能够识读与分析基本方向控制回路的工作原理图。
4）能合理选用液压元件及工具进行基本方向控制回路的搭建和调试。
5）能进行液压方向控制回路常见简单故障的分析与排除。

【任务布置】

图 7-1 所示为某自动线上的工件推送装置，通过按下一个按钮来控制一台双作用液压缸的活塞杆伸出，将传送装置送来的重型金属工件推到与其垂直的传送装置上进行进一步加工；松开按钮后，液压缸活塞缩回。

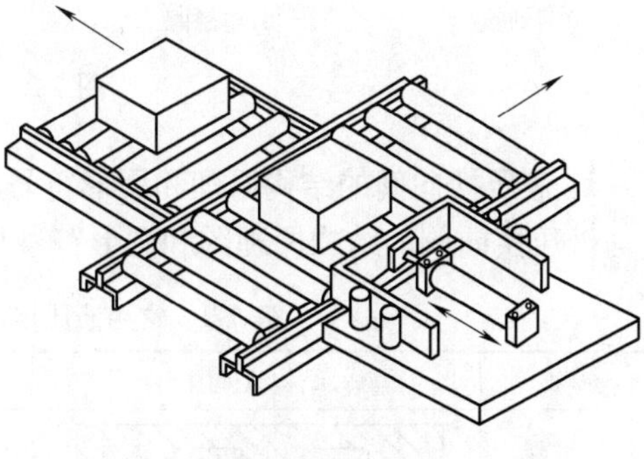

图 7-1　工件推送装置（1）示意图

【任务分析】

本任务的控制要求比较简单，可以采用液压控制方式，即通过换向阀控制液压缸活塞杆的伸出和缩回。

【相关知识】

7.1.1　液压阀概述

尽管各类液压阀的形式不同、功能各异，但也具有共性。在结构上，所有阀都是由阀体、阀芯和驱动阀芯运动的零件（如弹簧）等组成的；在工作原理上，所有阀的阀口大小、进出口压差以及通过阀的流量之间的关系都符合孔口流量公式，仅是各种阀的控制参数不同而已。

对液压阀的基本要求主要有：

1）动作灵敏、使用可靠，工作时的冲击和振动小。

2）油液通过时的压力损失小。

3）密封性能好。

4）结构紧凑，安装、调节、使用及维护方便，且通用性和互换性良好，使用寿命长。

液压阀按用途可分为方向控制阀、压力控制阀和流量控制阀；按控制原理可分为定值或开关控制阀、电液比例阀、伺服控制阀和数字控制阀；按连接方式不同可分为管式阀、板式阀、叠加阀和插装阀；按结构还可分为滑阀、转阀、座阀和射流管阀等。

7.1.2 换向阀

方向控制阀通过控制液压系统中液流的通断或流动方向，来控制执行元件的起动、停止及运动方向。它可分为单向阀和换向阀两种。液压方向控制阀的工作原理和结构与气动换向阀类似。图 7-2 所示为几种常见液压换向阀。

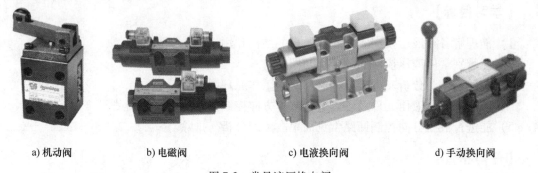

a) 机动阀　　　　b) 电磁阀　　　　c) 电液换向阀　　　　d) 手动换向阀

图 7-2　常见液压换向阀

1. 液压换向阀的结构原理和图形符号

液压换向阀的结构原理图和图形符号见表 7-1。

表 7-1　常用液压换向阀的结构原理图和图形符号

名称	结构原理图	图形符号	备　注
二位二通阀	A　　　　P	A P	控制油路的接通与切断（相当于一个开关）
二位三通阀	A　P　B	A　B P	控制液流方向（从一个方向变换成另一个方向）

130

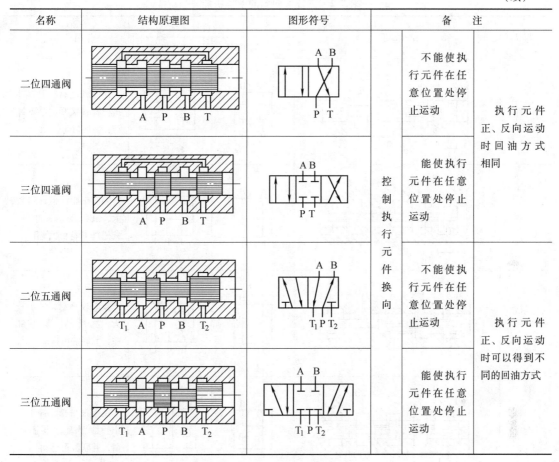

名称	结构原理图	图形符号	备 注	
二位四通阀			不能使执行元件在任意位置处停止运动	执行元件正、反向运动时回油方式相同
三位四通阀			能使执行元件在任意位置处停止运动	
二位五通阀			不能使执行元件在任意位置处停止运动	执行元件正、反向运动时可以得到不同的回油方式
三位五通阀			能使执行元件在任意位置处停止运动	

（备注栏中间一列跨四行为："控制执行元件换向"）

表 7-1 中换向阀的图形符号与气动换向阀类似，含义如下：

1）用方框表示阀的工作位置，有几个方框就表示有几个工作位置。

2）一个方框与外部相连接的主油口数有几个，就表示几"通"。

3）方框内的箭头表示该位置上油路接通，但不表示液流的流向；方框内的符号"⊥或⊤"表示此通路被阀芯封闭。

4）P 和 T 分别表示阀的进油口和回油口，而与执行元件连接的油口用字母 A、B 表示。

5）三位阀的中间方框和二位阀侧面画弹簧的方框为常态位。绘制液压系统原理图时，油路应连接在换向阀的常态位上。

6）控制方式和复位弹簧应画在方框的两端。

2. 换向阀的中位机能

换向阀各阀口的连通方式称为阀的机能，不同的机能可满足系统的不同要求。对于三位阀，阀芯处于中间位置时（即常态位）各油口的连通形式称为中位机能。

表 7-2 所列为常见三位换向阀中位机能的类型、结构简图和中位符号，不同的中位机能是通过改变阀芯的形状和尺寸而得到的。

表 7-2　三位换向阀的中位机能

类型	结构简图	中位符号		作用和特点
		三位四通	三位五通	
O 型	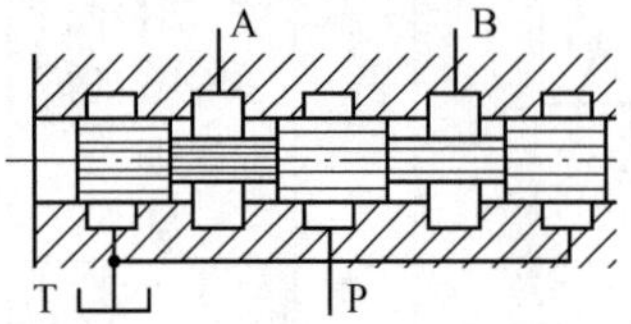	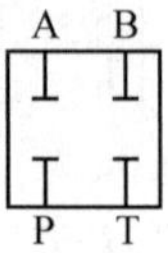 A B P T	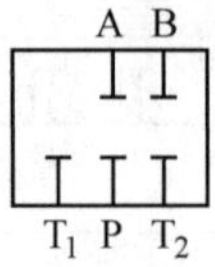 A B T₁ P T₂	换向精度高，但有冲击，缸被锁紧，泵不卸荷，并联缸可运动
H 型	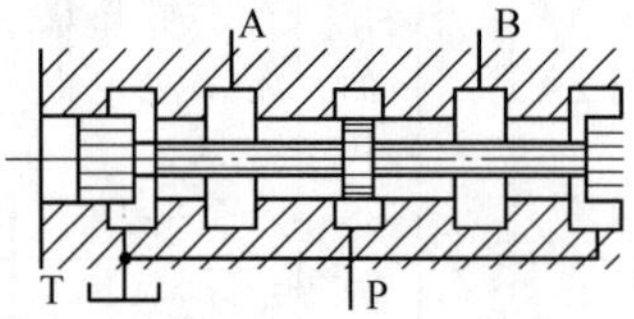	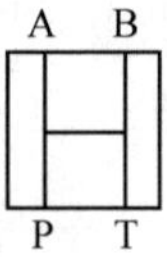 A B P T	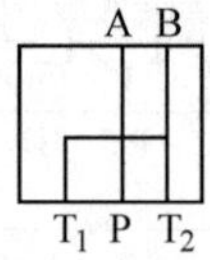 A B T₁ P T₂	换向平稳，但冲击较大，缸浮动。泵卸荷，其他缸不能并联使用
Y 型	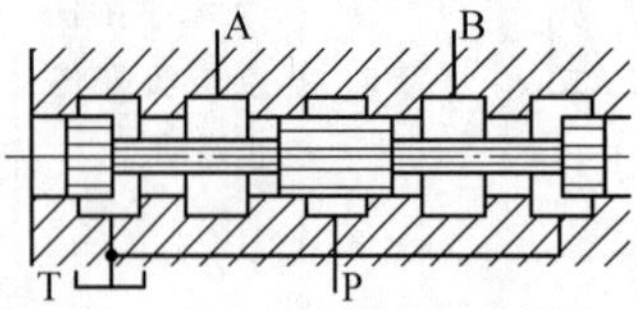	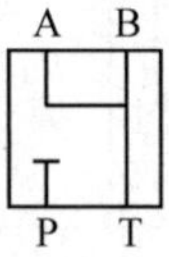 A B P T	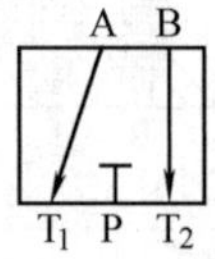 A B T₁ P T₂	换向较平稳，冲击较大，缸浮动，泵不卸荷，并联缸可运动
P 型	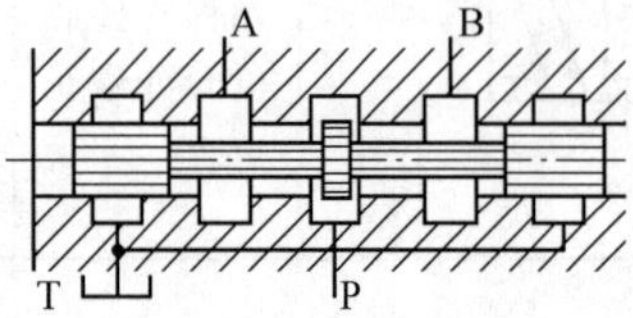	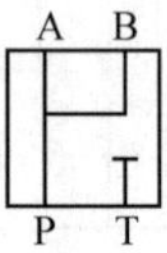 A B P T	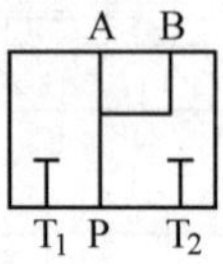 A B T₁ P T₂	换向最平稳，冲击较小，缸浮动，泵不卸荷，并联缸可运动
M 型	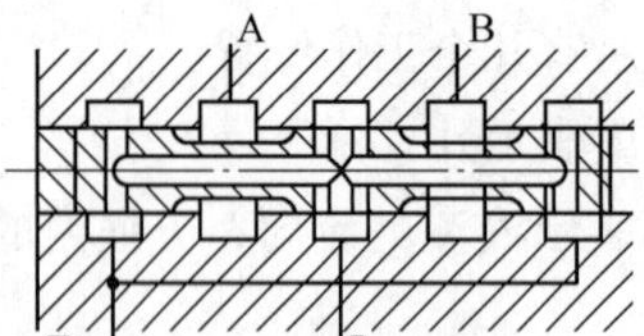	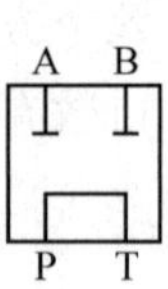 A B P T	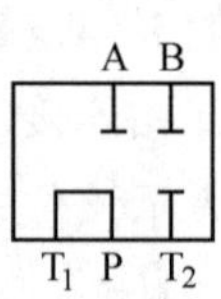 A B T₁ P T₂	换向精度高，但有冲击，缸被锁紧，泵卸荷，其他缸不能并联使用

在分析和选择三位换向阀的中位机能时，通常需要考虑以下几点：

1）系统保压与卸荷　当 P 口被堵塞时，如 O 型、Y 型中位机能，系统保压，液压泵能用于多缸液压系统；当 P 口和 T 口相通时，如 H 型、M 型中位机能，系统卸荷。

2）换向精度和换向平稳性　当工作油口 A 和 B 都堵塞时，如 O 型、M 型中位机能，换向精度高，但换向过程中易产生液压冲击，换向平稳性差；当油口 A 和 B 都通 T 口时，如 H 型、Y 型中位机能，换向时液压冲击小、平稳性好，但换向精度低。

3）起动平稳性　阀处于中位时，A 口和 B 口都不通油箱，如 O 型、P 型、M 型中位机能，起动时油液起缓冲作用，易于保证起动的平稳性。

4）液压缸"浮动"和在任意位置处锁住　当 A 口和 B 口接通时，如 H 型、Y 型中位机能，卧式液压缸处于"浮动"状态，可以通过其他机构使工作台移动，以调整其位置；当 A 口和 B 口都被堵塞时，如 O 型、M 型中位机能，则可使液压缸在任意位置处停止并被锁住。

3. 常用换向阀

（1）机动换向阀

机动换向阀常用于控制机械设备的行程，又称为行程阀。它是利用安装在运动部件上的凸轮或铁块使阀芯移动而实现换向的。机动换向阀通常是二位阀，有二通、三通、四通和五通几种。二通、三通阀又分为常开和常闭两种形式。

图 7-3a 为二位二通常开机动换向阀的结构原理图。图示位置在弹簧 4 的作用下，阀芯 3 处于左端位置，油口 P 和 A 不连通；当挡铁压住滚轮 2 使阀芯 3 移到右端位置时，油口 P 和 A 接通。图 7-3b 所示为其图形符号。

机动换向阀具有结构简单、工作可靠、位置精度高等优点。改变挡铁的斜角 α ，就可改变换向时阀芯的移动速度，即可调节换向过程的时间。机动换向阀必须安装在运动部件附近，故连接管路较长。

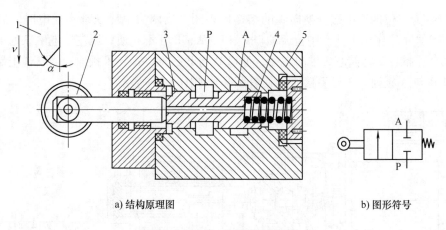

a) 结构原理图　　　　　　　　　　b) 图形符号

图 7-3　二位二通机动换向阀
1—挡铁　2—滚轮　3—阀芯　4—弹簧　5—阀体

（2）电磁换向阀

电磁换向阀是利用电磁铁的吸力来推动阀芯移动，从而改变阀芯位置的换向阀。它的工作位置一般有二位和三位，通道数有二通、三通、四通和五通。

电磁换向阀按使用的电源不同，有交流型和直流型两种。交流电磁铁的使用电压多为 220V，其换向时间短（0.01~0.03s），起动力大，电气控制电路简单。但工作时冲击和噪声大，容易因阀芯吸不到位而烧毁线圈，所以寿命短，其允许切换频率一般为 10 次/min。直流电磁铁的电压多为 24V，其换向时间长（0.05~0.08s），起动力小、冲击小、噪声小，对过载或低电压反应不敏感，工作可靠、寿命长，切换频率可达 120 次/min，故需配备专门的直流电源，因此费用较高。

图 7-4a 为二位三通电磁换向阀的结构原理图。图示位置电磁铁不通电，油口 P 和 A 连通，油口 B 断开；当电磁铁通电时，衔铁 1 吸合，推杆 2 将阀芯 3 推向右端，使油口 P 和 A

断开，与 B 接通。图 7-4b 所示为其图形符号。

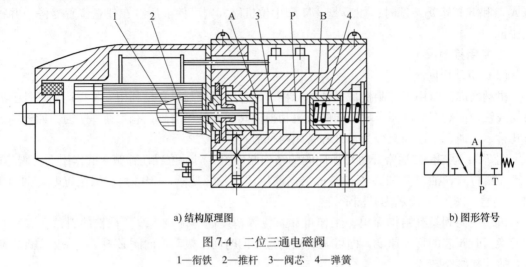

a) 结构原理图　　　　　　　　　　　　　　b) 图形符号

图 7-4　二位三通电磁阀

1—衔铁　2—推杆　3—阀芯　4—弹簧

图 7-5a 为三位四通电磁铁换向阀的结构原理图。当两边电磁铁都不通电时，阀芯 3 在两边对中弹簧 4 的作用下处于中位，油口 P、T、A、B 互不相通；当左边电磁铁通电时，左边衔铁吸合，推杆 2 将阀芯 3 推向右端，油口 P 与 B 接通，A 与 T 接通；当右边电磁铁通电时，油口 P 与 A 接通，B 与 T 接通。其图形符号如图 7-5b 所示。

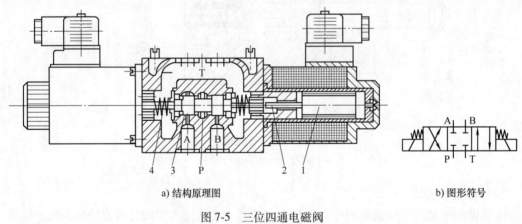

a) 结构原理图　　　　　　　　　　　　　　b) 图形符号

图 7-5　三位四通电磁阀

1—衔铁　2—推杆　3—阀芯　4—弹簧

电磁换向阀具有换向灵敏、操作方便、布置灵活、易于实现设备的自动化等特点，因而应用最为广泛。但由于电磁铁吸力有限，因而要求切换的流量不能太大，一般在 63L/min 以下，且回油口背压不宜过高，否则易烧毁电磁铁线圈。

（3）液动换向阀

液动换向阀是利用控制油路中的液压油来推动阀芯移动，从而改变阀芯位置的换向阀。图 7-6a 为三位四通液动换向阀的结构原理图。阀上设有两个控制油口 K_1 和 K_2，当两个控制油口都未通液压油时，阀芯 2 在两端对中弹簧 4、7 的作用下处于中位，油口 P、T、A、B 互不相通；当 K_1 通液压油、K_2 接油箱时，阀芯在液压油的作用下右移，油口 P 与 B 接通，

A 与 T 接通；反之，当 K_2 通液压油、K_1 接油箱时，阀芯左移，油口 P 与 A 接通，B 与 T 接通。其图形符号如图 7-6b 所示。

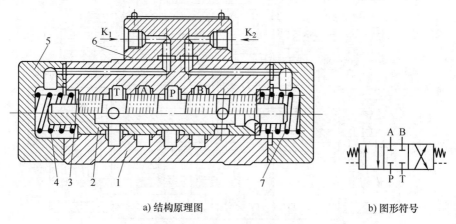

a) 结构原理图　　　　　　　　　　　　b) 图形符号

图 7-6　三位四通液动换向阀

1—阀体　2—阀芯　3—挡圈　4、7—弹簧　5—端盖　6—盖板

　　液动换向阀常用于切换流量大、压力高的场合。它常与电磁换向阀组合成电液换向阀，以实现自动换向。

　　（4）电液换向阀

　　电液换向阀是由电磁换向阀和液动换向阀组合而成的复合阀。其中，电磁换向阀起先导阀的作用，用来改变液动换向阀控制油路的方向，从而控制液动换向阀的阀芯位置；液动换向阀为主阀，实现主油路的换向。由于推动主阀芯的液压力可以很大，故主阀芯的尺寸可以做得很大，允许大流量液流通过。这样就可以实现用小规格的电磁铁方便地控制大流量液动换向阀的目的。

　　图 7-7a 为电液换向阀的结构原理图。当先导阀的电磁铁都不通电时，先导阀的阀芯在对中弹簧作用下处于中位，主阀芯左、右两腔的控制油液通过先导阀中间位置与油箱连通，主阀芯在对中弹簧作用下也处于中位，主阀的油口 P、A、B、T 均不通。当先导阀左边电磁铁通电时，先导阀阀芯右移，控制油液经先导阀再经左边单向阀进入主阀左腔，推动主阀芯向右移动，这时主阀右腔的油液经右边的节流阀及先导阀回油箱，使主阀油口 P 与 A 接通，B 与 T 接通；反之，先导阀右边电磁铁通电时，可使油口 P 与 B 接通，A 与 T 接通（主阀芯移动速度可由节流阀的开口大小调节）。图 7-7b、c 所示分别为电液换向阀的详细图形符号和简化图形符号。

　　（5）手动换向阀

　　手动换向阀是利用手动杠杆操纵阀芯运动，以实现换向的换向阀。它有弹簧自动复位式和钢球定位式两种类型。图 7-8a 所示为自动复位式手动换向阀。向右推动手柄 4 时，阀芯 2 向左移动，使油口 P、A 接通，B、T 接通；若向左推动手柄，阀芯向右运动，则 P 与 B 相通，A 与 T 相通。松开手柄后，阀芯依靠复位弹簧的作用自动弹回到中位，油口 P、T、A、B 互不相通。图 7-8c 所示为其图形符号。

　　自动复位式手动换向阀适用于动作频繁、持续工作时间较短的场合，其操作比较安全，常用于工程机械的液压系统中。

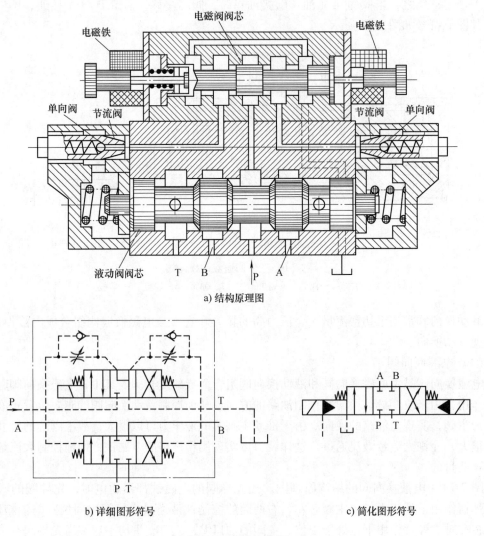

电磁铁　电磁阀阀芯　电磁铁

单向阀　节流阀　节流阀　单向阀

液动阀阀芯　T　B　P　A

a) 结构原理图

b) 详细图形符号　　　　　　　c) 简化图形符号

图 7-7　电液换向阀

　　若将该阀右端弹簧的部位改为图 7-8b 所示的形式，即可成为在左、中、右三个位置定位的钢球定位式手动换向阀。当阀芯向左或向右移动后，就可借助钢球使阀芯保持在左端或右端的工作位置上。图 7-8d 所示为其图形符号。该阀适用于机床、液压机、船舶等需保持工作状态时间较长的场合。

7.1.3　换向回路

　　换向回路的作用是使液压缸和与之相连的主机运动部件在其行程终端处迅速、平稳、准确地变换运动方向。

1. 采用换向阀的换向回路

　　运动部件的换向一般可采用各种换向阀来实现。在容积调速的闭式回路中，也可以利用双向变量泵控制油流的方向来实现液压缸（或液压马达）的换向。

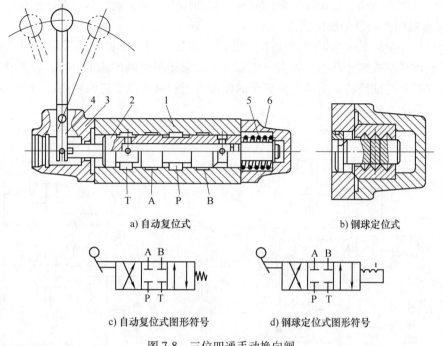

a) 自动复位式   b) 钢球定位式

c) 自动复位式图形符号   d) 钢球定位式图形符号

图 7-8　三位四通手动换向阀

1—阀体　2—阀芯　3—前盖　4—手柄　5—弹簧　6—后盖

依靠重力或弹簧返回的单作用液压缸，可以采用二位三通换向阀进行换向，如图 7-9 所示。双作用液压缸一般可采用二位四通（或五通）及三位四通（或五通）换向阀进行换向，按不同用途还可选用采用不同控制方式的换向回路。

采用电磁换向阀的换向回路应用最为广泛，尤其是在自动化程度要求较高的组合机床液压系统中被普遍采用，这种换向回路曾多次出现于上面许多回路中，这里不再赘述。对于流量较大和换向平稳性要求较高的场合，采用电磁换向阀的换向回路已不能适应上述要求，往往采用将手动换向阀或机动换向阀作为先导阀，而以液动换向阀为主阀的换向回路，或者采用电液动换向阀的换向回路。

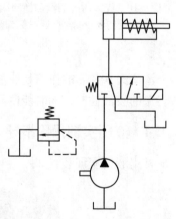

图 7-9　采用二位三通换向阀的
单作用缸换向回路

图 7-10 所示为手动转阀（先导阀）控制液动换向阀的换向回路。回路中用辅助泵 2 提供低压控制油，通过手动先导阀 3（三位四通转阀）来控制液动换向阀 4 的阀芯移动，实现主油路的换向。当阀 3 在右位时，控制油进入阀 4 的左端，右端的油液经阀 3 回油箱，使液动换向阀 4 左位接入工件，活塞下移。当阀 3 切换至左位时，即控制油使液动换向阀 4 换向，活塞向上退回。当阀 3 处于中位时，液动换向阀 4 两端的控制油通油箱，在弹簧力的作用下使阀芯回复到中位，主泵 1 卸荷。在机床夹具、油压机和起重机等不需要自动换向的场合，常常采用手动换向阀进行换向。

在液动换向阀或电液动换向阀的换向回路中，控制油液除了由辅助泵供给外，在一般的系统中也可以把控制油路直接接入主油路。但是，当主阀采用 M 型或 H 型中位机能时，必须在回路中设置背压阀，以保证控制油液有一定的压力，来控制换向阀阀芯的移动。

2. 采用双向变量泵的换向回路

采用双向变量泵的换向回路如图 7-11 所示，常用于闭式油路中，采用变更供油方向的方法来实现液压缸或液压马达的换向。当双向变量泵 1 吸油侧供油不足时，可由补油泵 2 通过单向阀 3 来补充油液；泵 1 吸油侧多余的油液可通过液压缸 5 进油侧由压力控制的二位二通阀 4 和溢流阀 6 流回油箱。

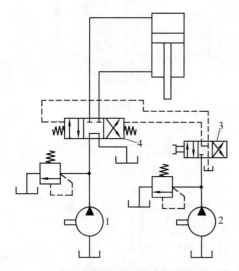

图 7-10　先导阀控制液动换向阀的换向回路
1—主泵　2—辅助泵　3—手动先导阀
4—液动换向阀

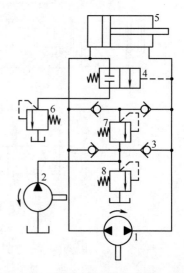

图 7-11　采用双向变量泵的换向回路
1—双向变量泵　2—补油泵　3—单向阀　4—换向阀
5—液压缸　6、8—溢流阀　7—安全阀

溢流阀 6 和 8 的作用是使液压缸活塞向右或向左运动时泵的吸油侧有一定的吸入压力，改善泵的吸油性能，同时能使活塞运动平稳。溢流阀 7 为防止系统过载的安全阀。

7.1.4　液压实训操作指导

常用液压实训装置如图 7-12 所示，一般由电源模块、按钮模块、继电器模块、PLC 模

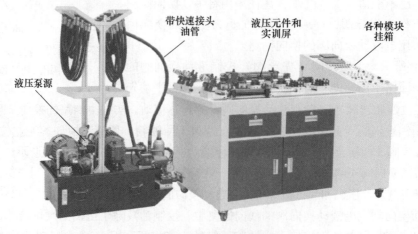

图 7-12　液压实训装置

块、带安装底板的液压元件、液压泵源等部分组成。实训屏表面采用带槽铝合金，方便安装和拆卸各种液压元件，可以根据实训需要在实训屏上运用快速接头连接元件，任意搭建液压回路，组成具有一定功能的液压系统。

1. 使用液压实训装置搭建回路时的注意事项

1）按钮模块、中间继电器模块一般由安全电压 DC 24V 供电。

2）液压泵由三相交流电供电，有正、反转之分，接线时必须注意相序。如果液压泵反转，会出现泵发出噪声，泵口压力调不上去的现象，此时可把液压泵控制模块 U、V、W 中的任意两相接线互换，即可使泵正转。

3）起动液压泵前应检查泵口调压阀，将其开启压力设到最低，然后再起动液压泵，以防止超压。

4）液压泵的进油压力最好控制在 4MPa 以内，以满足实训需要。

5）实训完成后，务必将泵口调压阀压力调至最低，先关闭电源，再拆卸回路，切勿带压带电操作。

6）实训完毕后，将油管悬挂到实训台侧面的油管悬挂装置上，以防止液压油的泄漏。

2. 回路搭建方法

（1）快速接头的装拆方法

运用快速接头可快速连接液压元件，搭建回路。快速接头分公头和母头，油管两端是母头，元件底板带公头，如图 7-13 所示。

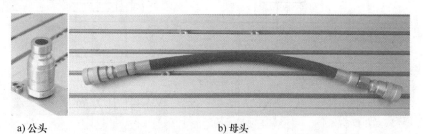

a) 公头   b) 母头

图 7-13　快速接头

快速接头的装拆如图 7-14 所示，旋转母头套管，将套管缺口和圆点对正，并将套管向后移动，用力按压或拔出。在管路正常工作时，应将套管缺口和圆点错开锁紧，如图 7-15 所示。

图 7-14　快速接头装拆

图 7-15　快速接头锁紧状态

（2）元件和实训屏的安装

以图 7-16 所示的三位四通手拉换向阀为例，阀安装在专用底板上，通过弹簧板卡在实训屏槽中固定并可顺槽滑动，阀的进、出油口均和底板上的对应油口相通，通过底板将油液接通至快速接头。

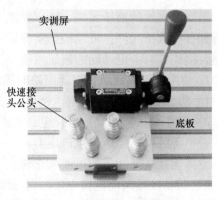

图 7-16　带底板和快速接头的三位四通手拉换向阀

【任务实施】

1. 方案确定与液压控制回路的设计

通过换向阀实现液压缸活塞杆的伸出和缩回，为了能在操作过程中更好地分析实训状态，可以在液压缸的左、右腔处各安装一个压力表，其所测得的压力分别为 p_1 和 p_2。图 7-17 为液压控制回路图，图 7-18 为电气控制回路图。

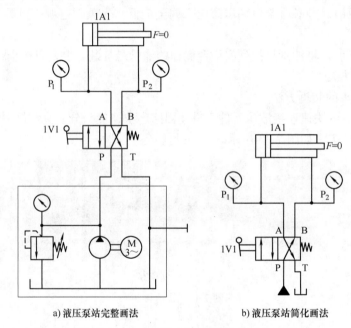

a) 液压泵站完整画法　　　　b) 液压泵站简化画法

图 7-17　工件推送装置液压控制回路图

2. 回路的组装与调试

1）熟悉实训设备及其使用方法，包括电源模块的连接、液压泵的起动、溢流阀的调节、元件的选择和固定、管线的插接等。

2）根据图 7-17 进行液压回路的连接和检查。实训中要严格按规范操作，小组协作互助完成。

3）连接无误后，将溢流阀开启压力调至最低，空载起动液压泵。

4）打开液压泵及电源，调节溢流阀，设置泵口压力至 3MPa。

5）切换换向阀，观察液压缸的运动情况是否符合控制要求。

6）分析和解决实训中出现的问题。

7）完成实训并经教师检查评估后，将泵口溢流阀开启压力调至最低，关闭液压泵，切断电源，拆下管线，将元件放回原来位置，做好实训室整理工作。

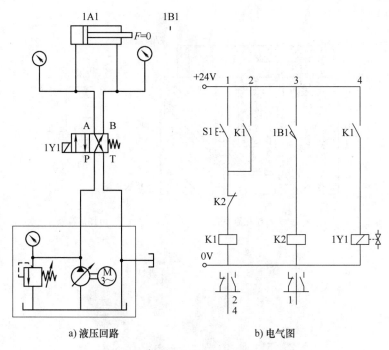

a) 液压回路　　　　　b) 电气图

图 7-18　工件推送装置电气控制回路图

3. 思考题

1）什么是三位换向阀的中位机能？

2）液动换向阀的先导阀为何选用 Y 型中位机能？是否可以改用其他型中位机能？

3）二位四通电磁阀能否作为二位三通或二位二通阀使用？具体接法如何？

4）什么是换向阀的常态位？

【知识拓展】

叠加阀、插装阀是后来发展起来的液压元件。与普通液压阀相比较，它们有许多优点，被广泛应用于各类设备的液压系统中。

7.1.5　插装阀

插装阀又称为逻辑阀，它的基本核心元件是插装元件。将一个或若干个插装元件进行不同组合，并配以相应的先导控制级，就可以组成各种控制阀，插装阀（如方向控制阀、压力控制阀和流量控制阀等）在高压、大流量的液压系统中应用很广。

1. 插装阀的工作原理

如图 7-19a 所示，插装阀由插装主阀（由阀套、弹簧、阀芯及密封件组成）、先导元件（装在控制盖板上）、控制盖板和插装块体（阀体）等部分组成。插装阀的工作状态由各种先导元件控制，先导元件是盖板式二通插装阀的控制级。常用的控制元件有电磁球阀和滑阀式电磁换向阀等。控制盖板将锥阀组件封装在插装块体内，并且沟通先导阀和主阀，通过锥阀的启闭对主油路的通断或压力的高低、流量的大小起控制作用，以实现对执行元件的方向、压力和速度的控制。主阀实质上相当于一个液控单向阀或二位二通液动阀，开启压力为

$0.03 \sim 0.04\text{MPa}$。

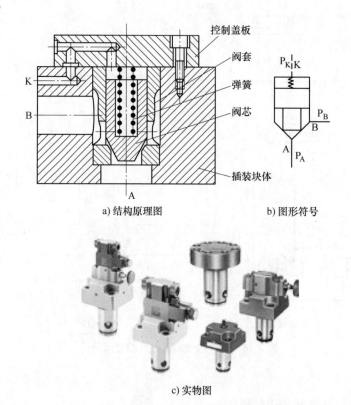

a) 结构原理图   b) 图形符号

c) 实物图

图 7-19 插装阀的结构原理图、图形符号及实物图

2. 插装阀用作方向控制阀

图 7-20 所示为插装阀用作方向控制阀的实例。图 7-20a 所示插装阀用作单向阀，设 A、B 两腔的压力分别为 p_A 和 p_B，当 $p_A > p_B$ 时，阀口关闭，A 腔和 B 腔不通；当 $p_A < p_B$，且 p_B 达到一定开启压力时，阀口打开，油液从 B 腔流向 A 腔。

图 7-20b 所示为插装阀用作二位三通阀。图中用一个二位四通阀来转换两个插装阀控制腔中的压力，当电磁阀断电时，A 和 T 接通，A 和 P 断开；当电磁阀通电时，A 和 P 接通，A 和 T 断开。

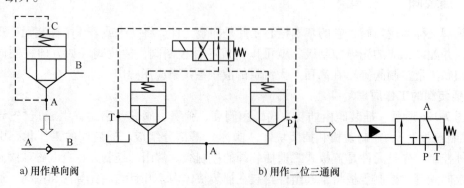

a) 用作单向阀   b) 用作二位三通阀

图 7-20 插装阀用作方向控制阀

3. 插装阀用作压力控制阀

图 7-21a 所示为先导式溢流阀，A 腔液压油经阻尼小孔进入控制腔 C，并与先导阀的进口相通，当 A 腔的油压升高到先导阀的调定值时，先导阀打开，油液流过阻尼孔时造成主阀芯两端压力差，主阀芯克服弹簧力开启，A 腔的油液通过打开的阀口经 B 腔流回油箱，实现溢流稳压。当 B 腔不接油箱而接负载时，就成为一个顺序阀。在 C 腔再接一个二位二通电磁阀，如图 7-21b 所示，成为一个电磁溢流阀，当二位二通阀通电时，可作为卸荷阀使用。

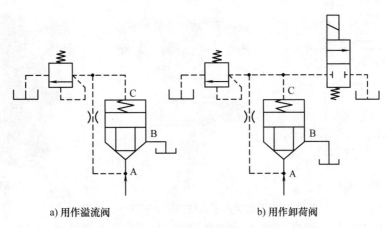

a) 用作溢流阀   b) 用作卸荷阀

图 7-21 插装阀用作压力阀

4. 插装阀用作流量控制阀

图 7-22a 所示为插装阀用作流量控制的节流阀。用行程调节器调节阀芯的行程，可以改变阀口通流面积的大小，插装阀可起流量控制阀的作用。如图 7-22b 所示，在节流阀前串接一个减压阀，减压阀阀芯两端分别与节流阀进、出油口相通，利用减压阀的压力补偿功能来保证节流阀两端的压差不随负载的变化而变化，这样就成为一个流量控制阀。

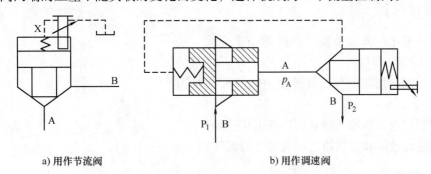

a) 用作节流阀   b) 用作调速阀

图 7-22 插装阀用作流量控制阀

7.1.6 叠加阀

叠加式液压阀简称叠加阀，其阀体既是元件又是具有油路通道的连接体，阀体的上、下面做成连接面。由叠加阀组成的液压系统如图 7-23 所示，阀与阀之间不需要另外的连接体，而是以叠加阀阀体自身作为连接体，直接叠合再用螺栓结合而成，因此其液压系统图与普通液压系统图略有不同，但原理一致。一般来说，同一公称通径的各种叠加阀的油口和螺钉孔的大小、位置、数量都与相匹配的板式换向阀相同。因此，同一公称通径的叠加阀只要按一定次序叠加起来，加上电磁控制换向阀，即可组成各种典型液压系统。

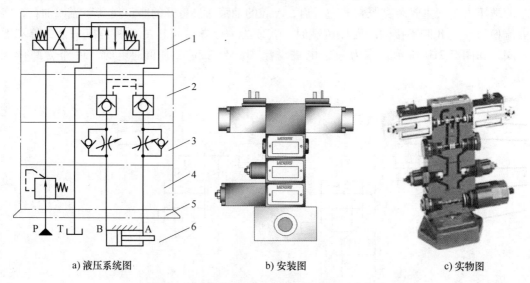

a) 液压系统图   b) 安装图   c) 实物图

图 7-23　叠加阀液压系统图、安装图及实物图

1—换向阀　2—液控单向阀　3—双单向节流阀　4—减压阀　5—底板　6—液压缸

叠加阀的分类与一般液压阀相同，可分为压力控制阀、流量控制阀和方向控制阀三类。其中方向控制阀仅有单向阀类，换向阀不属于叠加阀。

任务7.2　汽车起重机支腿锁紧回路的组装与调试

【学习目标】

1）能理解单向阀、液控单向阀的工作原理、结构和用途。

2）能辨别常用单向阀、液控单向阀的实物与图形符号。

3）能识读与分析液压锁紧回路的工作原理。

4）能进行液压锁紧回路的仿真设计与组装调试。

【任务布置】

图7-24所示的汽车起重机是装在普通汽车底盘或特制汽车底盘上的一种起重机。这种起重机的优点是机动性好，转移迅速，但其工作时必须有起支承作用的支腿，一般采用液压支承且要求长时间保持原位，因此，须设计锁紧回路对支腿进行锁紧。

支腿液压缸

图 7-24　汽车起重机示意图

【任务分析】

对起重机支腿油路有支承锁紧和悬挂锁紧两项锁紧要求。根据不同油路，每个支腿可采用一个仅能起单向锁紧作用的单向液压锁紧，或由两个液控单向阀交叉连接而成的双向液压锁紧，采用后一种方案更加可靠，且每个支腿锁紧装置都必须独立设置。

【相关知识】

单向阀是控制油液单方向流动的方向控制阀。常用的单向阀有普通单向阀和液控单向阀两种。

7.2.1 普通单向阀

1. 普通单向阀的结构与工作原理

普通单向阀允许油液沿着一个方向流动，反向将被截止。如图 7-25a 所示，当油液从进油口 P_1 流入时，克服作用在阀芯 2 上的弹簧 3 的作用力以及阀芯 2 与阀体 1 之间的摩擦力而顶开阀芯，并通过阀芯上的径向孔 a、轴向孔 b 从出油口 P_2 流出；当油液反向从 P_2 口流入时，在液压力和弹簧力共同作用下，使阀芯压紧在阀座上，阀口关闭，实现反向截止。普通单向阀的图形符号与实物图如图 7-25b、c 所示。

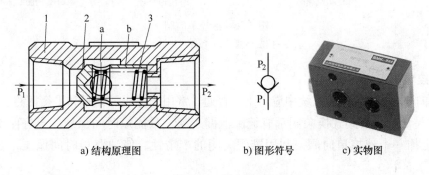

a) 结构原理图　　　　b) 图形符号　　　　c) 实物图

图 7-25　单向阀

1—阀体　2—阀芯　3—弹簧

单向阀中的弹簧仅用于克服阀芯的摩擦阻力和惯性力，所以其刚度较小，开启压力很小，其值范围一般为 0.035~0.05MPa。若将单向阀中的弹簧换成刚度较大的弹簧，可用作背压阀，开启压力值范围为 0.3~0.5MPa。

2. 普通单向阀的应用

1）常被安装在泵的出口处，用来防止因压力冲击而影响泵的正常工作，并防止泵不工作时系统中的油液倒流。

2）隔离高、低压区。

3）与其他阀并联组成单向节流阀、单向减压阀、单向顺序阀，使其在单方向上起作用。

4）安装在回油路中用作背压阀，此时单向阀的开启压力为 0.3~0.5MPa。

7.2.2 液控单向阀

1. 液控单向阀的结构与工作原理

与普通单向阀相比，液控单向阀在结构上增加了一个控制活塞 1 和控制油口 K，如图 7-26a 所示。除了可以实现普通单向阀的功能外，还可以根据需要由外部油压来控制，以实现逆向流动。当控制油口 K 没有通入液压油时，它的工作原理与普通单向阀完全相同，当液压油从 P_2 流向 P_1 时，反向被截止；当控制油口 K 通入控制液压油 p_K 时，控制活塞 1 向右移动，顶开阀芯 3，使油口 P_1 和 P_2 相通，油液反向通过。为了减小控制活塞移动时的阻力，控制压力 p_K 最小应为主油路压力的 30% ~ 50%。其图形符号和实物图如图 7-26b、c 所示。

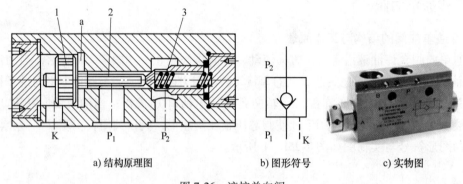

a) 结构原理图　　　　　　　b) 图形符号　　　　　c) 实物图

图 7-26　液控单向阀

1—控制活塞　2—顶杆　3—阀芯

2. 液控单向阀的应用

液控单向阀在机床液压系统中应用十分普遍，常用于保压、锁紧和平衡回路。

1）保持压力　滑阀式换向阀都有缝隙泄漏现象，只能短时间保压。当有保压要求时，可在油路上加一个液控单向阀，利用锥阀关闭的严密性，使油路长时间保压，如图 7-27a 所示。

2）实现液压缸锁紧　当换向阀处于中位时，两个液控单向阀关闭，可严密封闭液压缸两腔的油液，这时活塞就不能因外力作用而产生移动，如图 7-27b 所示。

3）液压缸的"支撑"　在立式液压缸中，由于滑阀和管的泄漏，在活塞和活塞杆的重力作用下，可能引起活塞和活塞杆下滑。将液控单向阀接于液压缸下腔的油路中，可防止液压缸活塞和滑块等活动部分下滑，如图 7-27c 所示。

4）大流量排油　液压缸两腔的有效工作面积相差很大。在活塞退回时，液压缸无杆腔的排油量骤然增大，此时若采用小流量的滑阀，会产生节流作用，限制活塞的后退速度；若加设液控单向阀，在液压缸活塞后退时，控制液压油将液控单向阀打开，便可以顺利地将无杆腔的油液排出，如图 7-27d 所示。

5）用作充油阀　立式液压缸的活塞在高速下降过程中，因高压油和自重的作用，致使下降迅速，产生吸空和负压，必须增设补油装置。液控单向阀作为充油阀使用，可以完成补油功能，如图 7-27e 所示。

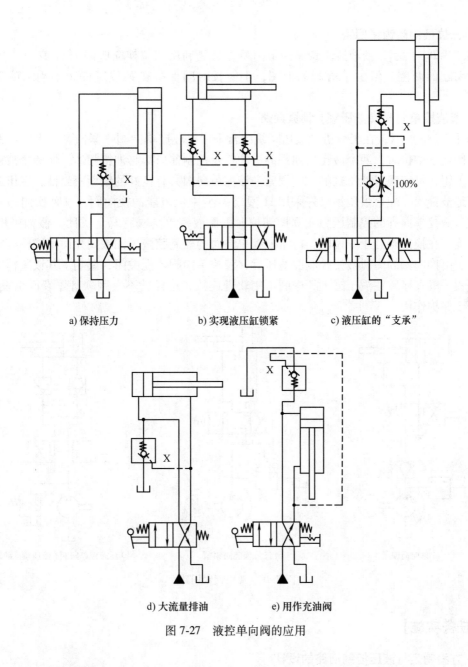

a) 保持压力   b) 实现液压缸锁紧   c) 液压缸的"支承"

d) 大流量排油   e) 用作充油阀

图 7-27　液控单向阀的应用

7.2.3　液压锁紧回路

锁紧回路的作用是在执行元件不工作时，使其准确地停留在原来的位置上，不能因泄漏或外界因素而改变位置。常用的液压锁紧回路主要有以下三种。

1. 单向阀锁紧回路

如图 7-28a 所示，当液压泵停止工作时，液压缸活塞向右的运动被单向阀锁紧，向左则可以运动。只有当活塞向左运动到极限位置时，才能实现双向锁紧。这种回路的锁紧精度也受换向阀内泄漏量的影响。

2. 三位换向阀锁紧回路

如图 7-28b 所示，使液压缸锁紧的最简单方法是利用三位换向阀的 M 型或 O 型中位机能来封闭缸的两腔。但由于滑阀的泄漏，不能长时间保持在某位置停止不动，锁紧精度不高。

3. 双液控单向阀（液压锁）锁紧回路

如图 7-28c 所示，在工程机械液压系统中常采用双液控单向阀锁紧回路。当三位四通电磁换向阀处于中位时，两个液控单向阀的进油口及控制油口都与油箱相通，使两个液控单向阀迅速关闭，可实现对液压缸的双向锁紧。液控单向阀具有良好的锥面密封性，液压缸可以长时间地被锁紧。配合液压锁最好采用 H 型或 Y 型中位机能的换向阀，这种换向阀一旦回到中位，液控单向阀的控制压力便立即卸掉，因而液控单向阀将马上关闭。假如采用 O 型中位机能，在换向阀处于中位时，由于液控单向阀的控制腔液压油被闭死而不能使其立即关闭，直至由换向阀的内泄漏使控制腔泄压后，液控单向阀才能关闭，影响了其锁紧精度。双向液压锁一般直接装在液压缸上，中间不用软管连接，这样就不会因软管爆裂而引发事故，具有安全保护作用。

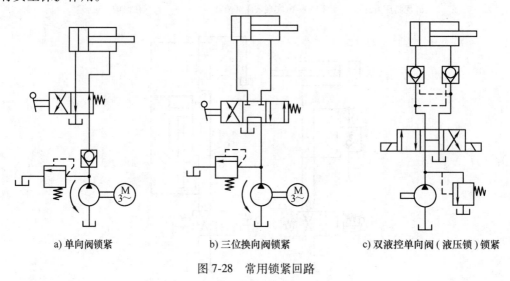

a) 单向阀锁紧　　　　　　b) 三位换向阀锁紧　　　　　c) 双液控单向阀（液压锁）锁紧

图 7-28　常用锁紧回路

【任务实施】

1. 方案确定与液压控制回路的设计

汽车起重机支腿对锁紧要求较高，宜采用双液控单向阀实现双向锁紧，液压缸的换向采用手动控制，补充完成图 7-29 所示的液压系统设计图。

2. 回路的组装与调试

1）根据图 7-29 进行液压回路的连接和检查。实训中要严格按规范操作，小组协作互助完成。

2）连接无误后，打开液压泵及电源，观察液压缸的运行情况。

3）液压缸运动到行程终点，进油腔压力上升，切换换向阀到中位，停留一段时间，观察液压缸进油腔压力 p_1 的变化情况，记录压力保持时间。

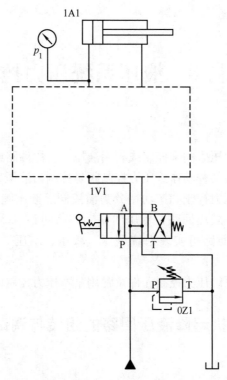

图 7-29　汽车起重机支腿液压控制回路图

4）改用 O 型或 M 型中位机能的换向阀，观察锁紧效果，并分析其原因。

5）分析和解决实训中出现的问题。

6）实训完成并经教师评估合格后，关闭电源、油源，拆下管线，将各元件整理后放回原来位置。

3. 思考题

1）说明液压锁对执行元件的双向锁紧作用，分析为何在对应锁紧回路中三位换向阀采用 H 型或 Y 型中位机能。

2）单向阀和液控单向阀的区别是什么？有什么具体应用？

3）什么是锁紧回路？双液控单向阀如何实现系统的锁紧？

项目 8　液压系统压力控制

【项目描述】

液压系统压力控制是用压力阀来控制或利用液压系统主油路或某一支路的压力，以满足设备所需的力、转矩或实现某种动作。压力控制阀是控制油液压力高低或利用压力变化来实现某种动作的阀。常见的压力控制阀按功用分为溢流阀、减压阀、顺序阀、压力继电器等。压力控制回路有调压回路、减压回路、保压回路、卸荷回路、平衡回路、压力控制的顺序动作回路，利用压力控制回路可实现系统调压、减压、增压、卸荷、保压、平衡与顺序控制。

本项目主要介绍液压系统压力控制元件及常用基本压力控制回路。

任务 8.1　汽车起重机起降液压回路的组装与调试

【学习目标】

1）能理解常用液压系统压力控制元件（溢流阀、顺序阀）的工作原理、结构和用途。
2）能辨别常用液压系统压力控制元件（溢流阀、顺序阀）的实物与图形符号。
3）能够识读与分析调压回路、平衡回路的工作原理图。
4）能合理选用液压元件及工具进行基本压力控制回路的搭建和调试。

【任务布置】

图 8-1 所示为一小型车载液压起重机，重物的吊起和放下通过一个双作用液压缸活塞杆的伸出和缩回来实现，要求吊起和放下重物时必须平稳，重物可以在任何位置停止，停止时使泵卸压，以减少功率损耗。

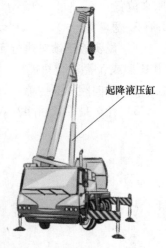

起降液压缸

【任务分析】

本任务的控制要求比较简单，且载荷较大，适合采用液压控制的方式来实现。液压缸活塞杆的伸出和缩回通过换向阀实现；为保证吊放重物可在任何位置停止，且可以使泵卸压，换向阀选用 M 型中位机能；起重机对速度稳定性没有严格的要求，可选用结构简单的节流阀来控制速度；在液压缸活塞杆伸

图 8-1　液压起重机示意图

出放下重物时，重物对于液压缸来说是一个负值负荷，为防止活塞不受节流控制而快速冲出，可以利用平衡回路来支承负载。

【相关知识】

在液压系统中，控制油液压力高低的阀和通过压力信号实现动作控制的阀，统称为压力控制阀。它们是利用作用在阀芯上的液压力和弹簧力相平衡的原理来工作的。压力控制阀主要有溢流阀、减压阀、顺序阀和压力继电器等。

压力控制回路是用压力阀来控制和调节液压系统主油路或某一支路的压力，以满足执行元件所需的力或力矩的要求。利用压力控制回路可对系统进行调压、减压、增压、卸荷、保压与实现工作机构的平衡等各种控制。

8.1.1 溢流阀

溢流阀在液压系统中的作用是通过阀口的溢流量来实现调压、稳压或限压，按结构不同可分为直动式和先导式两种。

1. 溢流阀的工作原理

（1）直动式溢流阀

直动式溢流阀是靠系统中的液压油直接作用于阀芯上且与弹簧力相平衡的原理来工作的。图 8-2a 为直动式溢流阀的结构图。P 是进油口，T 是回油口，液压油从 P 口进入，经主阀芯 4 上的径向小孔 c 和轴向阻尼小孔 d 作用在阀芯底部的锥孔 a 上，当进油压力升高，阀芯所受的液压力 pA 超过弹簧力 F_s 时，阀芯 4 上移，阀口被打开，油口 P 和 T 相通，实现溢流。阀口的开度经过一个过渡过程后，便稳定在某一位置上，进油口压力 p 也稳定在某一调定值上。调整调压螺母 1，可以改变调压弹簧 2 的预紧力，这样就可调节进油口的压力 p。阀芯上阻尼小孔 d 的作用是对阀芯的动作产生阻尼，提高阀的工作平稳性。L 为泄油口，溢流阀工作时，油液通过间隙泄漏到阀芯上端的弹簧腔中，通过阀体上的内泄孔道 b 与回油口 T 相通，此时 L 口堵塞，这种连接方式称为内泄；若将孔 b 堵塞，打开 L 口，泄漏油将直接引回油箱，这种连接方式称为外泄。当溢流阀稳定工作时，作用在阀芯上的液压力和弹簧力相平衡（阀芯的自重、摩擦力等都忽略不计），则有

$$pA = F_s$$

$$p = \frac{F_s}{A} \tag{8-1}$$

式中，p 为溢流阀调节压力；F_s 为调压弹簧力；A 为阀芯底部的有效作用面积。

对于特定的阀，A 值是恒定的，调节 F_s 就可调节进口压力 p。当系统压力变化时，阀芯会做相应的波动，然后在新的位置上达到平衡；与之相应的弹簧力也会发生变化，但相对于调定的弹簧力来说变化很小，所以认为 p 值基本保持恒定。

直动式溢流阀具有结构简单、制造容易、成本低等优点，其缺点是油液压力直接和弹簧力平衡，所以压力稳定性差。当系统压力较高时，要求弹簧刚度大，使阀的开启性能变差，故一般只用于低压小流量场合。图 8-2b、c 所示分别为直动式溢流阀的图形符号与实物图。

（2）先导式溢流阀

先导式溢流阀由先导阀和主阀两部分组成。它是利用主阀芯上、下两端的压力差所形成的作用力和弹簧力相平衡的原理来工作的。如图 8-3a 所示，P 是进油口，T 是出油口（因溢流阀出油口常接油箱，故常称为回油口），液压油从 P 口进入，通过阀芯上的轴向小孔口 a

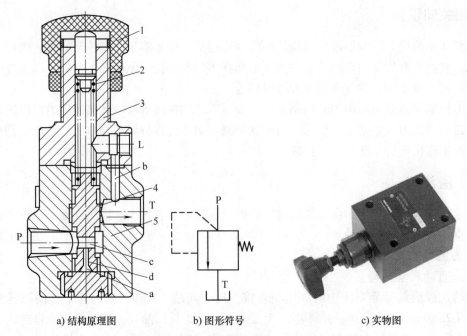

a) 结构原理图　　　　b) 图形符号　　　　c) 实物图

图 8-2　滑阀式直动溢流阀

1—调压螺母　2—调压弹簧　3—上盖　4—主阀芯　5—阀体

a—锥孔　b—内泄孔道　c—径向小孔　d—轴向阻尼小孔

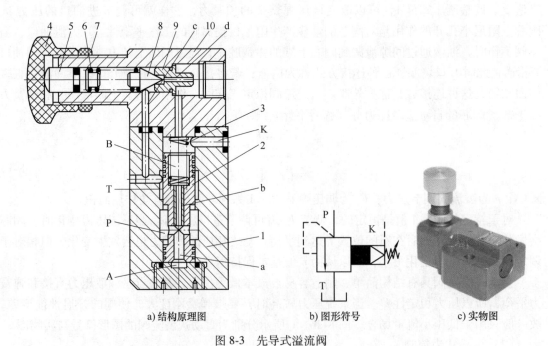

a) 结构原理图　　　　b) 图形符号　　　　c) 实物图

图 8-3　先导式溢流阀

1—主阀体　2—主阀芯　3—复位弹簧　4—调节螺母　5—调节杆　6—调压弹簧

7—螺母　8—锥阀芯　9—锥阀座　10—阀盖　a、b—轴向小孔　c—流道　d—小孔

P—进油口　T—回油口　K—控制油口

进入 A 腔，同时经 b 孔进入 B 腔，又经 d 孔作用在先导阀的锥阀芯 8 上。当进油压力 p 较低，不足以克服调压弹簧 6 的弹簧力 F_{s6} 时，锥阀芯 8 关闭，主阀芯上、下两端压力相等，主阀芯在复位弹簧 3 的作用下处于最下端位置，阀口 P 和 T 不通，溢流口关闭。当进油压力升高，作用在锥阀芯上的液压力大于 F_{s6} 时，锥阀芯 8 被打开，液压油便经 c 孔、回油口 T 流回油箱。由于孔 b 的作用，使主阀芯 2 上端的压力 p_1 小于下端压力 p，当这个压力差超过复位弹簧 3 的作用力 F_{s3} 时，主阀芯上移，进油口 P 和回油口 T 相通，实现溢流。所调节的进口压力 p 也要经过一个过渡过程才能达到平衡状态。当溢流阀稳定工作时，作用在主阀芯上的液压力和弹簧力相平衡（阀芯的自重、摩擦力等忽略不计），则有

$$pA = p_1 A + F_{s3} \tag{8-2}$$

式中，p 为进口压力；p_1 为主阀芯上腔压力；F_{s3} 为主阀芯复位弹簧力；A 为主阀芯的有效作用面积。

由式（8-2）可知，由于 p_1 是由先导阀弹簧调定的，基本上为恒定值；主阀芯上腔的复位弹簧 3 的刚度可以较小，且 F_{s3} 的变化也较小，所以当溢流量发生变化时，溢流阀进口压力 p 的变化较小。先导式溢流阀相对直动式溢流阀具有较好的稳压性能，但反应不如直动式溢流阀灵敏，一般适用于压力较高的场合。图 8-3b、c 所示为其图形符号与实物图。

2. 溢流阀的应用

1）定压溢流 在定量泵供油的节流调速系统中，在泵的出口处并联溢流阀，和流量控制阀配合使用，将液压泵多余的油液溢流回油箱，保证泵的工作压力基本不变，如图 8-4a 所示。

2）防止系统过载 在变量泵调速系统中，系统正常工作时，溢流阀常闭，当系统过载时，阀口打开，使油液排入油箱而起到安全保护作用，如图 8-4b 所示。

3）用作背压阀 在液压系统的回油路上串接一个溢流阀，可以形成一定的回油阻力，这种压力称为背压。它可以改善执行元件的运动平稳性，如图 8-4c 所示。

4）实现远程调压 先导式溢流阀有一个远程控制口 K，如果将此口连接另一个远程调压阀（其结构和先导阀部分相同），来调节远程调压阀的弹簧力，即可调节主阀芯上腔的液压力，从而对溢流阀的进口压力实现远程调压。远程调压阀调定的压力不能超过溢流阀先导阀调定的压力，否则不起作用，如图 8-4d 所示。

5）使泵卸荷 当先导式溢流阀的远程控制口 K 通过二位二通阀接通油箱时，主阀芯上腔的油液压力接近于零，复位弹簧很软，溢流阀进油口处的油液以很低的压力将阀口打开，流回油箱，实现卸荷，可使液压泵卸荷，降低功率消耗，减少系统发热，如图 8-4e 所示。

8.1.2 调压回路

当液压系统工作时，液压泵应向系统提供所需压力的液压油，提高执行元件运动的平稳性，所以应设置调压或限压回路。在定量泵系统中，需要通过溢流阀来调节并稳定液压泵的工作压力，当系统在不同的工作时间内需要有不同的工作压力时，可采用二级或多级调压回路；在变量泵系统或旁路节流调速系统中，用溢流阀（用作安全阀）限制系统的最高安全压力。

1. 单级调压回路

如图 8-5 所示，将液压泵 1 和先导式溢流阀 2 并联，即可组成单级调压回路。通过调节

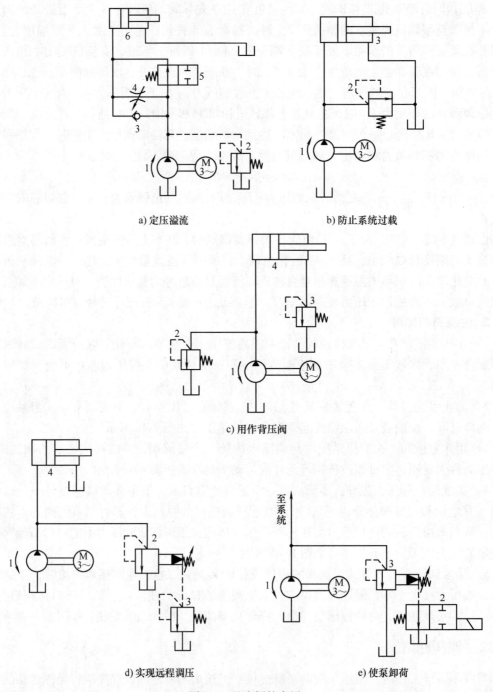

a) 定压溢流   b) 防止系统过载

c) 用作背压阀

d) 实现远程调压   e) 使泵卸荷

图 8-4　溢流阀的应用

溢流阀的压力，可以改变泵的输出压力。当溢流阀的调定压力确定后，液压泵就在溢流阀的调定压力下工作，从而实现了对液压系统的调压和稳压控制。如果将液压泵 1 改换为变量泵，则溢流阀将作为安全阀来使用，液压泵的工作压力低于溢流阀的调定压力，这时溢流阀不工作，当系统出现故障，液压泵的工作压力上升时，一旦压力达到溢流阀的调定压力，溢流阀将开启，并将液压泵的工作压力限制在溢流阀的调定压力以下，使液压系统不会因压力过载而受到破坏，从而保护了液压系统。

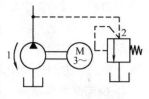

图 8-5　单级调压回路

1—液压泵　2—先导式溢流阀

2. 二级调压回路

图 8-6 所示为二级调压回路，该回路可实现两种不同的系统压力控制。由先导式溢流阀 2 和直动式溢流阀 4 各调一级，当二位二通换向阀 3 处于图示位置时，系统压力由阀 2 调定；当阀 3 得电后，系统压力由阀 4 调定。注意：阀 4 的调定压力一定要小于阀 2 的调定压力，否则，将不能实现二级调压。当系统压力由阀 4 调定时，先导式溢流阀 2 的先导阀口关闭，阀 4 的主阀开启，液压泵的溢流流量经阀 2 的主阀回油箱，这时阀 2 也处于工作状态，并有油液通过。应当指出，若将阀 3 与阀 4 调换位置，则仍可进行二级调压，并且可在二级压力转换点上获得更为稳定的压力转换。

3. 多级调压回路

图 8-7 所示为三级调压回路，三级压力分别由先导式溢流阀 1、调压阀（溢流阀）2 和 3 调定，当电磁铁 1YA、2YA 失电时，系统压力由先导式溢流阀 1 调定；当 1YA 得电时，系统压力由溢流阀 2 调定；当 2YA 得电时，系统压力由溢流阀 3 调定。在这种调压回路中，阀 2 和阀 3 的调定压力要低于主溢流阀的调定压力，而阀 2 和阀 3 的调定压力之间没有一定的大小关系。当阀 2 或阀 3 工作时，它们相当于阀 1 上的另一个先导阀。

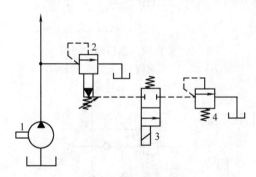

图 8-6　二级调压回路

1—液压泵　2—先导式溢流阀　3—二位二通换向阀
4—调压阀（直动式溢流阀）

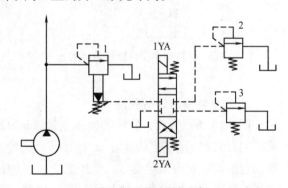

图 8-7　三级调压回路

1—先导式溢流阀　2、3—调压阀（溢流阀）

8.1.3　卸荷回路

在液压系统的工作过程中，执行元件有时会短时间停止工作，不需要液压系统传递能量；或者执行元件在某段工作时间内虽保持一定的力，但运动速度极慢，甚至停止运动，在这种情况下，不需要液压泵输出油液，或只需要很小流量的液压油，于是液压泵输出的全部或绝大部分液压油将从溢流阀流回油箱，造成能量的消耗，引起油液发热，使油液变质速度加快，而且还影响液压系统的性能及泵的寿命，为此需要采用卸荷回路。卸荷回路的功用是在液压泵驱动电动机不频繁启闭的情况下，使液压泵在功率输出接近于零的情况下运转，以减少功率损耗，降低系统发热，延长泵和电动机的寿命。

因为液压泵的输出功率为其流量和压力的乘积，所以若两者之一近似为零，则功率损耗也近似为零。因此，液压泵的卸荷有流量卸荷和压力卸荷两种，前者主要是使用变量泵，使变量泵仅为补偿泄漏而以最小流量运转，此方法比较简单，但泵仍在高压状态下运行，磨损比较严重；压力卸荷是使泵在接近零压力情况下运转。常见的压力卸荷方式有以下几种。

1. 换向阀卸荷回路

1）M、H 和 K 型中位机能的三位换向阀处于中位时，泵即卸荷。图 8-8 所示为采用 M 型中位机能的电液换向阀的卸荷回路，这种回路切换时压力冲击小，但回路中必须设置单向阀，以使系统能保持 0.3MPa 左右的压力，供操纵控制油路之用。

2）用先导式溢流阀远程控制口的卸荷回路。图 8-6 中若去掉调压阀 4，使二位二通电磁阀直接接油箱，便构成一种使用先导式溢流阀的卸荷回路，如图 8-9 所示，这种卸荷回路的卸荷压力小，切换时冲击也小。

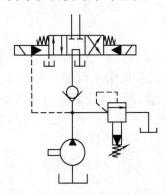

图 8-8　M 型中位机能卸荷回路

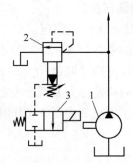

图 8-9　溢流阀远控口卸荷回路
1—液压泵　2—溢流阀　3—二位二通换向阀

2. 双泵供油的卸荷回路

图 8-10 所示为双泵供油的液压系统，1 为高压小流量泵，用以实现工作进给运动；2 为低压大流量泵，用以实现快速运动。在快速运动时，液压泵 2 输出的油液经单向阀 4 和液压泵 1 输出的油液共同向系统供油。在工作进给时，系统压力升高，打开液控顺序阀（卸荷阀）3 使液压泵 2 卸荷，此时单向阀 4 关闭，由液压泵 1 单独向系统供油。溢流阀 5 控制液压泵 1 的供油压力，它是根据系统所需最大工作压力来调节的；而卸荷阀 3 使液压泵 2 在快速运动时供油，在工作进给时则使液压泵 2 卸荷，因此，它

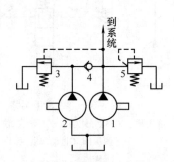

图 8-10　双泵供油的卸荷回路
1—高压小流量泵　2—低压大流量泵
3—卸荷阀　4—单向阀　5—溢流阀

的调整压力应比快速运动时系统所需的压力高，但比工进时系统压力低。

8.1.4　顺序阀

顺序阀利用系统中油液压力的变化来控制油路的通断，从而控制多个执行元件的顺序动作。按照工作原理和结构不同，顺序阀可分为直动式和先导式两类，直动式用于低压系统（0.2~2.5MPa），先导式用于中高压系统（0.3~6.3MPa）；按照控制方式不同，又可分内控

式和外控式两种。

图 8-11a 为直动式顺序阀的结构原理图。液压油从进油口 P_1 流入，经阀体 4、底盖 7 的通道，作用到控制活塞 6 的底部，使阀芯 5 受到一个向上的作用力。当进油压力 p_1 低于调压弹簧 2 的调定压力时，阀芯 5 在弹簧 2 的作用下处于下端位置，进油口 P_1 和出油口 P_2 不通；当进口油压增加到大于弹簧 2 的调定压力时，阀芯 5 上移，进油口 P_1 和出油口 P_2 连通，油液从顺序阀流过。顺序阀的开启压力可由调压弹簧 2 调节，在阀中设置控制活塞，活塞面积小，可减小调压弹簧的刚度。

图 8-11a 中的控制油液直接来自进油口，这种控制方式称为内控式，其图形符号如图 8-11c 所示；若将底盖 7 旋转 90°安装，并将外控口 K 打开，可得到外控式顺序阀，其图形符号如图 8-11d 所示。外控式顺序阀阀口的开闭与阀的主油路进油口 P_1 的压力无关，而只取决于控制口 K 引入的控制压力。

顺序阀调压弹簧腔回油由外泄油口 L 单独接回油箱，这种泄油方式称为外泄；若阀出油口 P_2 接油箱，调压弹簧腔回油可经内部通道接油箱，这种泄油方式称为内泄。

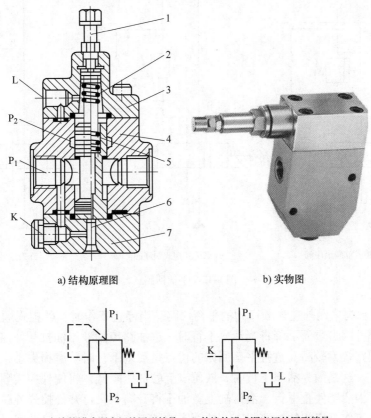

a) 结构原理图　　　　　　　b) 实物图

c) 内控外泄式顺序阀的图形符号　　d) 外控外泄式顺序阀的图形符号

图 8-11　直动式顺序阀

1—调节螺钉　2—调压弹簧　3—端盖　4—阀体
5—阀芯　6—控制活塞　7—底盖
L—外泄油口　P_1—进油口　P_2—出油口　K—外控口

8.1.5 平衡回路

平衡回路的功用在于防止垂直或倾斜放置的液压缸和与之相连的工作部件因自重而自行下落。

图 8-12a 所示为采用内控式单向顺序阀的平衡回路，调整平衡阀的开启压力，使其稍大于由立式液压缸活塞与工作部件重力形成的下腔背压力，即可防止活塞因重力而下滑。当 1Y1 得电后活塞下行时，回油路上将存在一定的背压，活塞就可以平稳地下落。这种回路当活塞向下运动时功率损失大，锁住时活塞和与之相连的工作部件会因单向顺序阀和换向阀的泄漏而缓慢下落。因此，它适用于工作部件重量不大、活塞锁住时定位要求不高的场合。

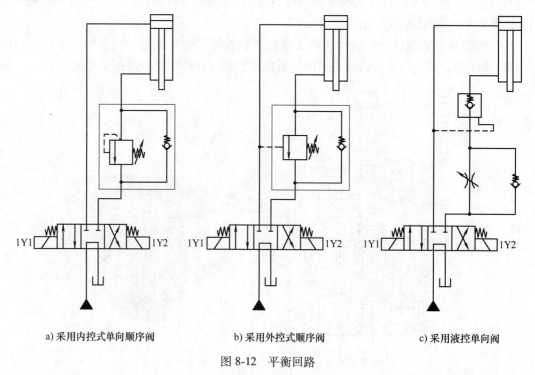

a) 采用内控式单向顺序阀   b) 采用外控式顺序阀   c) 采用液控单向阀

图 8-12　平衡回路

图 8-12b 所示为采用外控式顺序阀的平衡回路。当停止工作时，外控式顺序阀关闭以防止活塞和工作部件因自重而下降；当活塞下行时，进油路控制液压油打开外控式顺序阀，背压消失，因而回路效率较高。这种平衡回路的优点是活塞下行时功率损失小，缺点是活塞下行时平稳性较差。这是因为活塞下行时，液压缸上腔油压降低，将使外控式顺序阀关闭。当顺序阀关闭时，因活塞停止下行，液压缸上腔油压将升高，又打开外控式顺序阀。因此，外控式顺序阀始终工作于启闭的过渡状态，从而影响了工作的平稳性。这种回路适用于运动部件重量不是很大、停留时间较短的液压系统。

图 8-12c 所示为采用液控单向阀的平衡回路，由于液控单向阀为锥面密封结构，闭锁性能好，能够保证活塞较长时间地停止在某位置处不动。在回油路上串联单向节流阀，用于保证活塞下行运动的平稳性。假如回油路上没有串接节流阀，活塞下行时，液控单向阀将被进油路上的控制油打开。由于回油腔没有背压，运动部件会由于自重而加速下

降，造成液压缸上腔供油不足而压力降低，使液控单向阀控制油路降压而关闭，加速下降的活塞将突然停止。液控单向阀关闭后，控制油路又重新建立起压力，液控单向阀再次被打开，活塞再次加速下降。这样不断重复，由于液控单向阀时开时闭，使活塞一路抖动向下运动，并产生强烈的噪声、振动和冲击。

【任务实施】

1. 方案确定与液压控制回路的设计

液压起重机起降控制回路如图8-13所示，选用内控式顺序阀设计起重机平衡回路，采用节流阀调节液压缸活塞的运动速度，当起重机停止时，利用换向阀 M 型中位机能使液压泵卸荷。

2. 回路的组装与调试

1）根据图8-13进行液压回路的连接和检查。实训中要严格按规范操作，小组协助互助完成。

2）连接无误后，打开液压泵及电源，观察液压缸运行情况是否符合控制要求。

3）调节节流阀，观察其阀口开度对液压缸运动速度的影响。

4）调节顺序阀，观察其对液压缸运动速度的影响。

5）分析说明节流阀、溢流阀、顺序阀对液压缸运动速度产生影响的原因。

6）分析和解决实训中出现的问题。

7）实训完成并经教师评估合格后，关闭电源、油源，拆下管线，整理各元件并放回原位。

3. 思考题

1）简述内控式顺序阀和外控式顺序阀的区别。

2）简述顺序阀和溢流阀的区别。

3）比较图8-12所示三种常用平衡回路的优缺点。

4）在二级调压回路中，远程调压阀的压力和内置调压阀的压力应如何设定？

【任务拓展】

利用液控单向阀重新设计起重机起降液压控制回路，如图8-14所示。

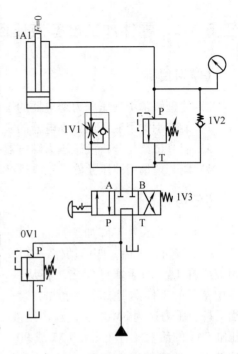

图 8-13　液压起重机起降控制回路图（1）

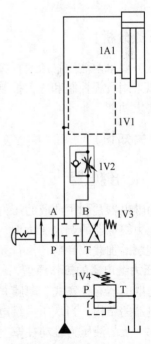

图 8-14　液压起重机起降
控制回路图（2）

任务 8.2 零件加工设备液压回路的组装与调试

【学习目标】

1）能理解常用液压压力继电器的工作原理、结构和用途。
2）能辨别常用液压压力继电器的实物与图形符号。
3）能够识读与分析液压压力继电器控制的顺序动作回路的工作原理图。
4）能合理选用液压元件及工具进行基本压力控制回路的搭建和调试。

【任务布置】

图 8-15 所示为零件加工设备示意图，按下按钮开关后，阀门动作，双作用液压缸 1A1 的活塞杆伸出，将从料斗中落下的工件推到加工台上并夹紧；当无杆腔压力达到 3MPa 后，双作用液压缸 2A1 的活塞杆与液压缸 1A1 成 90°角伸出，对工件进行加工。加工完成后，液压缸 2A1 先退回，液压缸 1A1 后退回。

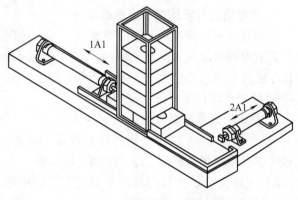

图 8-15　零件加工设备示意图

【任务分析】

该任务要求两液压缸活塞杆按顺序要求伸出和缩回，属于多缸顺序动作回路。多缸顺序动作可以采用行程控制和压力控制。本任务有压力要求，应采用压力控制的多缸顺序动作回路实现要求功能。

【相关知识】

8.2.1　压力继电器

压力继电器是利用油液的压力来启闭电气微动开关触点的液-电转换元件。当油液的压力达到压力继电器的调定压力时，发出电信号，控制电气元件（如电动机、电磁铁等）动作，实现泵的加载或卸荷、执行元件的顺序动作或系统的安全保护和互锁等。

1. 压力继电器的工作原理

压力继电器有柱塞式、薄膜式、弹簧管式和波纹管式四种结构。图 8-16a 所示为柱塞式压力继电器的结构。当从压力继电器下端进油口进入的油液压力达到弹簧的调定压力时，作用在柱塞 1 上的液压力推动柱塞上移，使微动开关切换，发出电信号。调节螺钉即可调节弹簧的预紧力，从而调整压力继电器的触发压力。压力继电器的图形符号和实物图如图8-16b、c 所示。

2. 压力继电器的应用

1）液压泵的卸荷与保压　图 8-17 所示为采用压力继电器使泵卸荷与保压的回路。

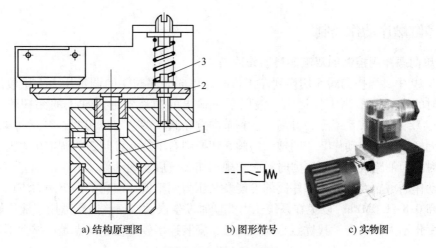

a) 结构原理图　　　　b) 图形符号　　　c) 实物图

图 8-16　压力继电器
1—柱塞　2—微动开关　3—弹簧

　　当电磁换向阀 7 左位工作时，泵 1 向蓄能器 6 和液压缸无杆腔供油，推动活塞向右运动并夹紧工件；当供油压力升高，并达到压力继电器 3 的调定压力时，发出电信号，指令二位二通电磁换向阀 5 通电，使泵卸荷，单向阀 2 关闭，液压缸 8 由蓄能器 6 保压。当液压缸 8 的压力下降时，压力继电器复位，二位二通电磁换向阀 5 断电，泵 1 重新向系统供油。

　　2）用压力继电器实现顺序动作　图 8-18 所示为用压力继电器实现顺序动作的回路。当液压缸 A 的活塞杆运动到行程终点时，无杆腔压力上升，当油液压力达到压力继电器的调定值时，压力继电器发出电信号，使电磁铁得电，液压缸 B 的活塞杆伸出。为使动作可靠，压力继电器的调定压力应比液压缸 A 活塞杆运动过程中的进油路压力高 0.8~1MPa，比溢流阀的调整压力低 0.3~0.5MPa。

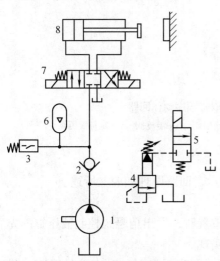

图 8-17　液压泵的卸荷与保压回路
1—定量液压泵　2—单向阀　3—压力继电器
4—先导式溢流阀　5、7—换向阀
6—蓄能器　8—液压缸

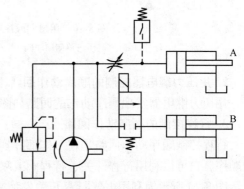

图 8-18　用压力继电器
实现顺序动作的回路

8.2.2 多缸顺序动作控制

1. 用单向顺序阀控制的双缸顺序动作回路

在图 8-19 中，当换向阀 5 切换到左工位时，单向顺序阀 4 的调定压力大于液压缸 1 活塞杆伸出时的进油路最高工作压力，液压泵 7 输出的油液先进入缸 1 的无杆腔，实现动作①，动作①结束后，系统压力升高，达到单向顺序阀 4 的调定压力时，打开阀 4，油液进入缸 2 的无杆腔，实现动作②。同理，当阀 5 切换到右工位，且阀 3 的调定压力大于缸 2 活塞杆缩回时的回油路最大工作压力时，先实现动作③，后实现动作④。

回路动作的可靠性取决于顺序阀的性能及其压力调整值，即它的调整压力应比前一个动作的压力高 0.8~1.0MPa，以免在系统压力波动时发生误动作。该回路适用于液压缸数目不多、负载变化不大的场合。其优点是动作灵敏，安装连接较方便；缺点是可靠性不高，位置精度低。

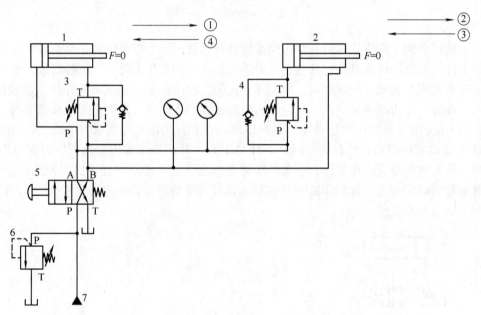

图 8-19　用单向顺序阀控制的双缸顺序动作回路

1、2—液压缸　3、4—单向顺序阀　5—二位四通换向阀　6—溢流阀　7—定量液压泵

2. 用压力继电器控制的顺序动作回路

用压力继电器实现顺序动作的回路如图 8-18 所示，回路原理如前文所述。

3. 行程控制的顺序动作回路

行程控制顺序动作回路是在工作部件到达一定位置时，发出信号来控制液压缸的先后动作顺序，它可以利用行程开关、行程阀或顺序缸来实现。

图 8-20 所示为利用电气行程开关发信来控制电磁阀先后换向的顺序动作回路。其动作顺序是：按下起动按钮，电磁铁 1Y1 通电，缸 1A1 活塞右行；当挡铁触动行程开关 1B2 时，使 2Y1 通电，缸 2A1 活塞右行；缸 2A1 活塞右行至行程终点时，触动 2B2，使 1Y1 断电，缸 1A1 活塞左行；而后触动 1B1，使 2Y1 断电，缸 2 活塞左行。至此，便完成了缸 1A1、缸

2A1 的全部顺序动作。采用电气行程开关控制的顺序动作回路，调整行程大小和改变动作顺序均很方便，而且可利用电气互锁来保证动作顺序可靠。

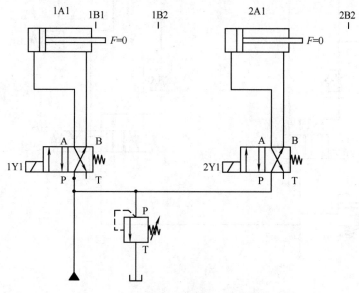

图 8-20　行程开关控制的顺序动作回路

【任务实施】

1. 方案确定与液压控制回路设计

1）方案 1　补充完成用顺序阀实现顺序动作的液压回路，如图 8-21 所示。

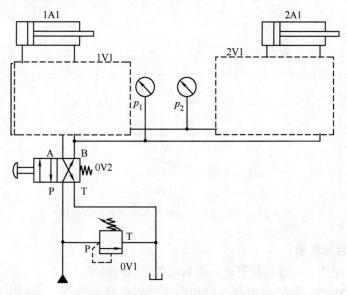

图 8-21　零件加工设备液压控制回路图

2）方案 2　补充完成用压力继电器实现顺序动作的液压回路，如图 8-22 所示。

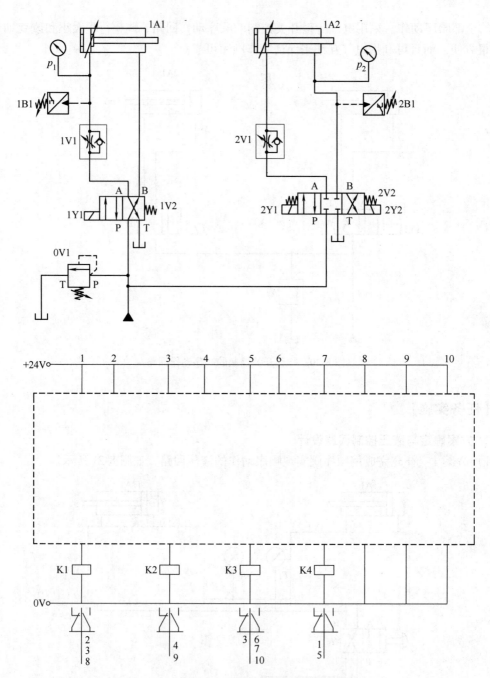

图 8-22　零件加工设备液压与电气控制回路图

2. 回路的组装与调试

1）根据任务说明完成液压控制回路图和电气控制回路图。

2）按照液压控制回路图和电气控制回路图进行连接和检查。实训中要严格按规范操作，小组协作互助完成。

3）连接无误后，打开液压泵及电源，观察液压缸的运行情况。

4）分析和解决实训中出现的问题。

5）实训完成并经教师评估合格后，关闭电源、油源，拆下管线，整理各元件后放回原来位置。

3. 思考题

1）在使用单向顺序阀的双缸顺序动作回路中，顺序阀的调整压力设置有什么要求？

2）在用压力继电器控制的顺序动作回路中，压力继电器和溢流阀的压力应如何设置？

【任务拓展】

方案1中用顺序阀实现顺序动作，若需要对液压缸的速度加以控制，可以采用流量控制阀进行节流调速，修改后的回路图如图8-23所示。

若需要对两个液压缸的速度分别进行调节，且只调节液压缸活塞杆的伸出速度，修改后的回路如图8-24所示。但这个回路是无法实现顺序动作

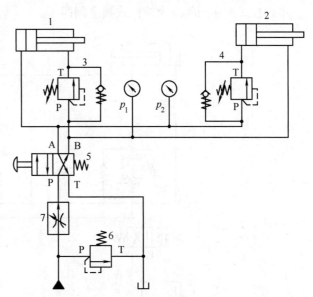

图 8-23　增加调速要求的顺序阀顺序动作回路
1、2—液压缸　3、4—单向顺序阀　5—二位四通换向阀
6—溢流阀　7—调速阀

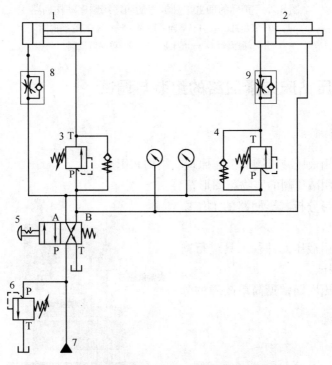

图 8-24　错误的两缸单独调速的顺序阀顺序动作回路
1、2—液压缸　3、4—单向顺序阀　5—二位四通换向阀
6—溢流阀　7—液压泵　8、9—单向节流阀

165

的，原因在于对于进油节流调速回路，液压泵口的压力由溢流阀限定，故顺序阀始终处于打开状态，此处涉及节流调速回路原理，将在项目9中具体介绍。正确的回路图如图8-25所示，将内控式顺序阀4改为外控式顺序阀即可。

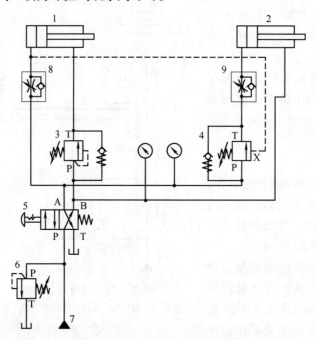

图 8-25 正确的两缸单独调速的顺序阀顺序动作回路

1、2—液压缸 3、4—单向顺序阀 5—二位四通换向阀

6—溢流阀 7—液压泵 8、9—单向节流阀

任务8.3 液压钻床夹紧回路的组装与调试

【学习目标】

1）能理解常用液压减压阀的工作原理、结构和用途。

2）能辨别常用减压阀的实物与图形符号。

3）能够识读与分析减压回路的工作原理图。

4）能合理选用液压元件及工具进行减压回路的搭建和调试。

5）能进行减压回路常见简单故障的分析与排除。

【任务布置】

图 8-26 所示为液压钻床示意图，钻头的进给和工件的夹紧分别由两个双作用液

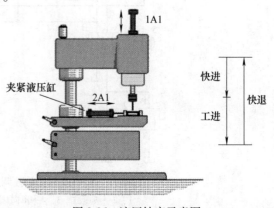

图 8-26 液压钻床示意图

压缸控制。夹紧缸为2A1，夹紧油路所需工作压力一般低于进给油路的工作压力，且由于所加工工件的材料不同，夹紧力也要求不同。

【任务分析】

夹紧油路所需工作压力一般低于进给回路的工作压力，且夹紧力要求不同，故夹紧油路的工作压力应该可以调节，可以与进给油路采用同一个液压泵供油，用减压阀实现二次压力的输出。

【相关知识】

8.3.1 减压阀

减压阀是利用液压油流经缝隙时产生的压力损失，使其出口压力低于进口压力，并保持压力恒定的一种压力控制阀（又称为定值减压阀）。它和溢流阀类似，也有直动式和先导式两种，直动式减压阀较少单独使用，而先导式减压阀性能良好，使用广泛。

图8-27a为先导式减压阀的结构原理图。该阀由先导阀和主阀两部分组成，P_1、P_2 分别为进、出油口，压力为 p_1 的油液从进油口 P_1 进入，经减压口并从出油口 P_2 流出，其压力为 p_2，出口的液压油经主阀体6和端盖8的流道作用于主阀芯7的底部，经阻尼孔9进入主阀弹簧腔，并经流道a作用在先导阀的阀芯3上，当出口压力低于调压弹簧2的调定值时，先导阀口关闭，通过阻尼孔9的油液不流动，主阀芯7上、下两腔压力相等，主阀芯7在复位弹簧10的作用下处于最下端位置，减压口全部打开，不起减压作用，出口压力 p_2 等于进口压力 p_1。

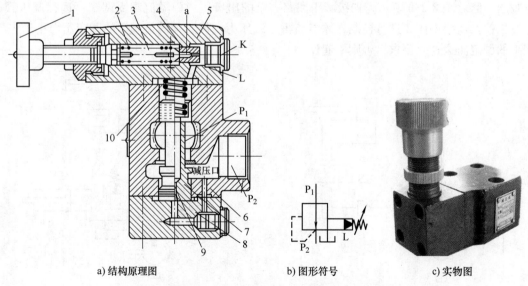

a) 结构原理图　　　　　　b) 图形符号　　　　　　c) 实物图

图 8-27　主阀为锥阀的先导式减压阀

1—调压手轮　2—调压弹簧　3—先导阀芯　4—先导阀座　5—阀盖　6—主阀体
7—主阀芯　8—端盖　9—阻尼孔　10—复位弹簧　a—流道
P_1—进油口　P_2—出油口　L—泄油口（图中未画出）　K—外控口

当出口压力 p_2 超过调压弹簧 2 的调定值时，先导阀芯 3 被打开，油液经泄油口 L 流回油箱。由于油液流经阻尼孔 9 时会产生压力降，使主阀芯 7 下腔压力大于上腔压力，当此压力差所产生的作用力大于复位弹簧力时，主阀芯上移，作用力使减压口关小，减压作用增强，出口压力 p_2 减小。经过一个过渡过程，出口压力 p_2 便稳定在先导阀所调定的压力值上。调节调压手轮 1，即可调节减压阀的出口压力 p_2。

由于外界干扰，如果使进口压力 p_1 升高，出口压力 p_2 也升高，主阀芯将因受力不平衡而向上移动，阀口关小，压力降增大，出口压力 p_2 降低至调定值，反之亦然。

先导式减压阀有远程控制口 K，可实现远程调压，其原理与溢流阀的远程控制相同，先导式减压阀的图形符号和实物图如图 8-27b、c 所示。

8.3.2　减压回路

当泵的输出压力是高压而局部回路或支路要求为低压时，可以采用减压阀组成减压回路。例如，机床液压系统中的定位、夹紧、分度回路以及液压元件的控制油路等，往往要求比主油路的压力低，一般是在所需低压支路上串接减压阀。采用减压回路能方便地获得某支路的稳定低压，还可限制由工作部件的作用力引起的压力波动，从而改善系统的控制特性，但液压油经减压阀口时会产生压力损失。

1）减压稳压　在液压系统中，当几个执行元件采用一个液压泵供油，而且各执行元件所需的工作压力不尽相同时，可在支路中串接一个减压阀，就可获得较低且稳定的工作压力。图 8-28a 为减压阀用于夹紧油路的工作原理图。回路中的单向阀 3 可在主油路压力降低（低于减压阀调整压力）时防止油液倒流，起短时保压作用。

2）多级减压　利用先导式减压阀的远程控制口 K 外接远程调压阀，可实现二级、三级等减压回路。图 8-28b 所示为二级减压回路，泵的出口压力由溢流阀 5 调定，远程调压阀 2 通过二位二通换向阀 3 进行控制，才能获得二级压力，但必须满足阀 2 的调定压力小于先导阀 1 的调定压力这一要求，否则不起作用。

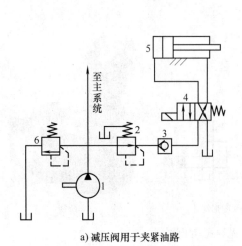
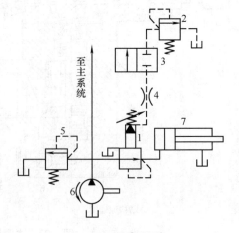

a) 减压阀用于夹紧油路　　　　　　　　　　　　b) 二级减压回路

1—液压泵　2—减压阀　3—单向阀　　　　　　1—先导式减压阀　2—远程调压阀　3—换向阀
4—换向阀　5—液压缸　6—溢流阀　　　　　　4—节流孔　5—溢流阀　6—液压泵　7—液压缸

图 8-28　减压阀的应用

为了使减压回路工作可靠，减压阀的最低调整压力不应小于0.5MPa，最高调整压力至少应比系统压力小0.5MPa。当减压回路中的执行元件需要调速时，调速元件应放在减压阀的后面，以避免因减压阀泄漏（油液从减压阀泄油口流回油箱）而对执行元件的速度产生影响。

【任务实施】

1. 方案确定与液压控制回路设计

液压钻床夹紧回路如图8-29所示。由于夹紧回路的压力低于钻床进给回路的压力，故采用减压阀设定回路二次压力，单向阀可在主回路压力降低（低于减压阀调整压力）时防止油液倒流，起短时保压作用。

2. 回路的组装与调试

1）根据图8-29进行液压回路的连接和检查。实训中要严格按规范操作，小组协作互助完成。

2）连接无误后，打开电源，空载起动液压泵。

3）调节溢流阀，设定系统工作压力为4MPa，调节时注意观察压力表 p_1 的读数。

4）调节减压阀，设定夹紧支路压力为3MPa，调节时注意观察压力表 p_2 的读数。

5）切换换向阀，观察液压缸运行情况是否符合控制要求，同时观察压力表读数在液压缸活塞杆运动过程中和运动到行程终点后的变化。

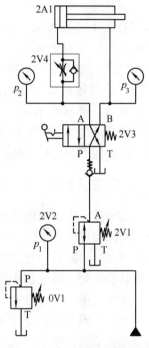

图 8-29　液压钻床夹紧回路
注：2V1 为溢流减压阀。

6）当液压缸活塞杆伸出到行程终点后，观察压力表 p_1 和 p_2 的读数；调低溢流阀压力至2MPa以下，降低泵口压力，再次观察压力表 p_1 和 p_2 的读数。

注意：由于单向阀的短时保压功能，压力表 p_2 的读数短时间内不会下降。

7）分析和解决实训中出现的问题。

8）实训完成并经教师评估合格后，关闭电源、油源，拆下管线，整理各元件并放回原来位置。

3. 思考题

1）比较溢流阀、减压阀、顺序阀的区别。

2）在两级减压回路中，减压阀和溢流阀压力的设定关系如何？

3）分析液压钻床夹紧回路中换向阀和减压阀之间单向阀的作用。

任务8.4　液压夹紧装置回路的组装与调试

【学习目标】

1）能理解液压夹紧装置、蓄能器的工作原理、结构和用途。

2）能辨别和识记常用液压夹紧装置、蓄能器的实物与图形符号。

3）能识读与分析夹紧回路、保压回路的工作原理。

4）能进行夹紧回路、保压回路的仿真设计。

【任务布置】

图 8-30 所示为零件加工中的液压夹紧装置，它利用一个双作用液压缸对工件进行夹紧。通过扳动一个带定位的手柄控制液压缸活塞杆的伸出，从而对工件进行夹紧，由于加工时间较长，为防止工件松脱造成事故，要求夹具能够持续保持足够的夹紧力。工件加工完毕后，

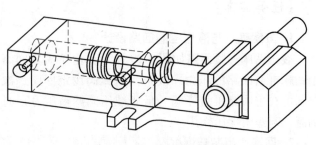

图 8-30　液压夹紧装置示意图

将手柄扳回，活塞杆缩回，工件被松开。为避免工件损坏，夹紧速度应可以调节。

【任务分析】

在本任务中，液压缸活塞杆的伸出和缩回可以采用手动换向阀来控制，夹紧到位后要求较长时间地保持足够的夹紧力，这需要系统在较长时间内保持局部压力稳定，故此回路称为保压回路。一般有三种方案可以实现此功能：利用换向阀的中位截止功能（如 M 型或 O 型中位功能）封闭液压缸中的油液，实现夹紧力的保持；利用液控单向阀实现保压；利用蓄能器进行保压。

为避免因夹紧速度过快而造成工件的损坏，回路中可采用一个单向节流阀对液压缸伸出速度进行节流控制。

【相关知识】

在液压系统中，常要求液压执行机构在一定的行程位置上停止运动，或者在有微小位移的情况下稳定地维持住一定的压力。但是，阀类元件处的泄漏使得回路的保压时间不能维持太久，此时需要采用保压回路。常用的保压回路有以下几种。

1. 利用液压泵的保压回路

利用液压泵的保压回路如图 8-31 所示，也就是在保压过程中，液压泵仍以较高的压力（保压所需压力）工作。若采用定量泵，则液压油几乎全部经溢流阀流回油箱，系统功率损失大、易发热，故只在小功率系统且保压时间较短的场合才使用这种方法；若采用变量泵，在保压时泵的压力较高，但输出流量几乎等于零，因而液压系统的功率损失小。

2. 利用蓄能器的保压回路

如图 8-32a 所示，当主换向阀在左位工作时，液压缸向

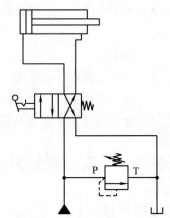

图 8-31　利用液压泵的保压回路

前运动并压紧工件，进油路压力升高至调定值，压力继电器动作，使二通阀通电，泵即卸荷，单向阀自动关闭，液压缸则由蓄能器保压。缸压不足时，压力继电器复位，使泵重新工作。保压时间的长短取决于蓄能器的容量，调节压力继电器的工作区间即可调节缸中压力的最大值和最小值。

图 8-32b 所示为多缸系统中的保压回路，当主油路压力降低时，单向阀 3 关闭，支路由蓄能器保压补偿泄漏，压力继电器 5 的作用是当支路压力达到预定值时发出信号，使主油路开始动作。

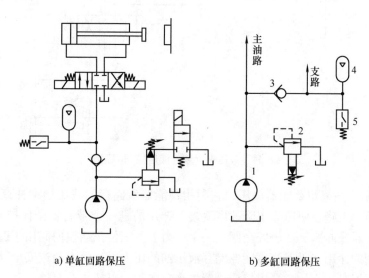

a) 单缸回路保压   b) 多缸回路保压

图 8-32 利用蓄能器的保压回路

1—液压泵 2—溢流阀 3—单向阀 4—蓄能器 5—压力继电器

3. 自动补油保压回路

图 8-33 所示为采用液控单向阀和电接触式压力表的自动补油保压回路，其工作原理为：当 1Y1 得电时，换向阀左位接入回路，液压缸上腔压力上升至电接触式压力表的上限值时，电磁铁 1Y1 失电，换向阀处于中位，液压泵卸荷，液压缸由液控单向阀锁紧并短时保压。当液压缸上腔压力下降到预定下限值时，电接触式压力表又发出信号，使 1Y1 得电，液压泵再次向系统供油，使压力上升。因此，这一回路能自动地使液压缸补充液压油，使其压力能长期保持在一定范围内。采用 Y 型或 H 型中位机能的换向阀的保压效果要好于 M 型中位机能的换向阀。

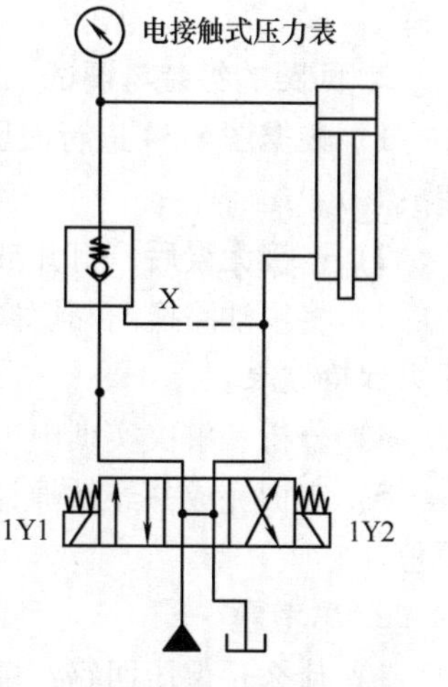

图 8-33 自动补油的保压回路

【任务实施】

1. 方案确定与液压控制回路设计

为避免因夹紧速度过快而造成工件的损坏，在回路中采用了一个单向节流阀对液压缸活塞杆的伸出速度进行节流控制。为方便观察实训现象，在液压缸无杆腔应装有压力表 p_1，并且回路中的换向阀应采用手动操纵换向，如图 8-34 所示。

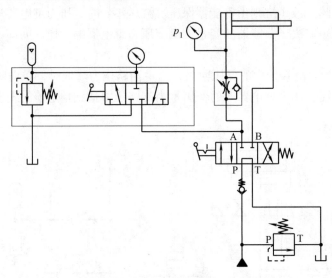

图 8-34　液压夹紧装置液压控制回路图

图 8-34 所示回路采用蓄能器保压，它利用蓄能器所储存的液压油来补充由于换向阀处的泄漏造成的压力下降，使压力下降速度变慢。选用的是一个带有安全保护装置的蓄能器，带有一个三位三通换向阀、一个安全阀、一个压力表。三位三通换向阀用于选择蓄能器的工作方式。安全阀的作用在于保证蓄能器储存液压油的压力最高值不超过安全阀所限定的最高值。在使用蓄能器时，应注意泵出口应设置一个单向阀，以防止在泵停止工作时，蓄能器中储存的液压油倒灌进泵而使泵倒转并造成泵的损坏。蓄能器无法消除由换向阀造成的泄漏，只是减小了泄漏对压力值的影响。实训室用蓄能器一般容积较小，一段时间后压力仍会下降。

2. 回路的组装与调试

1）根据图 8-34 进行液压回路的连接和检查。实训中要严格按规范操作，小组协作互助完成。

2）连接无误后，打开液压泵及电源，观察液压缸运行情况是否符合控制要求。

3）将主油路换向阀切换至中位，让泵卸荷，三通换向阀切换至左位，观察压力表 p_1 的压力保持效果。

4）分析和解决实训中出现的问题。

5）实训完成并经教师评估合格后，关闭电源、油源，拆下管线，整理各元件并放回原位。

3. 思考题

1）什么是保压回路？单向阀在保压回路中的作用是什么？

2）如何利用蓄能器和压力继电器来实现液压设备长时间自动保压？

项目9 液压系统速度控制

【项目描述】

在液压传动系统中，速度控制回路是对执行元件速度进行调节和变换的回路。常用速度控制回路有调速回路、快速回路和速度换接回路等。其中调速回路占有重要地位，可以实现执行元件的无级调速。例如，在机床液压传动系统中，主运动和进给运动的调速回路对机床加工质量有着重要的影响，常采用液压调速回路来实现平稳的无级速度调节。快速回路和速度换接回路主要用于速度相差较大或者速度相对固定的场合。

本项目主要介绍液压系统的速度控制方法，包括调速元件和相关速度控制回路。

任务9.1 工件推送装置（2）液压回路的组装与调试

【学习目标】

1）能理解节流阀的工作原理、结构和用途。
2）能辨别和识记节流阀的图形符号与实物。
3）能理解节流阀节流调速回路的工作原理与应用。
4）能进行节流阀节流调速回路的搭建和调试。
5）能进行节流阀调速控制回路常见简单故障的分析与排除。

【任务布置】

图9-1所示为某自动线上的工件推送装置，通过液压控制其推出和缩回动作，这在项目7.1中已经完成。在本任务中，为使液压缸推出速度稳定可调，要求进一步对液压缸活塞杆的推出速度进行控制。

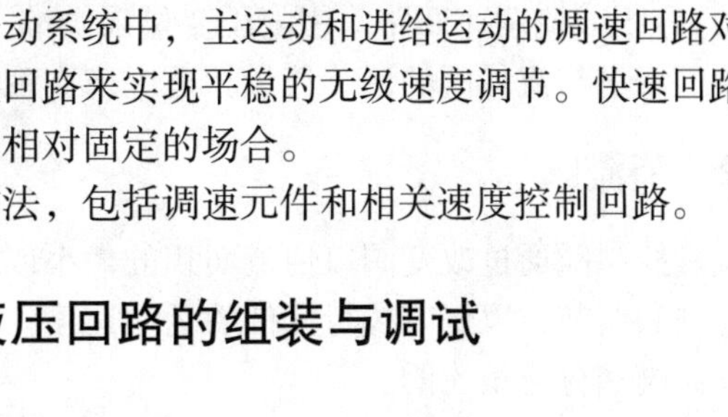

图9-1 工件推送装置（2）示意图

【任务分析】

该装置在工作过程中，要实现推送工件的速度调节，可采用流量控制阀、变量泵等对液压缸活塞杆的伸出速度进行控制。工件推出装置对速度稳定性要求不高，可以采用较经济简单的节流阀节流调速回路。

【相关知识】

9.1.1 液压系统的调速方法

从液压马达的工作原理可知，液压马达的转速 n_m 由输入流量及其排量 V_m 决定，即

$n_m = q/V_m$；液压缸的运动速度 v 由输入流量和液压缸的有效作用面积 A 决定，即 $v = q/A$。因此，要想调节液压马达的转速 n_m 或液压缸的运动速度 v，可通过改变输入流量 q、液压马达的排量 V_m 和缸的有效作用面积 A 等方法来实现。改变输入流量 q，可以通过采用流量阀或变量泵来实现；改变液压马达的排量 V_m，可通过采用变量液压马达来实现；而液压缸的有效面积 A 一般是定值，不可调节。因此，根据调速方法的不同，液压系统调速回路主要有以下三种：

1）节流调速回路　由定量泵供油，用流量阀调节进入或流出执行机构的流量以实现调速。

2）容积调速回路　通过调节变量泵或变量马达的排量来调速。

3）容积节流调速回路　用限压变量泵供油，由流量阀调节进入执行机构的流量，并使变量泵的流量与流量阀的调节流量相适应来实现调速。

9.1.2　节流阀

流量控制阀通过改变阀口通流面积的大小或通流通道的长短来调节液阻，从而实现对流量的控制和调节，以调节执行元件的运动速度。常用的流量控制阀有普通节流阀、调速阀、溢流节流阀和分流集流阀。

1. 流量特性

由流体力学可知，液体流经孔口的流量可用特性公式表示如下

$$q = CA_T \Delta p^m \tag{9-1}$$

式中，C 为由节流口形状、流动状态、油液性质等因素决定的系数；A_T 为节流口的通流面积；Δp 为节流口前后的压力差；m 为压差指数，$0.5 \leqslant m \leqslant 1$，薄壁小孔的 $m = 0.5$，细长小孔的 $m = 1$。

在节流口前后压差一定时，改变节流口的通流面积 A_T，可改变通过节流口的流量。而节流口的流量稳定性则与节流口前后压差、油温和节流口形状等因素有关：

1）节流口前后压差变化使流量不稳定，压差增大时，流量增加。节流通道越短，影响越小，故节流口宜制成薄壁小孔。

2）油温会引起黏度的变化，温度升高时，黏度下降，流量增加。对于薄壁小孔，油温的变化对流量的影响不明显，故节流口应采用薄壁小孔。

3）当节流口前后压差低且通流面积很小时，节流阀会出现阻塞现象。为减少阻塞现象，可采用水力直径大的节流口，圆形通道相对来说不易阻塞。

4）应选择化学稳定性和抗氧化性好的油液，并保持油液的清洁度，这样能提高流量稳定性。

2. 常见节流口的形式

节流阀的结构主要取决于节流口的形式，图 9-2 所示为几种常用的节流口形式。

图 9-2a 所示为针阀式节流口。当阀芯轴向移动时，就可调节环形通道的大小，从而可改变流量。这种结构加工简单，但通道长，易堵塞，流量受油温影响较大，一般用于对性能要求不高的场合。

图 9-2b 所示为偏心式节流口。阀芯上开有一个偏心槽，转动阀芯时，就可改变通道的大小，即可调节流量。这种节流口容易制造，但阀芯上的径向力不平衡，旋转费力，一般用

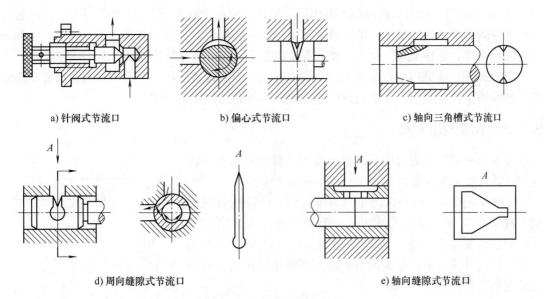

a) 针阀式节流口　　　　b) 偏心式节流口　　　　c) 轴向三角槽式节流口

d) 周向缝隙式节流口　　　　　　　　e) 轴向缝隙式节流口

图 9-2　常用的节流口形式

于压力较低、流量较大及流量稳定性要求不高的场合。

图 9-2c 所示为轴向三角槽式节流口。阀芯的端部开有一个或两个斜的三角槽，轴向移动阀芯就可改变通流面积，即可调节流量。这种节流口可以得到较小的稳定流量，目前应用广泛。

图 9-2d 所示为周向缝隙式节流口。阀芯上开有狭缝，转动阀芯就可改变通流面积的大小，从而可调节流量。这种节流口可以做成薄刃结构，适用于低压、小流量场合。

图 9-2e 所示为轴向缝隙式节流口。在套筒上开有轴向缝隙，阀芯轴向移动即可改变通流面积的大小，从而可调节流量。这种节流口在小流量时稳定性好，可用于性能要求较高的场合；但其在高压下易变形，使用时应改善结构刚度。

3. 节流阀的结构

图 9-3a 为节流阀的结构原理图。液压油从进油口 P_1 流入，经阀芯 2 左端的轴向三角槽 6

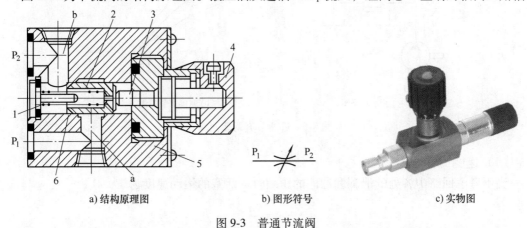

a) 结构原理图　　　　b) 图形符号　　　　c) 实物图

图 9-3　普通节流阀

1—弹簧　2—阀芯　3—推杆　4—调节手柄　5—阀体　6—轴向三角槽　a、b—通道

由出油口 P_2 流出。阀芯 2 在弹簧 1 的作用下始终紧贴在推杆 3 上，旋转调节手柄 4，可通过推杆 3 使阀芯 2 沿轴向移动，即可改变节流口的通流面积，从而调节通过阀的流量。这种节流阀结构简单，价格低廉，调节方便。节流阀的图形符号和实物图如图 9-3b、c 所示。

节流阀常与溢流阀配合组成定量泵供油的各种节流调速回路。但节流阀的流量稳定性较差，故常用于负载变化不大或对速度稳定性要求不高的液压系统中。

9.1.3 节流调速回路

节流调速回路是通过调节流量阀的通流截面面积的来改变进入执行机构的流量，从而实现运动速度调节的。

如图 9-4 所示，如果回路里只有节流阀，则液压泵输出的油液全部经节流阀流入液压缸。改变节流阀节流口的大小，只能改变油液流经节流阀速度的大小，而总的流量不会改变。在这种情况下，节流阀不能起调节流量的作用，液压缸的速度不会改变。

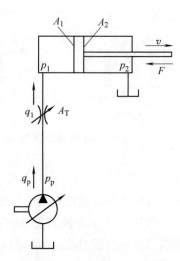

1. 进油节流调速回路

进油节流调速回路是将节流阀装在执行机构的进油路上，用来控制进入执行机构的流量，以达到调速的目的，其调速原理如图 9-5a 所示。其中定量泵中多余的油液通过溢流阀流回油箱，这是进油节流调速回路正常工作的必要条件，溢流阀的调定压力与泵的出口压力 p_p 相等。

图 9-4 只有节流阀的回路

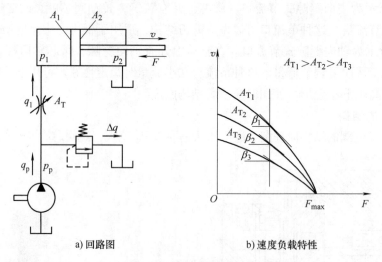

a) 回路图　　　　　　　b) 速度负载特性

图 9-5 进油节流调速回路

（1）速度负载特性

当不考虑回路中各处的泄漏和油液的压缩时，活塞的运动速度为

$$v = \frac{q_1}{A_1}$$

执行元件的速度取决于进入液压缸的流量，而流量由节流阀调定，根据小孔压力流量特

性，通过节流阀的流量为

$$q_1 = CA_T \Delta p_T^m$$

式中，Δp_T 为节流阀前后的压差，即泵口压力 p_p 与液压缸进油腔压力 p_1 之差，即

$$\Delta p_T = p_p - p_1$$

泵口压力 p_p 由溢流阀调定，液压缸进油腔压力 p_1 取决于负载 F，则活塞的受力方程为

$$p_1 A_1 = p_2 A_2 + F$$

式中，F 为外负载力；p_2 为液压缸回油腔压力，当回油腔通油箱时，p_2 为 0。于是有

$$p_1 = \frac{F}{A_1}$$

进油路上通过节流阀的流量方程为

$$q_1 = CA_T (p_p - p_1)^m = CA_T \left(p_p - \frac{F}{A_1} \right)^m$$

则

$$v = \frac{q_1}{A_1} = \frac{CA_T (p_p A_1 - F)^m}{A_1^{1+m}} \tag{9-2}$$

液压缸进油腔压力 p_1 随负载 F 的增大而增大，节流阀前后压差 Δp_T 随着负载 F 的增大而减小，流量随之降低，故液压缸的速度也将随之下降。

如果以执行元件的速度 v 为纵坐标，以负载 F 为横坐标，按不同节流阀通流面积 A_T 作图，可得一组抛物线，称为进油节流调速回路的速度负载特性曲线，如图 9-5b 所示，可以看出：

1）当其他条件不变时，活塞的运动速度 v 与节流阀通流面积 A_T 成正比，调节 A_T 就能实现无级调速。这种回路的调速范围较大，$R_{cmax} = \dfrac{v_{max}}{v_{min}} \approx 100$。

2）活塞运动速度 v 随着负载 F 的增加按抛物线规律下降。

3）不论节流阀通流面积如何变化，当 $F = p_p A_1$ 时，节流阀两端压差为零，没有流体通过节流阀，活塞也就停止运动，此时液压泵的全部流量经溢流阀流回油箱。该回路的最大承载能力即为 $F_{max} = p_p A_1$。

（2）功率特性

调速回路的功率特性是以其自身的功率损失（不包括液压缸、液压泵和管路中的功率损失）、功率损失分配情况和效率来表达的。回路的输出功率与输入功率之比定义为回路的效率。

进油节流调速回路在正常工作时，节流阀与溢流阀均有油液流通，故回路的功率损失由两部分组成：溢流功率损失 $p_p \Delta q$ 和节流功率损失 $\Delta p_T q_1$。由于回路存在两部分功率损失，因此进油节流调速回路的效率较低。这种回路多用于要求冲击小、负载变动小的液压系统。

2. 回油节流调速回路

回油节流调速回路是将节流阀串联在液压缸的回油路上，通过节流阀控制液压缸的排油量 q_2 来实现速度调节。与进油节流调速一样，定量泵中多余的油液经溢流阀流回油箱，即溢流阀保持溢流，泵的出口压力，即溢流阀的调定压力基本保持恒定，其调速原理如图 9-6a 所示。

采用同样的分析方法可以得到与进油节流调速回路相似的速度负载特性。其最大承载能力和功率特性与进油节流调速回路相同，如图 9-6b 所示。

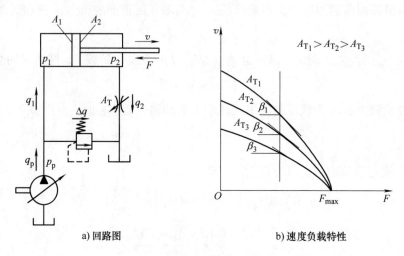

a) 回路图　　　　　　　　　　　　b) 速度负载特性

图 9-6　回油节流调速回路

回油路上通过节流阀的流量方程为

$$v = \frac{CA_{\mathrm{T}}}{A_2^{1+m}}(p_{\mathrm{p}}A_1 - F)^m \tag{9-3}$$

虽然进油路和回油路节流调速的速度负载特性公式形式相似，功率特性相同，但它们在以下几方面的性能有明显差别，在选用时应加以注意。

1）承受负值负载的能力　所谓负值负载就是作用力的方向与执行元件的运动方向相同的负载。回油节流调速的节流阀在液压缸的回油腔能形成一定的背压，从而能承受一定的负值负载；对于进油节流调速回路，要想使其承受负值负载，就必须在执行元件的回油路上加装背压阀，但这必然会导致增加功率消耗和油液发热量。

2）运动平稳性　回油节流调速回路由于回油路上存在背压，可以有效地防止空气从回油路吸入，因而低速运动时不易产生爬行，高速运动时不易振颤，即运动平稳性好。进油节流调速回路在不加背压阀时不具备这种特点。

3）油液发热对回路的影响　在进油节流调速回路中，通过节流阀产生的节流功率损失转变为热量，一部分由元件散发出去，另一部分使油液温度升高，直接进入液压缸，会使缸的内、外泄漏量增加，速度稳定性不好。而回油节流调速回路中的油液经节流阀升温后，直接回油箱，经冷却后再进入系统，对系统泄漏影响较小。

4）实现压力控制的方便性　在进油节流调速回路中，进油腔的压力随负载而变化，当工作部件碰到挡块而停止后，其压力将上升到溢流阀的调定压力，可以很方便地利用这一压力变化来实现压力控制；但在回油节流调速回路中，只有回油腔的压力才会随负载变化，当工作部件碰到挡块后，其压力将降至零，虽然同样可以利用该压力变化来实现压力控制，但其可靠性差，一般不采用。

5）起动性能　回油节流调速回路中若停车时间较长，液压缸回油箱的油液会泄漏回油箱，重新起动时不能立即建立背压，会引起工作机构的瞬间前冲现象；对于进油节流调速回路，只要在开车时关小节流阀，即可避免起动冲击。

综上所述，进油、回油节流调速回路结构简单，价格低廉，但效率较低，只宜用在负载变化不大、低速、小功率的场合，如某些机床的进给系统中。

3. 旁路节流调速回路

把节流阀装在与液压缸并联的支路上，利用节流阀把液压泵供油的一部分排回油箱来实现速度调节的回路，称为旁路节流调速回路。在图 9-7a 所示的回路中，由于溢流功能由节流阀来完成，故正常工作时，溢流阀处于关闭状态，溢流阀作安全阀用，其调定压力为最大负载压力的 1.1~1.2 倍，液压泵的供油压力 p_p 取决于负载。

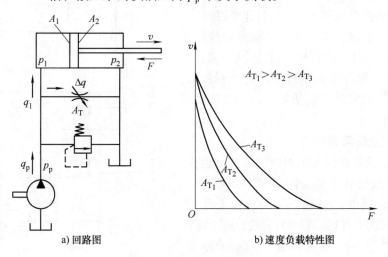

a) 回路图   b) 速度负载特性图

图 9-7 旁路节流调速回路

（1）速度负载特性

考虑到泵的工作压力随负载变化，泵的输出流量 q_p 应考虑泵的泄漏，即用泵的理论流量 q_{pt} 减去泵的泄漏量 Δq_p，其随压力增加而增加，采用与前述相同的分析方法，可得速度表达式为

$$v = \frac{q_1}{A_1} = \frac{q_{pt} - \Delta q_p - \Delta q}{A_1} = \frac{q_{pt} - k\dfrac{F}{A_1} - CA_T\left(\dfrac{F}{A_1}\right)^m}{A_1} \tag{9-4}$$

式中，k 为液压泵的泄漏系数。

选取不同的 A_T 值可得到一组速度负载特性曲线，如图 9-7b 所示。由图可知，当 A_T 增加时，速度下降；当 A_T 一定而负载增加时，速度显著下降，即特性很软。但当 A_T 一定时，负载越大，速度刚度越大；当负载一定时，A_T 越小，速度刚度越大，因而旁路节流调速回路适用于高速重载的场合。

同时由图 9-7b 可知，回路的最大承载能力随节流阀通流面积 A_T 的增加而减小。当达到最大负载时，泵的全部流量经节流阀流回油箱，液压缸的速度为零，继续增大 A_T 已不起调速作用，故该回路在低速时承载能力低，调速范围小。

（2）功率特性

旁路节流调速回路工作时，溢流阀作为安全阀，只有节流损失 $\Delta p_\mathrm{T}\Delta q$，而无溢流损失，因而功率损失比前两种调速回路小，效率高。这种调速回路一般用于功率较大且对速度稳定性要求不高的场合。

【任务实施】

1. 方案确定与液压控制回路设计

由于工件推送装置对速度控制的精度与稳定性要求不高，故可采用节流调速实现速度控制，图9-8为采用节流阀的进油节流调速控制回路，也可采用回油或旁路节流调速方式进行速度控制。

可采用专门的加载器给液压缸加载以模拟不同的推送载荷；或在回路中设置背压阀，通过调节加载阀1V4在液压缸活塞杆伸出时进行加载，如图9-8所示。观察液压缸活塞的运动速度随负载变化的情况。

2. 回路的组装与调试

1）根据图9-8进行液压回路的连接和检查。实训中要严格按规范操作，小组协作互助完成。

注意：单向阀和节流阀的安装方向要正确，否则，液压缸活塞杆伸出时将得不到有效的速度调节。

2）连接无误后，接通电源，起动液压泵，调节控制阀，观察液压缸的运行情况。

注意：

①起动前应将换向阀1V1空载置于中位，溢流阀0V1的开启压力设置到最低，空载起动液压泵。

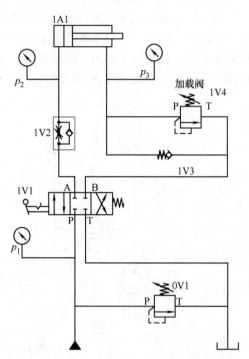

图9-8　工件推送装置（2）液压控制回路（采用进油节流调速方案）

②调节溢流阀0V1，将泵口压力调节到合适的值，观察压力表 p_1 的读数，同时观察 p_2、p_3 的读数。

3）根据表9-1所列要求进行相关数据检测并做好记录。

注意：

①切换换向阀1V1手柄，使液压缸空载往复运动，排除系统空气，同时调节节流阀到合适的开度，使液压缸伸出时间为7~8s。

②调节加载阀1V4的调节手柄，获得不同的回油路背压（沿顺时针方向旋转时背压加大），模拟不同的液压缸负载。切换换向阀手柄，起动液压缸，观察液压缸活塞杆在运动过程中和到达终点后的不同压力表读数，并检测液压缸活塞杆的伸出时间。

③记录液压缸活塞杆运动过程中压力表 p_1、p_2、p_3 的读数，以及活塞杆伸出时间 t。

4）根据测得数据分析不同负载下液压缸的运动速度，并根据相关结论对进油节流、回油节流和旁路节流方式进行比较。

5）分析和解决实训中出现的问题。

6）实训完成并经教师评估合格后，关闭电源、油源，拆下管线，将各元件放回原位，整理好实训台。

3. 数据记录（表9-1）

测定条件：油温为_____℃；液压缸行程 $L=$_____，液压缸有杆腔的有效面积 $A_2=$
_____。

表 9-1 工件推送装置液压控制回路数据记录

序号	检测内容						
	p_1/MPa	p_2/MPa	p_3/MPa	Δp/MPa	t/s	F/N	v/(mm/s)
1							
2							
3							
4							
5							
6							

说明：$\Delta p = p_1 - p_2$；$F = p_3 A_2$；$v = L/t$。

4. 思考题

1）在定量泵供油的节流调速液压系统中，为何要设置溢流阀回路才能正常工作？

2）在进油节流调速回路、回油节流调速回路和旁路节流调速回路中，泵的泄漏对执行元件的运动速度有无影响？液压缸的泄漏对执行元件的速度有无影响？

3）在测试过程中，为何在液压缸运动过程中和停止时，压力表的读数会有变化？

4）根据表9-1中的数据，分析液压缸的速度与负载的变化关系，在图9-9中绘制速度负载特性曲线。

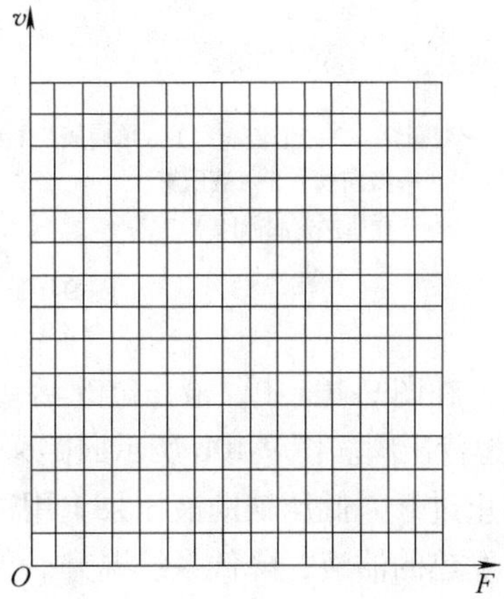

图 9-9　速度负载特性图

【知识拓展】

9.1.4 容积调速回路

容积调速回路是通过改变回路中液压泵或液压马达的排量来实现调速的。其主要优点是功率损失小（没有溢流损失和节流损失）且工作压力随负载变化，所以效率高、油的温度低，适用于高速、大功率系统。

按油路循环方式不同，容积调速回路有开式回路和闭式回路两种。

在开式回路中，泵从油箱中吸油，执行机构的回油直接回到油箱，油箱容积大，油液能得到较充分的冷却，但空气和脏物易进入回路。

在闭式回路中，液压泵将油液输出并送入执行机构的进油腔，又从执行机构的回油腔吸油。闭式回路结构紧凑，只需很小的补油油箱，但冷却条件差。为了补偿工作中油液的泄漏，一般设辅助液压泵，辅助液压泵的流量为主泵流量的 10%～15%，压力调节范围为 3×

$10^5 \sim 10 \times 10^5 \mathrm{Pa}$。

按变量方式不同，容积调速回路通常有三种基本形式：变量泵和定量马达容积调速回路、定量泵和变量马达容积调速回路、变量泵和变量马达容积调速回路。

1. 变量泵和定量马达（缸）容积调速回路

这种调速回路可由变量泵与液压缸或变量泵与定量液压马达组成。其回路原理图如图9-10 所示，图9-10a 所示为由变量泵与液压缸组成的开式容积调速回路；图9-10b 所示为由变量泵与定量液压马达组成的闭式容积调速回路。

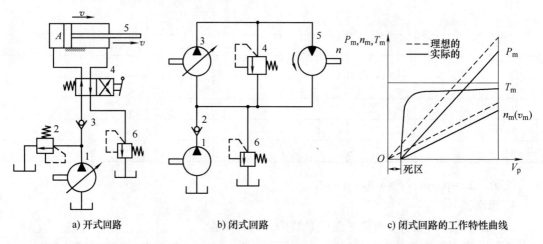

a) 开式回路　　　　　　b) 闭式回路　　　　　c) 闭式回路的工作特性曲线

1—变量泵　2—溢流阀　3—单向阀　　1—辅助液压泵　2—单向阀　3—变量泵
4—换向阀　5—液压缸　　　　　　　4、6—溢流阀　5—定量液压马达
6—背压阀（溢流阀）

图 9-10　变量泵和定量执行元件容积调速回路

在图9-10a 中，液压缸5 活塞的运动速度 v 由变量泵1 调节，2 为溢流阀，4 为换向阀，6 为背压阀。图9-10b 所示回路采用变量泵3 来调节定量液压马达5 的转速，溢流阀4 用来防止过载，低压辅助液压泵1 用来补油，其补油压力由低压溢流阀6 来调节，同时置换部分已发热的油液，降低系统温升。

当不考虑回路的容积效率时，执行机构的速度 n_m（或 v）与变量泵排量 V_p 之间的关系为

$$n_m = n_p V_p / V_m \ \text{或} \ v = n_p V_p / A \tag{9-5}$$

因为液压马达的排量 V_m 和缸的有效工作面积 A 是不变的，当变量泵的转速 n_p 不变时，马达的转速 n_m（或活塞的运动速度 v）与变量泵的排量 V_p 成正比，是一条通过坐标原点的直线，如图9-10c 中的虚线 n_m 所示。而实际上，回路的泄漏是不可避免的，在一定的负载下，需要一定的流量才能起动和带动负载。所以其实际的 n_m（或活塞的运动速度 v）与 V_p 的关系如图9-10c 中的实线所示。这种回路在低速下承载能力差，速度不稳定。

当不考虑回路中的损失时，液压马达的最大输出转矩 T_{max}（或液压缸的输出推力 F_{max}）为

$$T_{max} = (p_4 - p_6) V_m / 2\pi \ \text{或} \ F_{max} = (p_2 - p_6) A \tag{9-6}$$

式中，p_2、p_4、p_6 分别为图9-10a、b 中对应序号阀的调整压力。

式（9-6）表明，当泵的输出压力和吸油路（即液压马达或液压缸的排油）压力不变

时，液压马达的最大输出转矩 T_{max} 或液压缸的输出推力 F 在理论上是恒定的，与变量泵的排量无关，故这种调速方式又称为恒转矩调速。但实际上由于泄漏和机械摩擦等的影响，会存在一个"死区"，如图 9-10c 所示。

液压马达或液压缸的输出功率随变量泵排量的增减而线性地增减。液压马达的最大输出功率 P_{max} 为

$$P_{max} = (p_4 - p_6)q_p \text{ 或 } P_{max} = (p_2 - p_6)q_p \tag{9-7}$$

液压马达的最大输出功率 P_{max} 随变量泵的排量 V_p（液压马达的转速 n_m）的增减而线性地增减。

综上所述，由变量泵和定量执行元件组成的容积调速回路为恒转矩输出，可实现正反向无级调速，且调速范围较大，这种回路的调速范围主要取决于变量泵的变量范围，其次受回路泄漏和负载的影响。它适用于调速范围较大，要求恒转矩输出的场合，如大型机床的主运动或进给运动液压调速系统中。

2. 定量泵和变量马达容积调速回路

定量泵和变量马达容积调速回路通过调节变量马达的排量 V_m 来实现调速，如图 9-11 所示。图 9-11a 所示为开式回路，由定量泵 1、变量马达 2、溢流阀 3、换向阀 4 组成；图 9-11b 所示为闭式回路，由定量泵 1 和变量马达 2、溢流阀 3 和 4、辅助泵 5 组成。

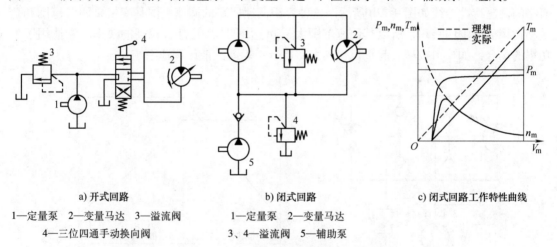

a) 开式回路
1—定量泵　2—变量马达　3—溢流阀
4—三位四通手动换向阀

b) 闭式回路
1—定量泵　2—变量马达
3、4—溢流阀　5—辅助泵

c) 闭式回路工作特性曲线

图 9-11　定量泵和变量马达容积调速回路

图 9-11b 所示回路若不计损失，在调速范围内，马达的转速为

$$n_m = q_p/V_m$$

马达的最大输出转矩为

$$T_{max} = (p_3 - p_4)V_m/2\pi$$

马达的最大输出功率为

$$P_{max} = 2\pi n_m T_{max} = (p_3 - p_4)q_p$$

在这种回路中，若不考虑泄漏，则液压泵的输出流量 q_p 是恒定值，改变液压马达的排量 V_m 时，输出转速 n_m 与 V_m 成反比，马达最大输出转矩 T_{max} 的变化与 V_m 成正比。液压马达的最大输出功率 P_{max} 为恒定值，不因调速而发生变化，所以这种回路常被称为恒功率调速回

路，其工作特性曲线如图 9-11c 所示。该回路的优点是能在各种转速下保持很大的恒定输出功率，其缺点是调速范围小。同时，该调速回路如果用变量马达来换向，在换向的瞬间要经过"高转速→零转速→反向高转速"的突变过程，将无法实现平稳换向。

综上所述，定量泵和变量马达容积调速回路的调速范围较小，因而较少单独应用。

3. 变量泵和变量马达的容积调速回路

这种调速回路是上述两种调速回路的组合，其调速特性也具有两者的特点。

图 9-12a 所示为由双向变量泵和双向变量马达组成的容积调速回路。回路中各元件对称布置，改变泵的供油方向，就可实现马达的正反向切换，单向阀 4 和 5 用于辅助泵 3 的双向补油，单向阀 6 和 7 使溢流阀 8 在两个方向上都能对回路起过载保护作用。一般机械要求低速时能输出较大的转矩，高速时则能输出较大的功率，这种回路恰好可以满足这一要求。在低速段，先将马达排量调到最大，用变量泵调速，当泵的排量由小调到最大时，马达的转速随之升高，输出功率随之线性增加，此时因马达排量最大，马达能获得最大输出转矩，且处于恒转矩状态；在高速段，泵为最大排量，用变量马达调速，将马达排量由大调小，马达转速继续升高，输出转矩随之降低，此时因泵处于最大输出功率状态，故马达处于恒功率状态。

这样，就可使马达的调速平稳，且第一阶段为恒转矩调速，第二阶段为恒功率调速。该回路的调速特性曲线如图 9-12b 所示。这种容积调速回路的调速范围是变量泵调节范围和变量马达调节范围的乘积，所以其调速范围大（可达 100），并且有较高的效率。它适用于大功率的场合，如矿山机械、起重机械和大型机床主运动的液压调速系统。

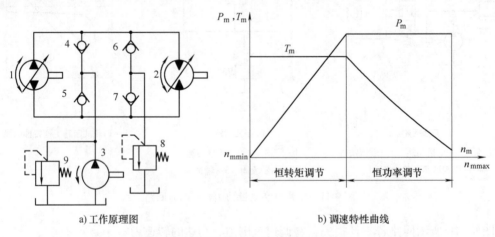

a) 工作原理图   b) 调速特性曲线

图 9-12 变量泵和变量马达容积调速回路

1—变量泵 2—变量马达 3—辅助泵 4、5、6、7—单向阀 8、9—溢流阀

9.1.5 容积节流调速回路

容积节流调速回路的基本工作原理是采用压力补偿式变量泵供油，用调速阀（或节流阀）调节进入液压缸的流量，并使泵的输出流量自动地与液压缸所需流量相适应。

常用的容积节流调速回路有由限压式变量泵与调速阀等组成的限压式容积节流调速回路，以及由差压式变量泵与节流阀等组成的差压式容积节流调速回路。

1. 限压式容积节流调速回路

图 9-13 所示为由限压式变量泵与调速阀等组成的限压式容积节流调速回路。变量泵 1 输出的液压油经调速阀 3 进入缸 4，其回油经背压阀 5 回油箱。调节调速阀 3 的流量 q_1 就可调节活塞的运动速度 v，由于 $q_1 < q_p$，液压油迫使泵的出口与调速阀进口之间的油压升高，即泵的供油压力升高，泵的流量便自动减小到 $q_p \approx q_1$ 为止。若调速阀的速度已调定，则本回路的 p_p 为一定值，故又称为定压式容积节流调速回路。

这种调速回路的运动稳定性、速度负载特性、承载能力和调速范围均与采用调速阀的节流调速回路相同。此回路只有节流损失而无溢流损失。

综上所述，限压式容积节流调速回路具有效率较高、调速较稳定、结构较简单等优点，目前已被广泛应用于负载变化不大的中、小功率组合机床的液压系统中。

2. 差压式容积节流调速回路

图 9-14 所示为由差压式变量泵和节流阀等组成的差压式容积节流调速回路。该回路采用差压式变量泵供油，通过节流阀来确定进入液压缸或流出液压缸的流量，不但可使变量泵输出的流量与液压缸所需流量相适应，而且液压泵的工作压力能自动随负载压力而变化。

在图 9-14 中，节流阀 3 安装在液压缸的进油路上，节流阀两端的压差反馈作用在差压式变量泵的两个控制柱塞上，其中柱塞 1 的面积 A_1 等于活塞 2 的活塞杆面积。由力的平衡关系可知，变量泵定子偏心距 e 的大小受节流阀两端压差的控制，从而控制变量泵的流量。调节节流阀 3 的开度，就可以调节进入液压缸的流量 q_1，并使泵的输出流量 q_p 自动与 q_1 相适应。当节流阀开度调定、负载变化时，偏心距 e 随之变化，泵口压力也随之变化，故又称为变压式容积节流调速回路。阻尼孔 5 的作用是防止变量泵定子移动过快发生振荡，溢流阀 4 用作安全阀。

该回路的效率比前述容积节流调速回路高，适用于调速范围大、速度较低的中小功率液压系统，常用在某些组合机床的进给系统中。

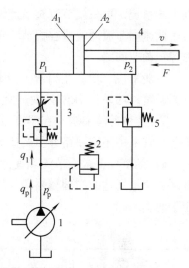

图 9-13　限压式容积节流调速回路
1—变量泵　2—溢流阀　3—调速阀
4—液压缸　5—背压阀（溢流阀）

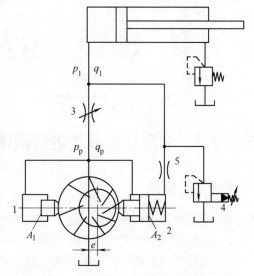

图 9-14　差压式变量泵容积节流调速回路
1—柱塞　2—活塞　3—节流阀
4—溢流阀　5—阻尼孔

9.1.6　调速回路的比较和选用

各种调速回路的性能比较见表 9-2。选用调速回路时主要考虑以下方面：

1）执行机构的负载性质、运动速度、速度稳定性等要求　负载小，且工作中负载变化也小的系统，可采用节流阀节流调速；工作中负载变化较大且要求低速稳定性好的系统，宜采用调速阀节流调速或容积节流调速；负载大、运动速度快、油的温升要求小的系统，宜采用容积调速回路。

一般来说，功率在3kW以下的液压系统宜采用节流调速；功率为3~5kW时宜采用容积节流调速；功率在5kW以上的宜采用容积调速回路。

2）工作环境要求　在温度较高的环境下工作，且要求整个液压装置体积小、重量轻的情况，宜采用闭式回路容积调速。

3）经济性要求　节流调速回路的成本低，功率损失大，效率也低；容积调速回路因变量泵、变量马达的结构较复杂，所以成本高，但其效率高、功率损失小；而容积节流调速则介于两者之间。

表9-2　调速回路的性能比较

主要性能	回路类型	节流调速回路				容积调速回路	容积节流调速回路	
		用节流阀		用调速阀			限压式	差压
		进、回油	旁路	进、回油	旁路			
机械特性	速度稳定性	较差	差	好		较好	好	
	承载能力	较好	较差	好		较好	好	
调速范围		较大	小	较大		大	较大	
功率特性	效率	低	较高	低	较高	最高	较高	高
	发热	大	较小	大	较小	最小	较小	小
适用范围		小功率、轻载的中、低压系统				大功率、重载、高速的中、高压系统	中、小功率的中压系统	

任务9.2　液压钻床自动进给回路的组装与调试

【学习目标】

1）能理解调速阀的工作原理、结构和用途。
2）能辨别和识记调速阀的图形符号与实物。
3）能理解调速阀节流调速回路、速度换接回路的工作原理与应用。
4）能进行调速阀节流调速回路、速度换接回路的搭建和调试。
5）能进行相关速度控制回路常见简单故障的分析与排除。

【任务布置】

图9-15所示的液压钻床，要求钻孔加工中有稳定的进给速度，且能根据不同的钻孔要求无级调整进给速度。工作时，钻头的升降由一个双作用液压缸1A1控制，按下起动按钮S1后，液压缸活塞杆伸出，钻头快速下降，到达加工位置后减速缓慢下降，对工件进行钻孔加工。加工完毕后，通过按下另一个按钮S2来控制液压缸活塞杆缩回。为确保钻头退回到位，在行程起点设置了行程开关。

【任务分析】

这是机械加工中常用的"快进→工进→快退"回路，即设备在加工前快速进给，加工时慢速稳定进给（工进），加工完毕后，快速退回。其目的是使设备在不加工零件时有较高的运动速度，以提高效率；在加工时有稳定的速度，以保证加工质量。这种液压执行元件在一个工作过程中存在不同速度的回路称为速度换接回路，设计这种回路时应注意速度换接的平稳性，一般采用液压系统。

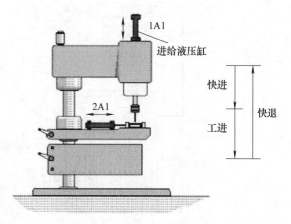

图 9-15　液压钻床示意图

为获得良好的钻孔质量，钻头的进给速度稳定性要求较高，而在液压系统中，采用节流阀进行节流调速时，在节流阀开度一定的条件下，通过它的流量随负载和供油压力的变化而变化，无法保证执行元件运动速度的稳定性，速度负载特性较"软"。因此，这种调速方式只适用于工作负载变化不大和速度稳定性要求不高的场合。为了克服上述缺点，使执行元件具有稳定的运动速度，而且不产生爬行，应采用调速阀节流调速回路。

【相关知识】

9.2.1　调速阀

图 9-16a 为调速阀的结构原理图。它是由定差减压阀和节流阀串联而成的，由减压阀进行压力补偿，使节流口前后压差基本保持恒定，从而稳定流量。压力为 p_1 的油液经减压口 x 后，压力降为 p_2，并分成两路。一路经节流口压力降为 p_3，其中一部分到执行元件，另一部分经孔道 a 进入减压阀阀芯上端 b 腔；另一路分别经孔道 e 和 f 进入减压阀阀芯下端 d 腔和 c 腔。这样，节流口前后的液压油被分别引到定差减压阀阀芯的上端和下端。

若负载增加，则调速阀出口压力 p_3 增加，作用在减压阀阀芯上端的液压力增大，阀芯失去平衡向下移动，于是减压口 x 增大，通过减压口的压力损失减小，p_2 也增大，其差值 $p_2 - p_3$ 基本保持不变；反之亦然。若 p_1 增大，减压阀阀芯来不及运动，p_2 在瞬间也增大，阀芯失去平衡向上移动，使减压口 x 减小，液阻增加，促使 p_2 又减小，即 $p_2 - p_3$ 仍基本保持不变。

总之，由于定差减压阀能自动调节减压口的液阻，使节流阀前后压力差保持不变，从而保证了流量稳定。其图形符号如图 9-16c、d 所示，实物图如图 9-16b 所示。

调速阀正常工作时，至少要求具有 0.4~0.5MPa 以上的工作压差，当压差过小时，减压阀阀芯在弹簧力的作用下处于最下端位置，阀口全开，将不能起到稳定节流阀前后压差的作用。

由于调速阀在其工作能力范围内能使流量不受负载变化的影响，因此适用于负载变化较大或对速度稳定性要求较高的场合。

9.2.2　采用调速阀的节流调速回路

采用节流阀的节流调速回路刚性差，主要是由于负载变化导致节流阀前后压差发生变化，从而使通过节流阀的流量发生变化。对于一些负载变化较大、对速度稳定性要求较高的

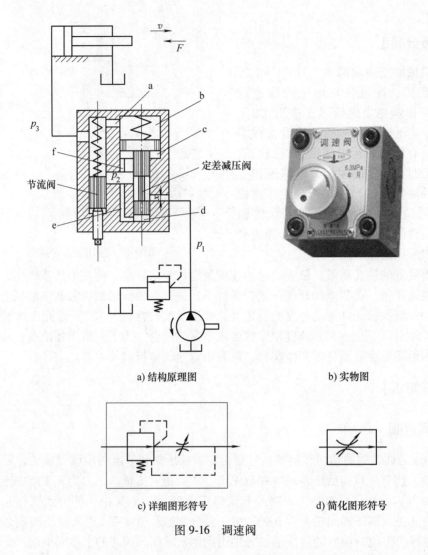

a) 结构原理图　　　　　b) 实物图

c) 详细图形符号　　　　d) 简化图形符号

图 9-16　调速阀

液压系统，这种调速回路远不能满足要求，此时可采用调速阀来改善回路的速度负载特性。

　　用调速阀代替前述各回路中的节流阀，也可组成进油、回油和旁路节流调速回路，如图 9-17 所示。它们的速度负载特性曲线如图 9-18 所示，可见，其速度刚性比节流阀调速回路好得多。

　　在采用调速阀的调速回路中，为了保证调速阀中定差减压阀的压力补偿作用，调速阀两端的压差必须大于某一数值，中低压调速阀为 0.5MPa，高压调速阀为 1MPa，否则，其速度负载特性将与节流阀调速回路没有区别。

　　图 9-18a 所示为进、出口调速阀节流调速回路的速度负载特性曲线，当负载在 $0\sim F_A$ 之间变化时，其速度不随之发生变化；当负载大于 F_A 时，由于调速阀的工作压差小于其正常工作的最小压差，因此输出特性与节流阀调速回路相同。

　　图 9-18b 所示为旁路调速阀节流调速回路的速度负载特性曲线，当负载在 $F_A\sim F_B$ 之间变化时，其速度不会随之发生变化；当负载小于 F_A 时，由于调速阀的工作压差小于其正常工作的最小压差，故输出特性与节流阀调速回路相同。

　　由于调速阀的最小压差比节流阀的压差大，因此，其调速回路的功率损失比节流调速回

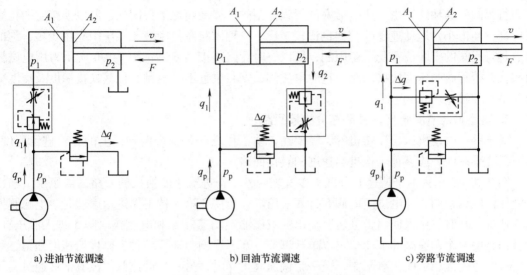

a) 进油节流调速   b) 回油节流调速   c) 旁路节流调速

图 9-17　采用调速阀的节流调速回路

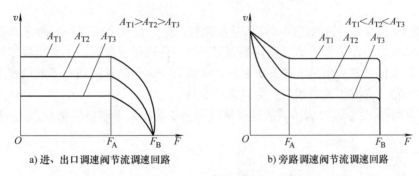

a) 进、出口调速阀节流调速回路   b) 旁路调速阀节流调速回路

图 9-18　采用调速阀的调速回路的速度负载特性曲线

路要大一些。

综上所述，采用调速阀的节流调速回路的低速稳定性、回路刚度、调速范围等，均比采用节流阀的节流调速回路要好，所以它在机床液压系统中获得了广泛的应用。

9.2.3　速度换接回路

速度换接回路用来实现运动速度的变换，即在原来设计或调节好的几种运动速度中，从一种速度变换成另一种速度。对这种回路的要求是速度换接要平稳，即不允许在速度变换的过程中有前冲（速度突然增加）现象。下面介绍几种回路的换接方法及其特点。

1. 二通换向阀速度换接回路

图 9-19 所示为二通换向阀速度换接回路，换向阀切换至左位时，液压油直接通过换向阀流通，此时节流阀不起作用，液压缸以全速动作；换向阀处于右位时，节流阀起作用，液压缸以设定的速度动作。

在图 9-19a 所示的速度换接回路中，

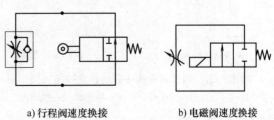

a) 行程阀速度换接   b) 电磁阀速度换接

图 9-19　二通换向阀速度换接回路

因为行程阀的通油路是由液压缸活塞的行程控制阀芯移动而逐渐关闭的，所以换接时的位置精度高、冲击小，运动速度的变换也比较平稳。这种回路在机床液压系统中应用较多，它的缺点是行程阀的安装位置受一定限制，所以有时管路连接稍复杂。图 9-19b 所示为用电磁换向阀代替行程阀的速度换接回路，这时电磁阀的安装位置不受限制，但其换接精度及速度变换的平稳性较差。

2. 调速阀（节流阀）串并联速度换接回路

对于某些自动机床、注塑机等，需要在自动工作循环中变换两种以上的工作进给速度，这时需要采用两种或多种工作进给速度的换接回路。

图 9-20a 所示为两个调速阀并联，以实现两种工作进给速度换接的回路。液压泵 1 输出的液压油经调速阀 3 和电磁换向阀 5 进入液压缸。当需要第二种工作进给速度时，电磁阀换向 5 通电，其右位接入回路，液压泵输出的液压油经调速阀 4 和电磁换向阀 5 进入液压缸。这种回路中两个调速阀的节流口可以单独调节，互不影响，即第一种工作进给速度和第二种工作进给速度互相之间没有限制。但一个调速阀工作时，另一个调速阀中没有油液通过，其减压阀处于完全打开的位置，在速度换接开始的瞬间不能起减压作用，容易出现工件突然前冲的现象。

图 9-20b 所示为另一种调速阀并联的速度换接回路。在这个回路中，两个调速阀始终处于工作状态，在由一种工作进给速度转换为另一种工作进给速度时，不会出现工件突然前冲的现象，因而工作可靠。但是液压系统在工作中总有一定量的油液通过不起调速作用的那个调速阀流回油箱，造成了能量损失，会使系统发热。

图 9-21 所示为两个调速阀串联的速度换接回路。液压泵 1 输出的液压油经调速阀 3 和

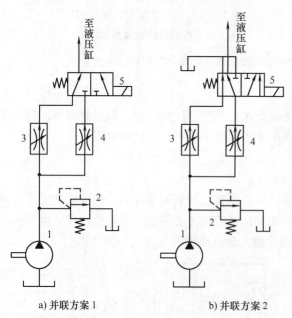

a) 并联方案 1   b) 并联方案 2

图 9-20　两个调速阀并联的速度换接回路

1—液压泵　2—溢流阀　3、4—调速阀　5—换向阀

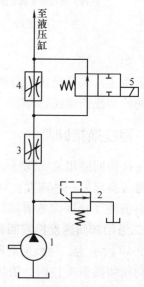

图 9-21　两个调速阀串联的速度换接回路

1—液压泵　2—溢流阀

3、4—调速阀　5—电磁换向阀

电磁换向阀 5 进入液压缸，这时的流量由调速阀 3 控制。当需要第二种工作进给速度时，阀 5 通电，其右位接入回路，则液压泵输出的液压油先经调速阀 3，再经调速阀 4 进入液压缸，这时的流量应由调速阀 4 控制，所以该回路中调速阀 4 的节流口开度应调得比调速阀 3 小，否则调速阀 4 将不起作用。这种回路在工作时，调速阀 3 一直工作，它限制着进入液压缸或调速阀 4 的流量，因此在速度换接时不会使液压缸产生前冲现象，换接平稳性较好。在调速阀 4 工作时，油液需流经两个调速阀，故能量损失较大。

【任务实施】

1. 方案确定与液压控制回路设计

采用电磁换向阀速度换接回路切换钻床快进与工进，为获得平稳的加工速度，这里采用调速阀控制工进速度。钻头快进到加工位置（1S2）后，切换为工进，调速阀控制钻孔加工的慢速稳定进给；退回时，油液流经并联的单向阀，液压缸快速退回。

回路中设有背压阀 1V5，通过背压阀压力的调整获得不同的无杆腔压力。通过给液压缸加载，观察回路的速度负载特性。

其液压与电气控制回路草图如图 9-22 所示，请补充完成虚线框内的电气控制图。

2. 回路的组装与调试

1）根据任务要求设计回路，并在仿真软件上对其进行调试和运行。

2）根据图 9-22 进行液压和电气控制回路的连接和检查。实训中要严格按规范操作，小组协作互助完成。

注意：行程开关 1S1 应布置在液压缸起点处，1S2 应布置在行程中间的适当位置。

3）连接无误后，打开液压泵及电源，观察液压缸的运行情况。

注意：

①起动回路前应将溢流阀的开启压力设置为最低值，然后观察压力表 p_1，调节溢流阀，将泵口压力调节到合适值，同时观察压力表 p_2、p_3 的读数。

②调节调速阀开度，使液压缸活塞杆

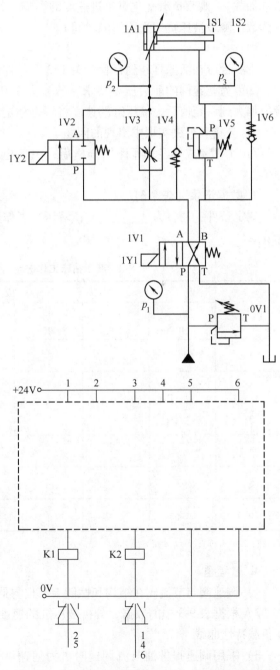

图 9-22 液压钻床自动进给液压与电气控制回路图

191

工进时间为 7~8s。

③观察并测量液压缸的快进速度、工进速度和快退速度。

4）调节调速阀阀口开度，观察速度变化情况，以及调速阀两端压差有无变化。

注意：沿顺时针方向旋转调速阀调节手柄，液压缸活塞的运动速度应当增大，且负载不变，故调速阀两端的压差应当不变。

5）根据表 9-3 检测并记录相关数据。调节溢流阀 1V5，改变回油路背压（相当于给液压缸加载），观察负载变化对工进速度的影响，并记录液压缸工进过程中压力表 p_1、p_2、p_3 的读数，测量液压缸工进所用的时间 t。

注意：

①测量应在活塞杆碰到行程开关 1S2 后至伸出停止范围内进行。

②因为调速阀的前后压差要求，压差大于 0.5~1MPa 时才能使液压缸速度稳定，故当背压加大到一定值后，液压缸的速度将不再稳定，而是逐渐下降。

6）分析和解决实训中出现的问题。

7）实训完成并经教师评估合格后，关闭电源、油源，拆下管线，整理各元件并放回原位。

3. 数据记录（表 9-3）

测定条件：油温为_____℃；液压缸工作进给行程 $L_{工进}$ = _____；有杆腔的有效面积 A_2 = _____

表 9-3　液压钻床工作进给时液压控制回路数据记录

序号	检 测 内 容						
	p_1 /MPa	p_2 /MPa	p_3 /MPa	Δp /MPa	F /kN	t /s	v /(mm/s)
1							
2							
3							
4							
5							
6							

注：$\Delta p = p_1 - p_2$；$F = p_3 A_2$；$v = L_{工进}/t$。

4. 思考题

1）调速阀与节流阀在结构和性能上有何异同？各适用于什么场合？

2）根据表 9-3 中的数据，分析液压缸的速度和负载的变化关系，在图 9-23 中绘制其速度负载特性曲线。

3）采用调速阀进油节流调速时，为何速度负载特性会变硬？而在最后速度却下降得很快？

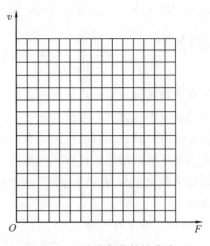

图 9-23　速度负载特性曲线

任务 9.3　油压机液压控制回路的组装与调试

【学习目标】

1）能理解液压快速运动回路的工作原理。

2）能进行液压快速运动回路的搭建和调试。

3）能进行液压快速运动回路常见简单故障的分析与排除。

【任务布置】

图 9-24 所示为一台由小流量泵供油的小型油压机。该设备由一个双作用液压缸带动压头做往复运动，对工件进行压制加工。按下起动按钮 1S3 后，液压缸活塞杆伸出，带动压头高速快进；当压头运动到加工位置时，负载上升，液压缸慢速工进，对工件进行压制加工；当压头运动到行程末端时，触发行程开关 1S2，液压缸带动压头快速返回。

【任务分析】

图 9-24　小型油压机示意图

油压机在工作过程中，当接近工件时，需要有一段快速动作；接触工件后，以缓慢的速度下降对工件进行压制，此时需要较高的压制力。这种回路在快慢速工作时速度和负载相差较大，为提高工作效率，可以采用快速运动回路。

【相关知识】

为了提高生产率，机器工作部件常常要求实现空行程（或空载）时的快速运动，要求液压系统的流量大而压力低，这和工作进给时一般要求流量较小、压力较高的情况正好相反。快速运动回路又称增速回路，其功能在于使液压执行元件获得所需的高速，缩短机械的空行程运行时间，以提高系统的工作效率。下面介绍几种常用的快速运动回路。

9.3.1 差动连接快速运动回路

1. 差动连接的原理

　　差动连接快速运动回路是在不增加液压泵输出流量的情况下，来提高工作部件运动速度的一种快速运动回路，其实质是改变液压缸的有效作用面积。

　　单杆活塞式液压缸的连接方式有三种：无杆腔进油、有杆腔进油、差动连接。其中，单杆活塞式液压缸的两腔同时通入液压油的油路连接方式称为差动连接，作差动连接的单杆活塞缸称为差动液压缸。在输入压力和流量相同的情况下，三种连接方式中，差动连接可以获得最快的运动速度，而且推力较小。

　　差动连接示意图如图 9-25 所示，其工作原理在任务 6.2 中已做详细分析。

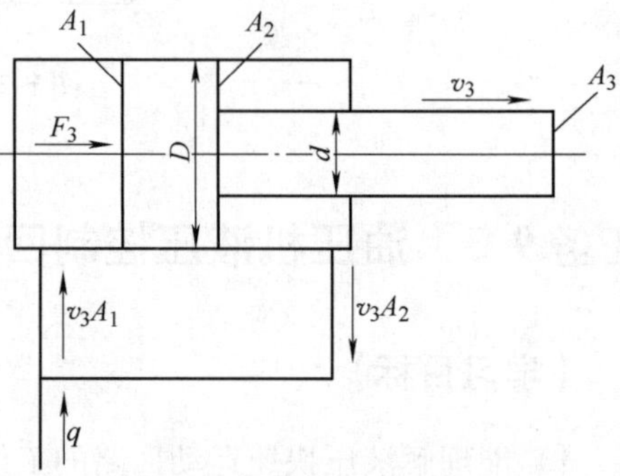

　　采用差动连接的快速运动回路方法简单、较经济，但快、慢速度的换接不够平稳。必须注意：差动回路的换向阀和油管通道应按差动时的流量选择，否则流动液阻将过大，会使液压泵的部分油液从溢流阀流回油箱，导致速度减慢，甚至不起差动作用。

図 9-25　差动连接示意图

2. 差动连接的实现方法

　　1）利用换向阀中位机能实现差动连接　　如图 9-26 所示，采用换向阀的 P 型中位机能可以实现液压缸的差动连接。

　　2）利用二位换向阀实现差动连接　　如图 9-27 所示，当二位换向阀切换至左位时，液压缸差动连接，活塞杆快速伸出；当二位换向阀切换至右位时，液压缸有杆腔进油，活塞杆退回。

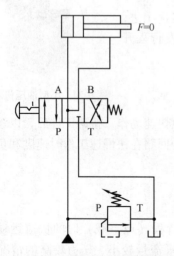

图 9-26　利用换向阀中位机能实现差动连接

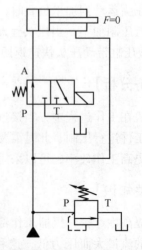

图 9-27　利用二位换向阀实现差动连接

3）利用卸荷阀实现差动连接 如图9-28所示，三位换向阀1V2左位工作，当液压缸空载或负载很小时，卸荷阀1V1（液控顺序阀）关闭，液压缸有杆腔排出的油液经单向阀汇合进入液压缸无杆腔，实现液压缸差动连接，活塞杆快速伸出；当液压缸负载加大时，进油路压力升高，卸荷阀1V1打开，有杆腔排出的油液经卸荷阀回油箱，活塞杆慢速伸出。

利用卸荷阀设计差动连接回路时，可以根据负载变化情况自动切换液压缸连接方式。

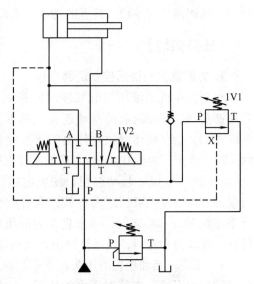

图9-28 利用卸荷阀实现差动连接

9.3.2 双泵供油快速运动回路

双泵供油快速运动回路即双泵供油的卸荷回路，它利用低压大流量泵和高压小流量泵并联为系统供油，其回路图和原理分析见8.1.3节。双泵供油回路功率利用合理、效率高，并且速度换接较平稳，在快、慢速度相差较大的机床中应用很广泛；其缺点是要使用一个双联泵，油路系统也稍复杂。

9.3.3 增速缸快速运动回路

图9-29所示为增速缸快速运动回路。增速缸是一种复合缸，由活塞缸和柱塞缸组合而成。当手动换向阀的左位接入系统时，液压油经柱塞孔进入增速缸小腔1，推动活塞快速向右移动，大腔2所需油液由充液阀（液控单向阀）3从油箱吸取，活塞缸右腔的油液经换向阀流回油箱。当执行元件接触加工工件导致负载增加时，系统压力升高，顺序阀4开启，充液阀3关闭，高压油进入增速缸大腔2，活塞转换成慢速前进，推力增大。换向阀右位接入时，液压油进入活塞缸右腔，打开充液阀3，大腔2的回油通过充液阀3流回油箱。该回路的增速比大、效率高，但液压缸结构复杂，常用于液压机中。

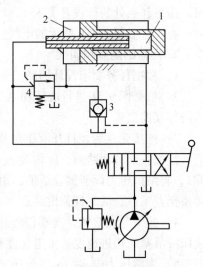

图9-29 增速缸快速运动回路

1—增速缸小腔 2—增速缸大腔

3—充液阀 4—顺序阀

9.3.4 采用蓄能器的快速运动回路

采用蓄能器的快速运动回路，是在执行元件不动或需要较少的液压油时，将多余的液压油储存在蓄能器中，需要快速运动时再将其释放出来。该回路设计的关键在于能量储存和释放的控制方式。图9-30所示为一种采用蓄能器的快速运动回路，用于液压缸间歇式工作的场合。当液压缸不动时，换向阀3中位将液压泵与液压缸断开，液压泵的油液经单向阀给蓄能器4充油。当蓄能器4的压力达到卸荷阀1的调定压力时，阀1开启，液压泵卸荷。当需要液压缸动作时，阀3换向，溢流阀2关闭后，蓄能器4和泵一起给液压缸供油，实现快速运动。该回路可减小液压装置的功率，实现高速运动。

【任务实施】

1. 方案确定与液压控制回路设计

小型油压机的液压与电气控制回路如图 9-31 所示，采用卸荷阀实现液压缸的差动连接，基本工作原理与图 9-28 相似，为使液压缸快速伸出时速度稳定，设置平衡阀 1V3，设定压力为 0.8MPa。其工作过程如下：

1）快进　按下起动按钮，使电磁铁 1Y1 通电，来自泵的液压油流入液压缸无杆腔，有杆腔排出的油液打开平衡阀 1V3 和单向阀，与来自泵的液压油汇合流入无杆腔，构成差动连接，活塞杆伸出，压头快速下降。

2）工进　当油压机的压头在下端与材料接触时，管路内的压力升高，在控制压力的作用下，卸荷阀 1V4 打开，使有杆腔的油液经卸荷阀流回油箱，构成无杆腔进油

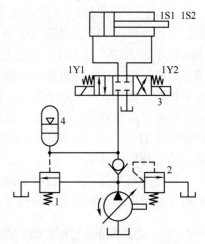

图 9-30　采用蓄能器的快速运动回路
1—卸荷阀　2—溢流阀
3—换向阀　4—蓄能器

方式，输出较大的推力。由于软件功能限制，可直接调整液压缸负载 F，模拟快进和工进。

3）快退　加工完毕后，行程开关 1S2 发出信号，1Y1 断电、1Y2 通电，液压缸快速退回，压下起点处的行程开关 1S1，1Y2 断电，一个工作循环结束。

补充完成图 9-31b 所示的电气控制图。

2. 回路的组装和调试

1）根据任务要求设计回路，并在仿真软件上对其进行调试和运行。

2）根据图 9-31 进行液压和电气控制回路的连接和检查。实训中要严格按规范操作，小组协作互助完成。

3）连接无误后，打开液压泵及电源，观察液压缸的运行情况。

注意：起动回路前，应将溢流阀的开启压力设置为最低值，起动回路后调节溢流阀 0Z1，将泵口压力调节到合适值，由于换向阀采用 M 型中位机能，溢流阀的压力应在换向阀切换至左工位、活塞杆伸出终点停止后调节。

4）按下起动按钮，观察行程开关与电磁铁的动作，以及相应液压缸的运动情况，测量液压缸活塞的快进速度、工进速度和快退速度。

5）观察压力表 p_1、p_2，分析差动连接时液压缸左、右腔的压力变化情况，以及工进、快退时液压缸左、右腔的压力变化情况。

注意：

①差动连接时，系统负载接近于零，液压缸活塞杆全速伸出，有杆腔压力稍高于无杆腔压力。

②工进时，无杆腔压力高于有杆腔压力。

③快退时，液压缸有杆腔压力稍高于无杆腔压力。

6）分析和解决实训中出现的问题。

7）实训完成并经教师评估合格后，关闭电源、油源，拆下管线，整理各元件并放回原位。

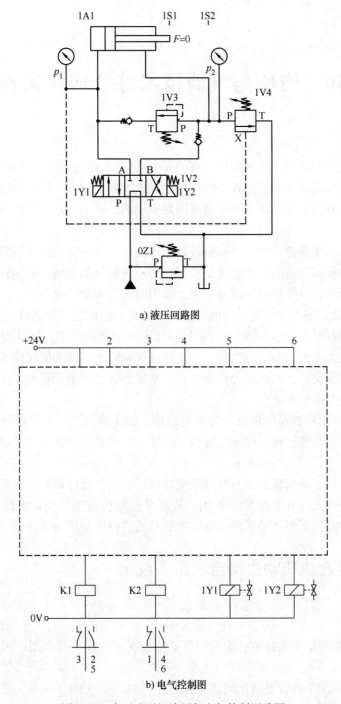

a) 液压回路图

b) 电气控制图

图 9-31　小型油压机液压与电气控制回路图

3. 思考题

1）选择差动回路中液压元件的额定流量时应注意什么问题？

2）试比较液压缸差动连接与其他两种进油方式（有杆腔进油和无杆腔进油）在液压缸输出性能上有何异同。

项目 10　液压与气动技术综合应用实例分析

【项目描述】

液压与气动技术广泛地应用于国民经济的各个部门和各个行业，不同行业的液压与气动设备，其工况特点、动作循环、工作要求、控制方式等差别很大。但一台机器设备的液压与气动系统无论有多复杂，都是由若干个基本回路组成的，基本回路的特性也就决定了整个系统的特性。

之前项目中的工作任务，大多是实际设备上液压与气动系统的提炼和简化，实际设备的液压与气动系统往往比较复杂，要想真正读懂并非一件容易的事情，必须按照一定的方法和步骤，做到循序渐进，分块进行，逐步完成。读图的大致步骤一般如下：

1）认真分析设备的工作原理、性能特点，了解其对液压与气动系统的工作要求。

2）根据设备对液压与气动系统执行元件动作循环的具体要求，从动力元件到执行元件和从执行元件到动力元件双向同时进行，按油路或气路的走向初步阅读液压与气动系统原理图，寻找它们的连接关系，以执行元件为中心将系统分解成若干子系统，读图时要按照先读控制回路后读主回路的顺序进行。

3）按照系统组成中的基本回路（如换向回路、调速回路、压力控制回路等）来分解系统的功能，并根据设备各执行元件间的互锁、同步、顺序动作和防干扰等要求，全面读懂液压与气动系统原理图。

本项目主要介绍一些典型液压与气动系统的应用实例，通过研究这些系统的工作原理和性能特点，分析各种元件在系统中的作用，从而掌握分析液压与气动系统的一般步骤和方法，为读懂较复杂的液压与气动系统，并在今后对其进行的分析与设计打下坚实基础。

任务 10.1　组合机床动力滑台液压系统

【学习目标】

1）能够综合运用电气液技术，识读中等复杂程度液压设备原理图、执行元件动作循环图、顺序动作表。

2）能够分析系统中各分系统之间的动作顺序、联动、互锁、同步、抗干扰等方面的要求和实现方法。

【任务布置】

组合机床是一种由通用部件和部分专用部件组合而成的高效、工序集中的专用机床，具有加工能力强、自动化程度高、经济性好等优点。动力滑台是组合机床上实现进给运动的一种通用部件，配上动力头和主轴箱可以完成钻、扩、铰、镗、铣、攻螺纹等工序，能加工孔和端面，广泛应用于大批量生产的流水线上。卧式组合机床如图 10-1 所示。

要求阅读组合机床动力滑台液压系统原理图，分析其工作过程。

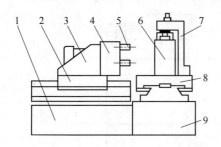

图 10-1　卧式组合机床

1—床身　2—动力滑台　3—动力头　4—主轴箱
5—刀具　6—工件　7—夹具　8—工作台　9—底座

【相关知识】

10.1.1　YT4543 型动力滑台液压系统的工作原理

图 10-2 为 YT4543 型动力滑台的液压系统原理图，该滑台由液压缸驱动，系统用限压式变量叶片泵供油，由三位五通电液换向阀换向，用液压缸差动连接实现快进，用调速阀调节实现工进，由两个调速阀串联、电磁铁控制实现一工进和二工进的转换，用挡铁保证进给的位置精度。系统能够实现快进→一工进→二工进→进给终点停留→快退→原位停止。表 10-1 为该滑台的动作循环表（表中"＋"表示电磁铁得电，"－"表示电磁铁断电）。具体工作情况如下：

1. 快进

人工按下自动循环起动按钮，使电磁铁 1Y 得电，电液换向阀中的先导阀 5 左位接入系统，在控制油路驱动下，液动换向阀 4 左位接入系统，系统开始实现快进。由于快进时滑台上无工作负载，液压系统只需克服滑台的惯性力和导轨的摩擦力，泵的出口压力很低，使限压式变量叶片泵 1 处于最大偏心距状态，输出最大流量，外控式顺序阀 3 处于关闭状态，通过单向阀 12 的单向导通和行程阀 9 右位接入系统，使液压缸处于差动连接状态，实现快进。这时油路的流动情况为：

控制油路 { 进油路：泵 1→先导阀 5(左位)→单向阀 13→主阀 4(左位)。
回油路：主阀 4(右位)→节流阀 16→先导阀 5(左位)→油箱。

主油路 { 进油路：泵 1→单向阀 11→主阀 4(左位)→行程阀 9(右位)→液压缸左腔。
回油路：液压缸右腔→主阀 4(左位)→单向阀 12→行程阀 9(右位)→液压缸左腔。

2. 一工进

当滑台快进到预定位置时，其上的行程挡块压下行程阀 9，使行程阀左位接入系统，单向阀 12 与行程阀 9 之间的油路被切断，单向阀 10 反向截止，3Y 又处于失电状态，液压油只能经过调速阀 6、电磁阀 8 的右位进入液压缸左腔。由于调速阀 6 接入系统，造成系统压力升高，系统进入容积节流调速工作方式，第一次工进（一工进）开始。这时，其余液压

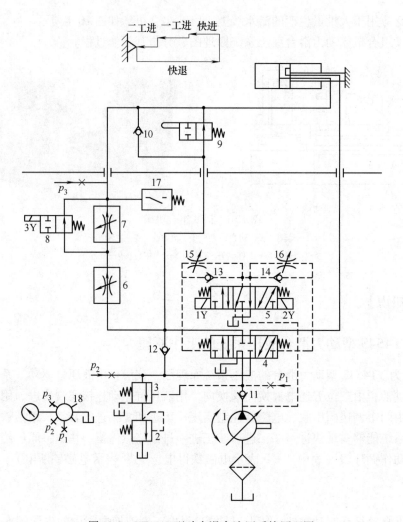

图 10-2 YT4543 型动力滑台液压系统原理图

1—限压式变量叶片泵 2—背压阀 3—外控式顺序阀 4—液动换向阀（主阀） 5—电磁先导阀
6、7—调速阀 8—电磁阀 9—行程阀 10、11、12、13、14—单向阀 15、16—节流阀
17—压力继电器 18—压力表开关 p_1、p_2、p_3—压力表接点

表 10-1 YT4543 型动力滑台液压系统动作循环表

动作名称	信号来源	电磁铁工作状态			液压元件工作状态				
		1Y	2Y	3Y	顺序阀3	先导阀5	主阀4	电磁阀8	行程阀9
快进	人工按下起动按钮	+	−	−	关闭			右位	右位
一工进	挡块压下行程阀9	+	−	−	打开	左位	左位		左位
二工进	挡块压下行程开关	+	−	+				左位	
进给终点停留	滑台靠压在挡块处	+	−	−					
快退	压力继电器17发出信号	−	+	+	关闭	右位	右位		右位
原位停止	挡块压下终点开关	−	−	−		中位	中位	右位	

元件所处状态不变，但顺序阀 3 被打开，由于压力的反馈作用，使限压式变量叶片泵 1 的输出流量与调速阀 6 的流量自动匹配。这时油路的流动情况为：

进油路：泵 1→单向阀 11→换向阀 4（左位）→调速阀 6→电磁阀 8（右位）→液压缸左腔。

回油路：液压缸右腔→换向阀 4（左位）→顺序阀 3→背压阀 2→油箱。

3. 二工进

当滑台第一次工作进给结束时，装在滑台上的另一个行程挡块压下行程开关，使电磁铁 3Y 得电，电磁换向阀 8 左位接入系统，液压油经调速阀 6、调速阀 7 后进入液压缸左腔，此时，系统仍然处于容积节流调速状态，第二次工进（二工进）开始。由于调速阀 7 的开度比调速阀 6 小，使系统工作压力进一步升高，限压式变量叶片泵 1 的输出流量进一步减少，滑台的进给速度降低。这时油路的流动情况为：

进油路：泵 1→单向阀 11→换向阀 4（左位）→调速阀 6→调速阀 7→液压缸左腔。

回油路：液压缸右腔→换向阀 4（左位）→顺序阀 3→背压阀 2→油箱。

4. 进给终点停留

当滑台以二工进速度运动到终点时，碰上事先调整好的挡块，使滑台不能继续前进而被迫停留。此时，油路状态保持不变，泵 1 仍在继续运转，使系统压力不断升高，泵的输出流量不断减少，直到流量全部用来补偿泵的泄漏，系统没有流量。由于流过调速阀 6 和 7 的流量为零，阀前后的压力差为零，从泵 1 出口到液压缸之间的液压油路段变为静压状态，使整个油路上的液压力相等，即液压缸左腔的压力升高到泵出口的压力。由于液压缸左腔压力的升高，引起压力继电器 17 动作并发出信号给时间继电器（图 10-1 中未画出），经过时间继电器的延时处理，使滑台在固定挡铁处停留一定时间后开始下一个动作。

5. 快退

当滑台停留一定时间后，时间继电器发出快退信号，使电磁铁 1Y 失电、2Y 得电，先导阀 5 右位接入系统，控制油路换向，使液动阀 4 右位接入系统，主油路换向。由于此时滑台上没有外负载，系统压力下降，限压式变量液压泵 1 的流量又自动增至最大，有杆腔进油、无杆腔回油，使滑台实现快速退回。这时油路的流动情况为：

控制油路 { 进油路：泵 1→先导阀 5（右位）→单向阀 14→主阀 4（右位）。
回油路：主阀 4（左位）→节流阀 15→先导阀 5（右位）→油箱。

主油路 { 进油路：泵 1→单向阀 11→换向阀 4（右位）→液压缸右腔。
回油路：液压缸左腔→单向阀 10→换向阀 4（右位）→油箱。

6. 原位停止

当滑台快退到原位时，另一个行程挡块压下原位行程开关，使电磁铁 1Y、2Y 和 3Y 都失电，先导阀 5 在对中弹簧作用下处于中位，液动换向阀 4 左右两边的控制油路都通油箱，因而阀 4 也在其对中弹簧作用下回到中位，液压缸两腔封闭，滑台停止运动，泵 1 卸荷。这时油路的流动情况为：

卸荷油路：泵 1→单向阀 11→换向阀 4（中位）→油箱。

10.1.2 YT4543 型动力滑台液压系统的特点

由以上分析可以看出，该液压系统主要由以下基本回路组成：由限压式变量液压泵、调速阀和背压阀组成的容积节流调速回路；液压缸差动连接的快速运动回路；电液换向阀的换向回路；由行程阀、电磁阀、顺序阀、两个调速阀等组成的快慢速换接回路；采用电液换向阀 M 型中位机能和单向阀的卸荷回路等。该液压系统的主要性能特点如下：

1）采用了由限压式变量液压泵和调速阀组成的容积节流调速回路，它能保证液压缸具有稳定的低速运动、较好的速度刚性和较大的调速范围。回油路上的背压阀除了可以防止空气侵入系统外，还可使滑台承受一定的负值负载。

2）采用了限压式变量液压泵和液压缸差动连接来实现快进，得到较大的快进速度，能量利用也比较合理。滑台工作间歇停止时，系统利用单向阀和 M 型中位机能换向阀串联使液压泵卸荷，既减少了能量损耗，又使控制油路保持一定的压力，以保证下一工作循环的顺利起动。

3）采用行程阀和外控顺序阀实现快进与工进的转换，不但简化了油路，而且使动作可靠，换接位置精度较高。两次工进速度的换接采用布局简单、灵活的电磁阀，保证了换接精度，避免了换接时滑台前冲，采用挡块作为限位装置，定位准确、可靠，重复精度高。

4）采用换向时间可调的三位五通电液换向阀来切换主油路，使滑台的换向平稳，冲击和噪声小。同时，电液换向阀的五通结构使滑台进和退时分别从两条油路回油，这样滑台快退时系统没有背压，减少了压力损失。

5）系统回路中的三个单向阀 10、11 和 12 的用途完全不同。阀 11 使系统在卸荷情况下能够得到一定的控制压力，实现系统在卸荷状态下平稳换向。阀 12 用于实现快进时的差动连接，工进时液压油与回油的隔离。阀 10 实现快进与两次工进时的反向截止以及快退时的正向导通，使滑台快退时的回油通过管路和换向阀 4 直接回油箱，以尽量减少系统快退时的能量损失。

【任务实施】

1）阅读 YT4543 型动力滑台液压系统原理图，并分析其工作过程。
2）利用 FluidSIM 软件绘制注塑机液压系统原理图。

任务 10.2　3150kN 通用四柱液压机液压系统

【学习目标】

1）能够综合运用电气液技术，识读中等复杂程度的液压设备原理图、执行元件动作循环图和顺序动作表。
2）能够分析系统中各分系统之间的动作顺序、联动、互锁、同步、抗干扰等方面的要求和实现方法。

【任务布置】

液压机是一种能完成锻压、冲压、冷挤、校直、折边、弯曲、成形、打包等工艺的压力加工机械，它可用于加工金属、塑料、木材、皮革、橡胶等各种材料，具有压力和速度调节范围大、可在任意位置输出全部功率和保持所需压力等优点，在许多工业部门得到了广泛的应用。液压机的类型很多，其中以四柱液压机最为典型，它通常由横梁、导柱、工作台、滑块和顶出机构等部件组成，如图 10-3 所示。这种液压机在它的四个立柱之间安置着上、下两个液压缸，上液压缸驱动上滑块，实现"快速下行→慢速加压→保压延时→快速返回→原位停止"的动作循环；下液压缸驱动下滑块，实现"向上顶出→向下退回→原位停止或浮动压边下行→停止→顶出"的动作循环，如图 10-4 所示。液压机的液压系统以压力控制为主，具有压力高、流量大、功率大的特点。

本任务要求阅读液压机液压系统原理图，并分析其工作过程。

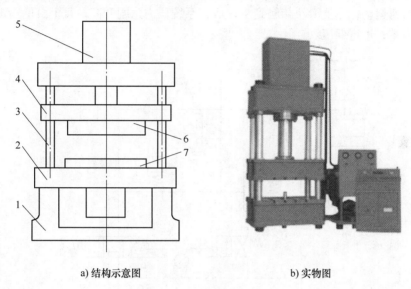

a) 结构示意图   b) 实物图

图 10-3　四柱液压机结构

1—床身　2—工作平台　3—导柱　4—上滑块　5—上缸　6—上滑块模具　7—下滑块模具

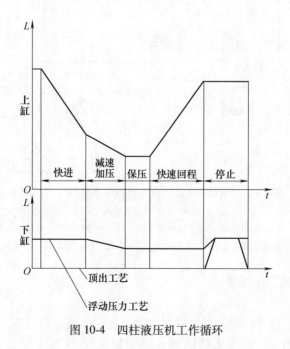

图 10-4　四柱液压机工作循环

【相关知识】

10.2.1　3150kN 通用四柱液压机液压系统的工作原理

图 10-5 为 YB32-200 型液压机液压系统原理图，表 10-2 为该型号液压机液压系统的电磁铁动作顺序表。该液压机的工作特点是上缸竖直放置，当上滑块组件没有接触到工件时，系统为空载高速运动；当上滑块接触到工件后，系统压力急剧升高，且上缸的运动速度迅速降低，直至为零，进行保压。

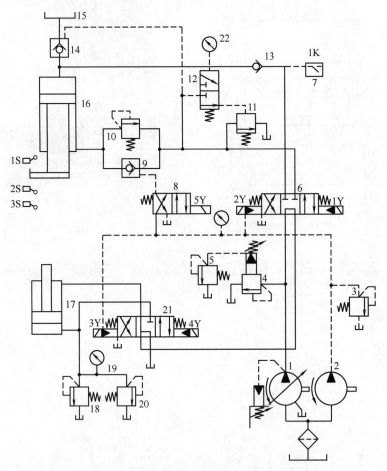

图 10-5　YB32-200 通用液压机液压系统图（3150kN）

1—主泵　2—辅助泵　3、4、18—溢流阀　5—远程调压阀　6、21—电液换向阀　7—压力继电器
8—电磁换向阀　9—液控单向阀　10、20—背压阀　11—顺序阀　12—液动换向阀　13—单向阀
14—充液阀　15—油箱　16—上缸　17—下缸　19—节流器　22—压力表

1. 液压机上滑块的工作过程

（1）起动

按下起动按钮，主泵 1 和辅助泵 2 同时起动，此时系统中所有电磁阀的电磁铁均处于失电状态，主泵 1 输出的油液经电液换向阀 6 的中位及阀 21 的中位流回油箱（处于卸荷状

态），辅助泵 2 输出的油液经低压溢流阀 3 流回油箱，系统空载起动。

表 10-2 3150kN 通用四柱液压机液压系统电磁铁动作顺序表

动作程序		1Y	2Y	3Y	4Y	5Y
上缸	快速下行	+	−	−	−	+
	慢速加压	+	−	−	−	−
	保压	−	−	−	−	−
	泄压回程	−	+	−	−	−
	停止	−	−	−	−	−
下缸	顶出	−	−	+	−	−
	退回	−	−	−	+	−
	压边	+	−	−	−	−
	停止	−	−	−	−	−

（2）快速下行

泵起动后，按下快速下行按钮，电磁铁 1Y、5Y 得电，电液换向阀 6 右位接入系统，控制油液经电磁阀 8 右位使液控单向阀 9 打开，上缸带动上滑块实现空载快速运动。这时油路的流动情况为：

进油路：主泵 1→电液换向阀 6（右位）→单向阀 13→上缸 16（上腔）。

回油路：上缸 16（下腔）→液控单向阀 9→电液换向阀 6（右位）→换向阀 21（中位）→油箱。

由于上缸竖直安放，其滑块在自重作用下快速下降，此时泵 1 虽处于最大流量状态，但仍不能满足上缸快速下降的流量需要，因而在上缸上腔会形成负压，上部油箱 15 中的油液在一定的外部压力作用下，经液控单向阀 14（充液阀）进入上缸上腔，实现对上缸上腔的补油。

（3）慢速下行接近工件并加压

当上滑块下降至一定位置时（事先调好的），压下电气行程开关 2S 后，电磁铁 5Y 失电，阀 8 左位接入系统，使液控单向阀 9 关闭，上缸下腔油液经背压阀 10、阀 6 右位、阀 21 中位回油箱。此时，上缸上腔压力升高，充液阀 14 关闭。上缸滑块在泵 1 的液压油作用下慢速接近要压制成形的工件。当上缸滑块接触工件后，由于负载急剧增加，使上腔压力进一步升高，变量泵 1 的输出流量自动减小。这时油路的流动情况为：

进油路：主泵 1→换向阀 6（右位）→单向阀 13→上缸 16（上腔）。

回油路：上缸 16（下腔）→背压阀 10→换向阀 6（右位）→换向阀 21（中位）→油箱。

（4）保压

当上缸上腔压力达到预定值时，压力继电器 7 发出信号，使电磁铁 1Y 失电，阀 6 回中位，上缸的上、下腔封闭，由于阀 14 和 13 具有良好的密封性能，使上缸上腔实现保压，其保压时间由压力继电器 7 控制的时间继电器调整实现。在上腔保压期间，液压泵卸荷，油路的流动情况为：

主泵 1→换向阀 6（中位）→换向阀 21（中位）→油箱。

（5）泄压、上缸回程

保压过程结束后，时间继电器发出信号，电磁铁 2Y 得电，阀 6 左位接入系统。由于上缸上腔压力很高，液动换向阀 12 上位接入系统，液压油经阀 6 左位、阀 12 上位使外控顺序阀 11 开启，此时泵 1 输出的油液经顺序阀 11 流回油箱。泵 1 在低压下工作，由于充液阀 14 的阀芯为复合式结构，具有先卸荷再开启的功能，所以阀 14 在泵 1 的较低压力作用下，只能打开其阀芯上的卸荷针阀，使上缸上腔中的很小一部分油液经充液阀 14 流回油箱 15，上腔压力逐渐降低。当该压力降到一定值后，阀 12 下位接入系统，外控顺序阀 11 关闭，泵 1 的供油压力升高，使阀 14 完全打开。这时油路的流动情况如下：

进油路：泵 1→阀 6(左位)→阀 9→上缸 16(下腔)。

回油路：上缸 16(上腔)→阀 14→上部油箱 15。

(6) 原位停止

当上缸滑块上升至行程挡块压下电气行程开关 1S 时，电磁铁 2Y 失电，阀 6 中位接入系统，液控单向阀 9 将主缸下腔封闭，上缸在起点原位停止不动，液压泵卸荷。此时油路的流动情况为：

主泵 1→换向阀 6(中位)→换向阀 21(中位)→油箱。

2. 液压机下滑块的工作过程

(1) 向上顶出

工件压制完毕后，按下顶出按钮，使电磁铁 3Y 得电，换向阀 21 左位接入系统。这时油路的流动情况为：

进油路：泵 1→换向阀 6(中位)→换向阀 21(左位)→下缸 17(下腔)。

回油路：下缸 17(上腔)→换向阀 21(左位)→油箱。

(2) 向下退回

下缸 17 活塞上升，顶出压好的工件后，按下退回按钮。电磁铁 3Y 失电、4Y 得电，换向阀 21 右位接入系统，下缸活塞下行，使下滑块退回到原位。这时油路的流动情况为：

进油路：泵 1→换向阀 6(中位)→换向阀 21(右位)→下缸 17(上腔)。

回油路：下缸 17(下腔)→换向阀 21(右位)→油箱。

(3) 浮动压边

有些模具工作时需要对工件进行压紧拉伸。当在压力机上用模具对薄板进行拉伸压边时，要求下滑块上升到一定位置，实现上、下模具的合模，使合模后的模具既能保持一定的压力将工件夹紧，又能使模具随上滑块组件的下压而下降（浮动压边）。这时，换向阀 21 处于中位，由于上缸的压紧力远远大于下缸往上的推力，上缸滑块组件下压时，下缸活塞被迫随之下行，下缸下腔油液经节流器 19 和背压阀 20 流回油箱，使下缸下腔保持所需的向上的压边压力。调节背压阀 20 开启压力的大小，即可起到改变浮动压边力大小的作用。下缸上腔则经阀 21 中位从油箱补油。溢流阀 18 为下缸下腔的安全阀，只有在下缸下腔压力过载时才起作用。

(4) 原位停止

下缸到达下终点后，使所有的电磁铁都断电，各电磁阀均处于原位，泵低压卸荷。

10.2.2 3150kN 通用四柱液压机液压系统性能分析

综上所述，该液压系统主要由压力控制回路、换向回路、快慢速换接回路和平衡锁紧回路等组成。其主要性能特点是：

1）采用高压大流量恒功率（压力补偿）柱塞变量泵供油，通过电液换向阀 6、21 的中位机能使主泵 1 空载起动，在上、下液压缸原位停止时主泵 1 卸荷，利用系统工作过程中压力的变化来自动调节主泵 1 的输出流量，使其与上缸的运动状态相适应，这样既符合液压机的工艺要求，又节省能量。

2）利用上滑块的自重实现上液压缸快速下行，并用充液阀 14 补油，使快速运动回路结构简单，补油充分，且使用的元件少。

3）采用由带缓冲装置的充液阀 14、液动换向阀 12 和外控顺序阀 11 组成的泄压回路，结构简单，减小了上缸由保压转换为快速回程时的液压冲击，使液压缸运动平稳。

4）采用单向阀 13、14 保压，系统卸荷的保压回路在实现上缸上腔保压的同时实现系统卸荷，因此系统的节能效果好。

5）采用由液控单向阀 9 和内控顺序阀组成的平衡锁紧回路，使上缸滑块可以在任何位置处停止，且能够长时间保持在锁定的位置上。

【任务实施】

1）阅读 3150kN 通用四柱液压机液压系统原理图，并分析其工作过程。

2）利用 FluidSIM 软件绘制 3150kN 通用四柱液压机的液压系统原理图。

任务 10.3 注塑机液压系统分析

【学习目标】

1）能够综合运用电气液技术，识读中等复杂程度的液压系统原理图、执行元件动作循环图、顺序动作表。

2）能够分析系统中各分系统之间的动作顺序、联动、互锁、同步、抗干扰等方面的要求和实现方法。

【任务布置】

注塑机是塑料注射成型机的简称，是热塑性塑料制品的成型加工设备。它将塑料颗粒加热熔化后，在高压下快速注入模腔，经一定时间的保压、冷却后，即可成型为相应的塑料制品。由于注塑机具有复杂制品一次成型的能力，因此在塑料机械中，它的应用非常广泛。

注塑机是一种通用设备，通过与不同的专用注射模具配套使用，能够生产出多种类型的塑料制品。注塑机主要由机架，动、静模板，合模保压部件，预塑、注射部件，液压系统，电气控制系统等组成。注塑机的动模板和静模板用来成对安装不同类型的专用注射模具。合模保压部件有两种结构形式：一种是用液压缸直接推动动模板工作；另一种是用液压缸推动机械机构，再由机械机构驱动动模板工作（机液联合式）。

要求阅读注塑机液压系统原理图，并分析其工作过程。

【相关知识】

10.3.1 注塑机的工作要求

注塑机整个工作过程中的运动复杂、动作多变、系统压力变化大。其结构原理图如图10-6所示，工作循环如下：

合模→注射座整体快进→注射→保压→减压、再增压→预塑→注射座后退→开模→顶出制品→推料缸退回→系统卸荷

以上动作分别由合模缸、注射座移动缸、预塑液压马达、注射缸、推料缸完成。

注塑机液压系统要求有足够的合模力，可调节的合模、开模速度，可调节的注射压力和注射速度，保压及可调的保压压力，系统还应设置安全联锁装置。

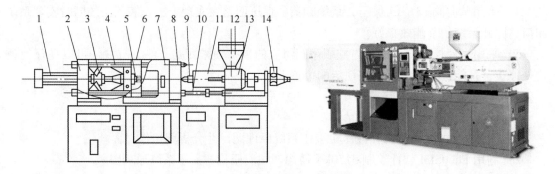

图10-6　注射机结构原理图

1—合模液压缸　2—后固定模板　3—曲轴连杆机构　4—拉杆　5—推料缸　6—动模板　7—安全门
8—前固定模板　9—注射螺杆　10—注射座移动缸　11—机筒　12—料斗　13—注射缸　14—液压马达

10.3.2 注塑机的工作原理

图10-7所示为250g注塑机液压系统原理图。该注塑机每次最大注射量为250g，属于中小型注射机。该注塑机各执行元件的动作循环主要依靠行程开关切换电磁换向阀来实现。电磁铁动作顺序表见表10-3。

表 10-3　250g 注塑机液压系统原理图电磁铁动作表

动作顺序		1Y	2Y	3Y	4Y	5Y	6Y	7Y	8Y	9Y	10Y	11Y
合模	起动慢移	+	–	–	–	–	–	–	–	–	+	–
	快速合模	+	–	–	–	+	–	–	–	–	+	–
增压锁模		+	–	–	–	–	–	+	–	–	+	–
注射座整体快进		–	–	–	–	–	–	+	–	+	+	–
注射		–	–	–	+	–	–	+	–	+	+	–
保压		–	–	+	–	–	–	+	–	+	+	–
减压排气		–	+	–	–	–	–	–	–	+	+	–

动作顺序		1Y	2Y	3Y	4Y	5Y	6Y	7Y	8Y	9Y	10Y	11Y
再增压		+	–	–	–	–	–	+	–	+	+	–
预塑		–	–	–	–	–	+	+	–	+	+	–
注射座后退		–	–	–	–	–	–	–	+	–	+	–
开模	慢速开模	+	+	–	–	–	–	–	–	–	+	–
	快速开模	+	–	–	–	+	–	–	–	–	+	–
顶出制品	顶出缸伸出	–	–	–	–	–	–	–	–	–	+	+
	顶出缸退回	–	–	–	–	–	–	–	–	–	+	–
系统卸荷		–	–	–	–	–	–	–	–	–	–	–

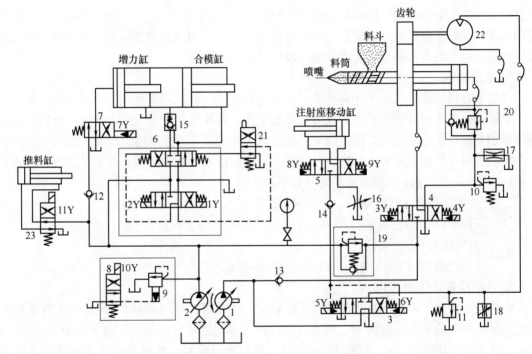

图 10-7　250g 注塑机液压系统原理图

1—大流量液压泵　2—小流量液压泵　3、4、6、7—电液换向阀　5、8、23—电磁换向阀
9、10、11—溢流阀　12、13、14—单向阀　15—液控单向阀　16—节流阀
17、18—调速阀　19、20—单向顺序阀　21—行程阀　22—液压马达

为保证安全生产，注塑机设置了安全门，并在安全门下装设一个行程阀 21 加以控制，只有在安全门关闭、行程阀 21 上位接入系统的情况下，系统才能进行合模运动。

1. 合模

合模是动模板向定模板靠拢并最终合拢的过程。动模板由合模液压缸或机液组合机构驱动，合模速度一般按慢→快→慢的顺序进行。

1）动模板慢速合模运动　按下合模按钮后，电磁铁 1Y、10Y 得电，电液换向阀 6 右位，电磁换向阀 8 上位接入系统。低压大流量液压泵 1 通过电液换向阀 3 的 M 型中位机能卸荷,高压小流量液压泵2输出的液压油经阀6、阀15进入合模缸左腔,右腔油液经阀6回油箱,合模缸推动动模板开始慢速向右运动。这时油路的流动情况如下:

进油路:液压泵2→电液换向阀6(右位)→单向阀15→合模缸(左腔)。

回油路:合模缸(右腔)→电液换向阀6(右位)→油箱。

2)动模板快速合模运动　当从慢速合模转为快速合模时,动模板上的行程挡块压下行程开关,使电磁铁5Y得电,阀3左位接入系统,大流量泵1不再卸荷,其液压油经单向阀13、单向顺序阀19与液压泵2的液压油汇合,双泵共同向合模缸供油,实现动模板快速合模运动。这时油路的流动情况如下:

进油路:〔(液压泵1→单向阀13→单向顺序阀19)+(液压泵2)〕→电液换向阀6(右位)→单向阀15→合模缸左腔。

回油路:合模缸右腔→电液换向阀6(右位)→油箱。

3)合模前动模板的慢速运动　当动模板快速靠近静模板时,另一个行程挡块压下其对应的行程开关,使电磁铁5Y失电,阀3回到中位,泵1卸荷,油路又恢复到之前的状态,快速合模运动又转为慢速合模运动,直至将模具完全合拢。

2. 增压锁模

动模板合拢到位后又压下一行程开关,使电磁铁7Y得电、5Y失电,泵1卸荷、泵2工作,电液换向阀7右位接入系统,增力缸开始工作,将其活塞输出的推力传递给合模缸的活塞以增加其输出推力。此时,溢流阀9开始溢流,液压泵2的最高输出压力,该压力也是最大合模力下对应的系统最高工作压力。因此,系统的锁模力由溢流阀9调定,动模板的锁紧由单向阀12保证。这时油路的流动情况如下:

进油路 $\begin{cases} 液压泵2→单向阀12→电磁换向阀7(右位)→增压缸(左腔)。 \\ 液压泵2→电液换向阀6(右位)→单向阀15→合模缸(左腔)。 \end{cases}$

回油路 $\begin{cases} 增压缸右腔→油箱。 \\ 合模缸右腔→电液换向阀6(右位)→油箱。 \end{cases}$

3. 注射座整体快进

注射座的整体运动由注射座移动液压缸驱动。当电磁铁9Y得电时,电磁阀5右位接入系统,液压泵2的液压油经阀14、阀5进入注射座移动缸右腔,其左腔油液经节流阀16回油箱。此时注射座整体向左移动,使注射嘴与模具浇口接触。注射座的保压顶紧由单向阀14实现。这时油路的流动情况为:

进油路:液压泵2→单向阀14→注射座移动缸(右腔)。

回油路:注射座移动缸(左腔)→电磁换向阀5(右位)→节流阀16→油箱。

4. 注射

当注射座到达预定位置后,压下行程开关,使电磁铁4Y、5Y得电,电磁换向阀4左位接入系统,阀3左位接入系统。泵1的液压油经阀13,与经阀19而来的液压泵2的液压油汇合,一起经阀4、阀20进入注射缸右腔,左腔油液经阀4回油箱。注射缸活塞带动注射螺杆将料筒前端已经预塑好的熔料经注射嘴快速注入模腔。注射缸的注射速度由旁路节流调速的调速阀17调节。单向顺序阀20在预塑时能够产生一定的背压,以确保螺杆具有一定的推力。溢流阀10起调定螺杆注射压力的作用。这时油路的流动情况为:

进油路:〔(泵1→单向阀13)+(泵2→单向顺序阀19)〕→电磁换向阀4(左位)→单向顺

序阀 20→注射缸（右腔）。

回油路：注射缸（左腔）→电磁阀 4（左位）→油箱。

5. 保压

当注射缸对模腔内的熔料实行保压并补塑时，注射液压缸活塞的位移量较小，只需少量油液即可。所以电磁铁 5Y 失电，阀 3 处于中位，使大流量泵 1 卸荷，小流量泵 2 单独供油，以实现保压，多余的油液经溢流阀 9 回油箱。

6. 减压（放气）、再增压

先让电磁铁 1Y、7Y 失电，电磁铁 2Y 得电；后让 1Y、7Y 得电，2Y 失电，使动模板略松一下后，再继续压紧，尽量排尽模腔中的气体，以保证制品质量。

7. 预塑

保压完毕，从料斗加入的塑料原料被裹在机筒外壳上的电加热器加热，并随着螺杆的旋转，将加热熔化的熔塑带至料筒前端，在螺杆头部逐渐建立起一定压力。当此压力足以克服注射液压缸活塞退回的背压阻力时，螺杆开始逐步后退，并不断将预塑好的塑料送至机筒前端。当螺杆后退到预定位置，即螺杆头部熔料达到所需注射量时，螺杆停止后退和转动，为下一次向模腔注射熔料做好准备。与此同时，已经注射到模腔内的制品的冷却成型过程完成。

预塑螺杆的转动由液压马达 22 通过一对减速齿轮驱动实现。这时，电磁铁 6Y 得电，阀 3 右位接入系统，泵 1 的液压油经阀 3 进入液压马达，液压马达的回油直通油箱。液压马达转速由旁路调速阀 18 调节，溢流阀 11 为安全阀。螺杆后退时，阀 4 处于中位，注射缸右腔油液经阀 20 和阀 4 回油箱，其背压由阀 20 调节。同时活塞后退，注射缸左腔形成真空，此时依靠阀 4 的 Y 型中位机能进行补油。此时油液的流动情况如下：

液压马达回路 $\begin{cases} \text{进油路：泵 1→阀 3（右位）→液压马达 22 进油口。} \\ \text{回油路：液压马达 22 回油口→阀 3（右位）→油箱。} \end{cases}$

液压缸背压回路：注射缸右腔→单向顺序阀 20→调速阀 17→油箱。

8. 注射座后退

保压结束时，电磁铁 8Y 得电，阀 5 左位接入系统，泵 2 的液压油经阀 14、阀 5 进入注射座移动液压缸左腔，其右腔油液经阀 5、阀 16 回油箱，使注射座后退。泵 1 经阀 3 卸荷。此时油液的流动情况如下：

进油路：泵 2→阀 14→阀 5（左位）→注射座移动缸左腔。

回油路：注射座移动缸右腔→阀 5（左位）→节流阀 16→油箱。

9. 开模

开模过程与合模过程相似，开模速度一般经历慢→快→慢的过程。

1）慢速开模　电磁铁 2Y 得电，阀 6 左位接入系统，液压泵的液压油经阀 6 进入合模液压缸右腔，左腔的油经液控单向阀 15、阀 6 回油箱。泵 1 经阀 3 卸荷。

2）快速开模　电磁铁 2Y 和 5Y 都得电，液压泵 1 和 2 的油液汇合流向合模液压缸右腔供油，开模速度提高。

10. 顶出制品

开模完成后，压下一行程开关，使电磁铁 11Y 得电，从泵 2 来的液压油经过单向阀 12、电磁换向阀 23 上位，进入推料缸的左腔，其右腔回油经 23 的上位回油箱。推料缸通过顶杆将已经成型好的塑料制品从模腔中推出。

11. 推料缸退回

推料完成后，电磁阀 11Y 失电，从泵 2 来的液压油经阀 23 下位进入推料缸右腔，左腔回油经阀 23 下位回油箱。

12. 系统卸荷

上述循环动作完成后，系统所有电磁铁都失电。液压泵 1 经阀 3 卸荷，液压泵 2 经先导式溢流阀 8 卸荷。到此，注塑机完成一次完整的工作循环。

10.3.3 注塑机液压系统性能分析

1) 在整个工作循环中，由于合模缸和注射缸等液压缸的流量变化较大，锁模和注射后又要经历较长时间的保压，为合理利用能量，系统采用双泵供油方式；液压缸快速动作（低压大流量）时，采用双液压泵联合供油方式；液压缸慢速动作或保压时，采用高压小流量泵 2 供油、低压大流量泵 1 卸荷的供油方式。

2) 合模液压缸要求实现快、慢速开模、合模和锁模动作，系统采用电液换向阀换向回路控制合模缸的运动方向，为保证有足够的锁模力，系统采用了增力缸作用于合模缸的方式，再通过机液复合机构完成合模和锁模。因此，合模缸结构较小、回路简单。

3) 由于注射液压缸活塞的运动速度较快，但运动平稳性要求不高，故系统采用调速阀旁路节流调速回路。由于预塑时要求注射缸有背压且背压可调，因此，在注射缸无杆腔的出口处串联了一个背压阀。

4) 由于预塑工艺要求注射座移动缸在不工作时应处于有背压且浮动的状态，因此，系统采用 Y 型中位机能的电磁换向阀、顺序阀 20 产生可调背压、回油节流调速回路等措施，调节注射座移动缸的运动速度，以提高运动的平稳性。

5) 预塑时螺杆的转速较高，对速度平稳性要求较低，系统采用调速阀旁路节流调速回路。

6) 由于注塑机的注射压力很大（最大注射压力达 153MPa），为确保操作安全，设置了安全门，并在安全门下端装一个行程阀，串接在电液换向阀 6 的控制油路上，控制合模缸的动作。只有当操作者离开模具，将安全门关闭并压下行程阀后，电液换向阀中才有控制油液进入，合模缸才能实现合模运动，以确保操作者的人身安全。

7) 注塑机的执行元件较多，其循环动作主要由行程开关控制，按预定顺序完成。这种控制方式机动灵活，且系统较简单。

8) 系统工作时，各种执行装置的协同运动较多、工作压力的要求较多且变化较大，分别通过电磁溢流阀 9、10、11，再加上单向顺序阀 19、20 的联合作用，实现系统中不同位置、不同运动状态的不同压力控制。

【任务实施】

1) 阅读注塑机液压系统原理图，并分析其工作过程。

2) 利用 FluidSIM 软件绘制注塑机液压系统原理图。

任务 10.4　气动机械手气压传动系统分析

【学习目标】

1）能够综合运用电气液技术，识读中等复杂程度的气动系统原理图、执行元件动作循环图、X-D 图、顺序动作表、逻辑原理图。

2）能够分析系统中各分系统之间的动作顺序、联动、互锁、同步、抗干扰等方面的要求和实现方法。

【任务布置】

机械手是自动生产设备和生产线上的重要装置之一，它可以根据各种自动化设备的工作需要，按照预定的控制程序动作。在机械加工、冲压、锻造、铸造、装配和热处理等生产过程中，机械手被广泛用来搬运工件，以减轻工人的劳动强度；也可实现自动取料、上料、卸料和自动换刀等功能。气动机械手是机械手的一种，它具有结构简单，重量轻，动作迅速、平稳、可靠和节能等优点。

图 10-8 为用于某专用设备上的气动机械手的结构示意图，它由四个气缸组成，可在三个坐标内工作。图中 A 缸为夹紧缸，其活塞杆退回时夹紧工件，活塞杆伸出时松开工件；B 缸为长臂伸缩缸，可实现伸出和缩回动作；C 缸为立柱升降缸；D 缸为回转缸，该气缸有两个活塞，分别

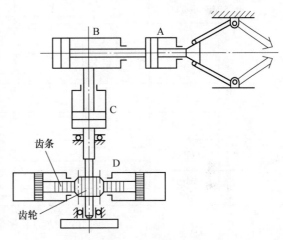

图 10-8　气动机械手的结构示意图

装在带齿条的活塞杆两头，齿条的往复运动带动立柱上的齿轮旋转，从而实现立柱及长臂的回转。

要求阅读气动机械手气压传动系统原理图，并分析其工作过程。

【相关知识】

10.4.1　气动机械手的工作程序图

该气动机械手的控制要求是手动起动后，能从第一个动作开始自动延续到最后一个动作。其要求的动作顺序为起动→立柱下降→伸臂→夹紧工件→缩臂→立柱沿顺时针方向回转→立柱上升→放开工件→立柱沿逆时针方向回转→（循环）。

写成工作程序图为：

$$\underset{q}{\underrightarrow{(qd_0)}} \xrightarrow{} A_1 \xrightarrow{a_1} B_1 \xrightarrow{b_1} B_0 \xrightarrow{b_0} B_1 \xrightarrow{b_1} B_0 \xrightarrow{b_0} A_0 \xrightarrow{a_0} （循环）$$

写成简化式为 $C_0B_1A_0B_0D_1C_1A_1D_0$。

由以上分析可知，该气动系统属于多缸单往复式系统。

10.4.2　气动机械手的 X-D 图

根据上述分析画出气动机械手在 $C_0B_1A_0B_0D_1C_1A_1D_0$ 动作程序下的 X-D 图，如图 10-9 所示。从该图中可以看出其原始信号 c_0 和 b_0 均为障碍信号，必须将其排除。为了减少整个气动系统中元件的数量，这两个障碍信号都采用逻辑回路来排除，排除故障后的执行信号分别为 $c_0^*(B_1)=c_0a_1$ 和 $b_0^*(D_1)=b_0a_0$。

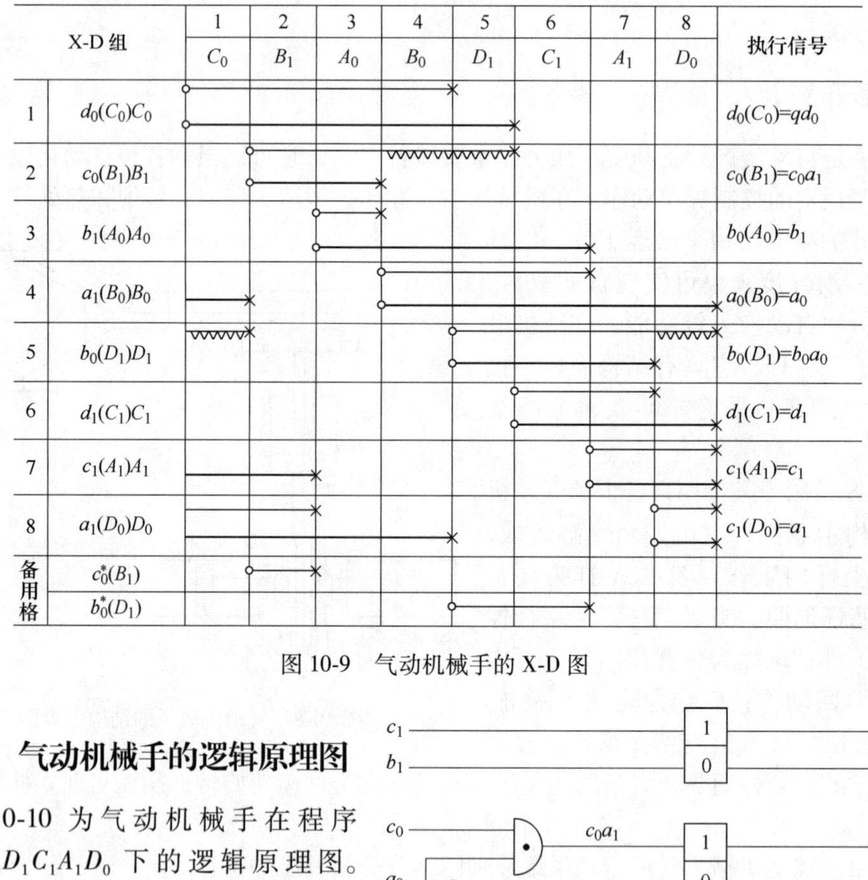

X-D 组		1	2	3	4	5	6	7	8	执行信号
		C_0	B_1	A_0	B_0	D_1	C_1	A_1	D_0	
1	$d_0(C_0)C_0$									$d_0(C_0)=qd_0$
2	$c_0(B_1)B_1$									$c_0(B_1)=c_0a_1$
3	$b_1(A_0)A_0$									$b_0(A_0)=b_1$
4	$a_1(B_0)B_0$									$a_0(B_0)=a_0$
5	$b_0(D_1)D_1$									$b_0(D_1)=b_0a_0$
6	$d_1(C_1)C_1$									$d_1(C_1)=d_1$
7	$c_1(A_1)A_1$									$c_1(A_1)=c_1$
8	$a_1(D_0)D_0$									$c_1(D_0)=a_1$
备用格	$c_0^*(B_1)$									
	$b_0^*(D_1)$									

图 10-9　气动机械手的 X-D 图

10.4.3　气动机械手的逻辑原理图

图 10-10 为气动机械手在程序 $C_0B_1A_0B_0D_1C_1A_1D_0$ 下的逻辑原理图。图 10-10 中列出了四个缸的八种状态及其相应主控阀，左侧列出的是由行程阀、起动阀等发出的原始信号（简略画法）。在三个与门元件中，中间一个与门元件说明起动信号 q 对 d_0 起开关作用，其余两个与门元件则起排除障碍的作用。

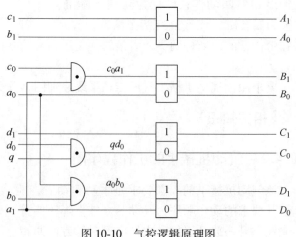

图 10-10　气控逻辑原理图

10.4.4　气动机械手的气动系统原理图

按图 10-10 所示的气控逻辑原理图绘制气动系统原理图，如图 10-11 所示。在 X-D 图中可知，原始信号 c_0、b_0 均为障碍信号，采用逻辑回路法予以排除。故它们应为无源元件，即不能直接与气源相接，由排除故障后的执行信号表达式 $c_0^*(B_1) = c_0 a_1$ 和 $b_0^*(D_1) = b_0 a_0$ 可知，原始信号 c_0 要通过 a_1 与气源相接，b_0 要通过 a_0 与气源相接。

分析图 10-11 可知，按下起动阀 q 后，主控阀 C 处于 C_0 位，活塞杆退回，即得到 C_0；$c_0 a_1$ 使主控阀 B 处于 B_1 位，活塞杆伸出，得到 B_1；活塞杆伸出碰到 b_1，控制气使主控阀 A 处于 A_0 位，1 缸活塞杆退回，即得到 A_0；1 缸活塞杆碰到挡铁 a_0，a_0 又使主控阀 B 处于 B_0 位，2 缸活塞杆返回，即得到 B_0；2 缸活塞杆挡块压下 b_0，$b_0 a_0$ 使主控阀 D 处于 D_1 位，使 4 缸活塞杆向右运动，得到 D_1；4 缸活塞杆上的挡铁压下 d_1，d_1 使主控阀 C 处于 C_1 位，使 3 缸活塞杆伸出，得到 C_1，3 缸活塞杆挡铁压下 c_1，c_1 使主控阀 A 处于 A_1 位，1 缸活塞杆伸出，即得到 A_1；1 缸活塞杆上的挡铁压下 a_1，a_1 使主控阀 D 处于 D_0 位，使 4 缸活塞杆往左，即得到 D_0；4 缸活塞上的挡铁压下 d_0，d_0 经起动阀使主控阀 C 处于 C_0 位，又开始新的一轮工作循环。

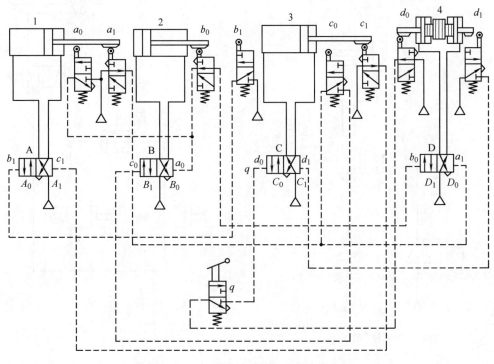

图 10-11　气动机械手的气动系统原理图

【任务实施】

1）阅读气动机械手的气动系统原理图，并分析其工作过程。

2）利用 FluidSIM 软件绘制气动机械手的气动系统原理图。

附　　录

附录 A　部分实训任务控制回路图设计参考

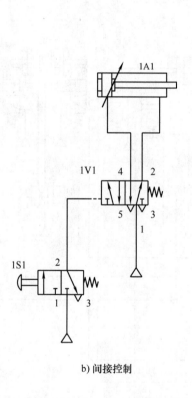

b) 间接控制

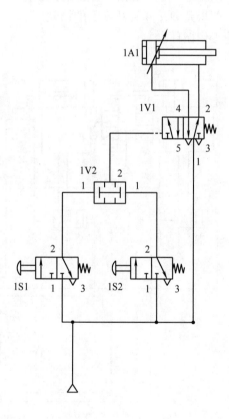

图 A-1　图 2-28 送料装置控制回路设计（1）　　　图 A-2　图 2-35 折边装置控制回路设计（2）

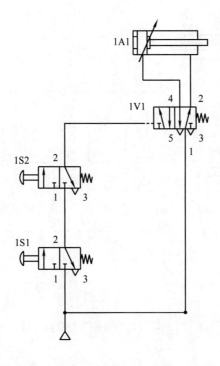

图 A-3　图 2-37 折边装置控制回路设计（3）

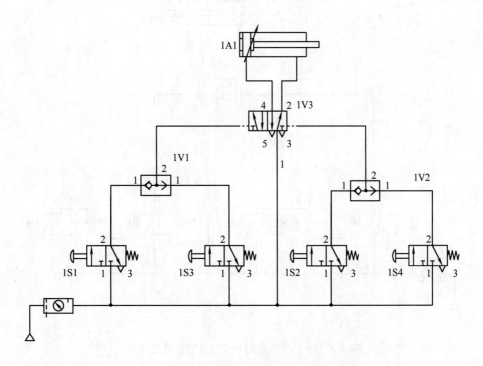

图 A-4　图 2-41 气动门的开关气控回路设计（1）

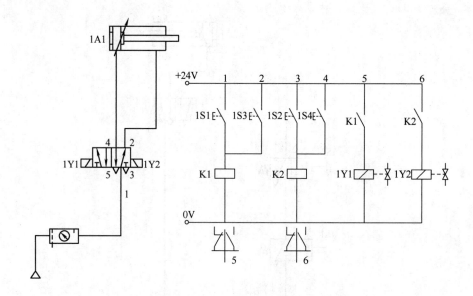

图 A-5　图 2-42 气动门开关气控回路设计（2）

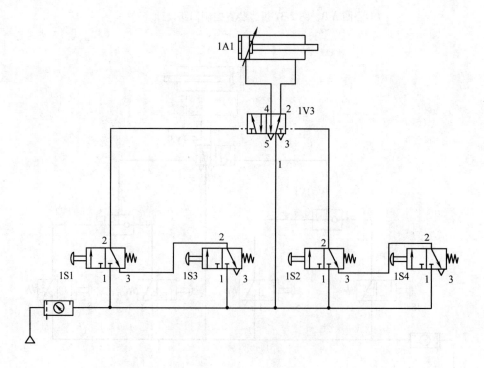

图 A-6　图 2-43 气动门开关气控回路设计（3）

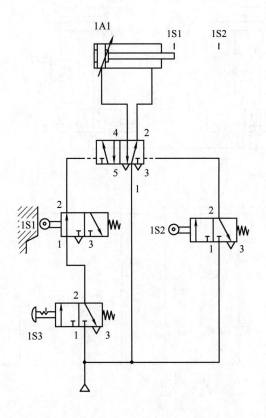

图 A-7　图 2-62 自动送料装置气控回路设计（1）

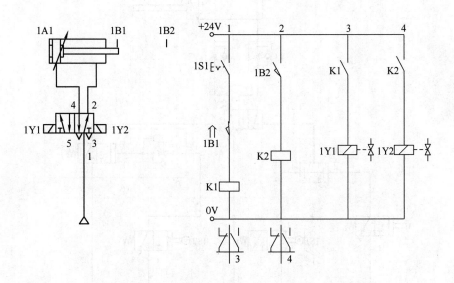

图 A-8　图 2-63 自动送料装置气控回路设计（2）

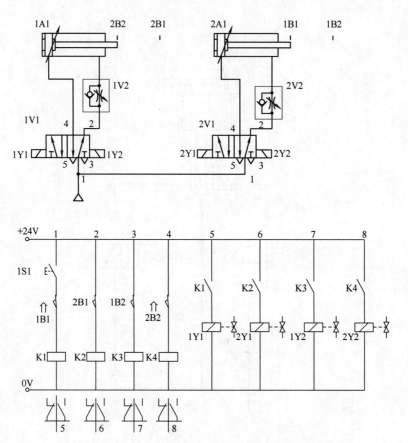

图 A-9　图 3-11 物料推送装置电气控制回路图

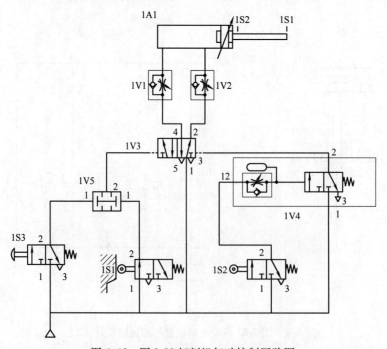

图 A-10　图 3-29 切割机气动控制回路图

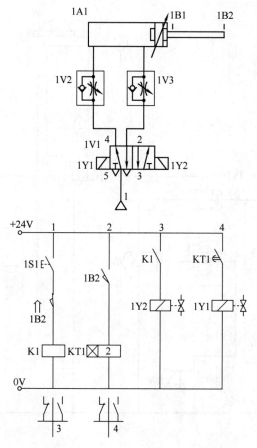

图 A-11　图 3-30 切割机电气控制回路图

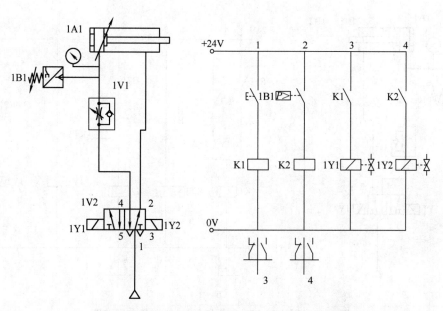

图 A-12　图 4-7 气动压合机（1）电气控制回路图

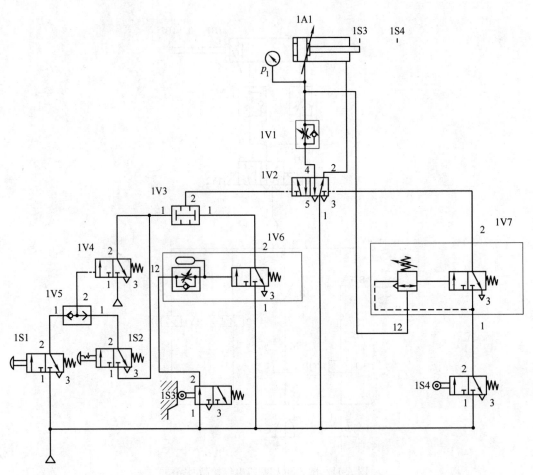

图 A-13　图 4-9气动压合机（2）全气动控制回路图

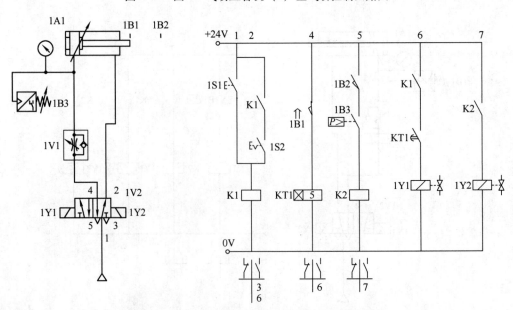

图 A-14　图 4-10气动压合机（2）电气控制回路图

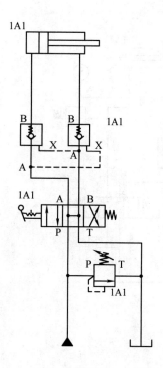

图 A-15　图 7-29 汽车起重机
支腿液压控制回路图

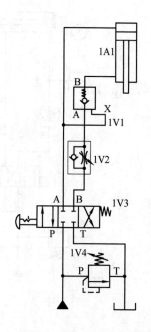

图 A-16　图 8-14 液压起重机
起降控制回路图（方案 2）

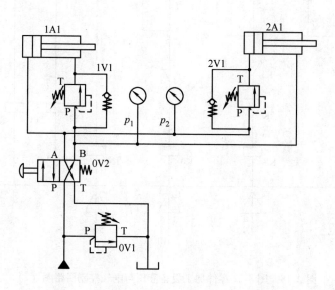

图 A-17　图 8-21 零件加工设备液压控制回路图

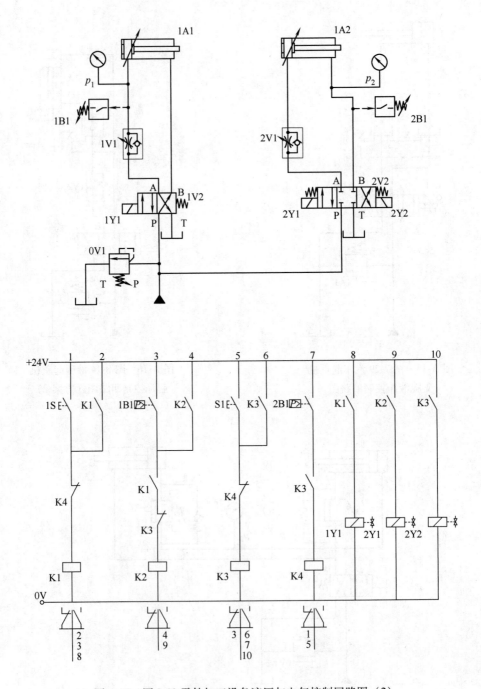

图 A-18　图 8-22 零件加工设备液压与电气控制回路图（2）

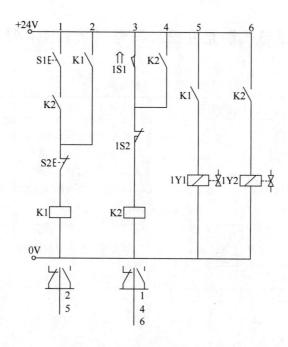

图 A-19　图 9-22 液压钻床自动进给液压与电气控制回路图

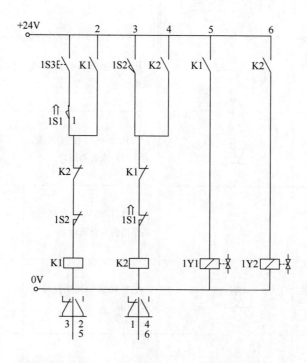

图 A-20　图 9-31 小型油压机液压与电气控制回路图

附录 B 常用液压与气动元件图形符号（摘自 GB/T 786.1—2009）

表 1 控制机构

符号名称或用途	图形符号	符号名称或用途	图形符号
带有分离把手和定位销的控制机构		具有外部先导供油，双比例电磁铁，双向操作，集成在同一组件，连续工作的双先导装置的液压控制机构	
带有定位装置的推或拉控制机构		具有可调行程限制装置的顶杆	
具有 5 个锁定位置的调节控制机构		手动锁定控制机构	
使用步进电动机的控制机构		用作单方向行程操纵的滚轮杠杆	
单作用电磁铁，动作背向阀芯		双作用电气控制机构，动作指向或背离阀芯	
单作用电磁铁，动作指向阀芯，连续控制		双作用电气控制机构，动作指向或背离阀芯	
单作用电磁铁，动作背离阀芯，连续控制		电气操纵的气动先导控制机构	
电气操纵的带有外部供油的液压先导控制机构		机械反馈	

表 2　方向控制阀

符号名称或用途	图形符号	符号名称或用途	图形符号
二位二通方向控制阀，二通，二位，推压控制机构，弹簧复位，常闭		二位四通方向控制阀控制电磁铁操纵液压先导，弹簧复位	
二位四通方向控制阀，电磁铁操纵，弹簧复位		三位四通方向控制阀，弹簧对中，双电磁铁直接操纵，不同中位机能的类别	
二位三通方向控制阀，滚轮杠杆控制，弹簧复位			
二位三通方向控制阀，单电磁铁操纵，弹簧复位，定位销式手动定位			
二位四通方向控制阀，双电磁铁操纵，定位销式（脉冲阀）			
三位四通方向控制阀，电磁铁操纵先导级和液压操作主阀，主阀及先导级弹簧对中，外部先导供油和先导回油		二位四通方向控制阀，液压控制，弹簧复位	
二位二通方向控制阀，二通，二位，电磁铁操纵，弹簧复位，常开		二位五通方向控制阀，踏板控制	
二位三通锁定阀		二位三通液压电磁换向阀座，带行程开关	
		三位四通方向控制阀，液压控制，弹簧对中	
二位三通方向控制阀，电磁铁操纵，弹簧复位，常闭		三位五通方向控制阀，定位销式，各位置杠杆控制	
二位四通方向控制阀，单电磁铁操纵，弹簧复位，定位销式手动定位		二位三通液压电磁换向阀	

227

表 3　压力控制阀

符号名称或用途	图形符号	符号名称或用途	图形符号
溢流阀，直动式，开启液压油弹簧调节	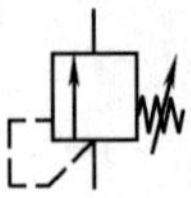	顺序阀，手动调节设定值	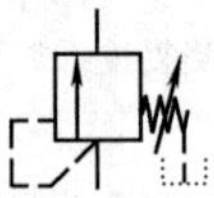
顺序阀，带有旁通阀	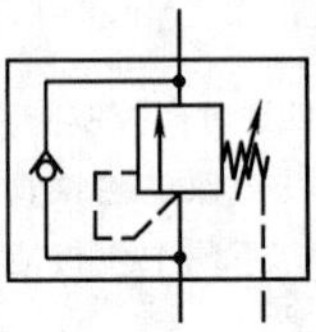	二通减压阀，直动式，外泄型	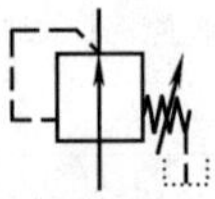
二通减压阀，先导式，外泄型	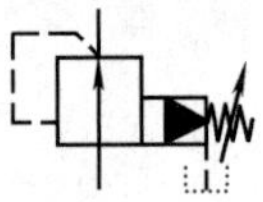	三通减压阀（液压）	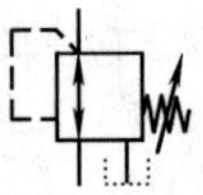

表 4　流量控制阀

符号名称或用途	图形符号	符号名称或用途	图形符号
可调节流量控制阀		集流阀，保持两路输入流量相互恒定	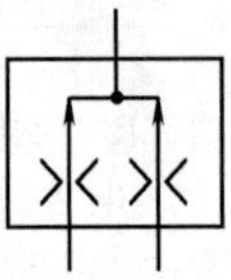
可调节流量控制阀，单向自由流动		二通流量控制阀，可调节，带旁通阀，固定设置，单向流动，基本与黏度和压力差无关	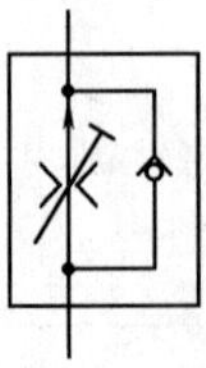
流量控制阀，滚轮杠杆操纵，弹簧复位	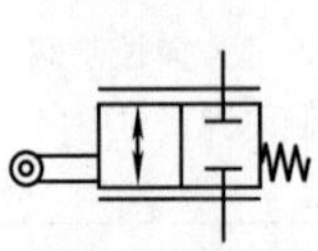		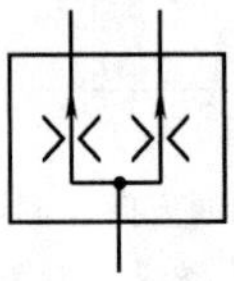
三通流量控制阀，可调节，将输入流量分成固定流量和剩余流量	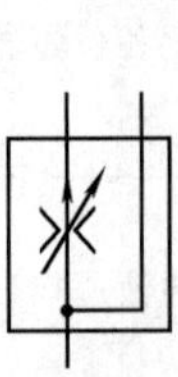	分流器，将输入流量分成两路输出	

228

表5 单向阀和梭阀

符号名称或用途	图形符号	符号名称或用途	图形符号
单向阀,只能在一个方向自由流动		单向阀,带有复位弹簧,只能在一个方向流动,常闭	
先导式液控单向阀,带有复位弹簧,先导压力允许在两个方向自由流动		双单向阀,先导式	
梭阀("或"逻辑),压力高的入口自动与出口接通		快速排气阀	

表6 泵和马达

符号名称或用途	图形符号	符号名称或用途	图形符号
变量泵		双向流动,带外泄油路单向旋转的变量泵	
双向变量泵或马达单元,双向流动,带外泄油路,双向旋转		单向旋转的定量泵或马达	
操纵杆控制,限制转盘角度的泵		限制摆动角度,双向流动的摆动执行器或旋转驱动	
单作用的半摆动执行器或旋转驱动		马达	
空气压缩机		变方向定流量双向摆动马达	

表 7　缸

符号名称或用途	图形符号	符号名称或用途	图形符号
单作用单杆缸,靠弹簧力返回行程,弹簧腔带连接油口	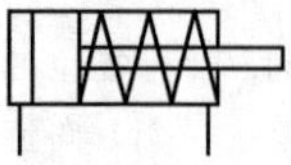	双作用双杆缸,活塞杆直径不同,双侧缓冲,右侧带调节	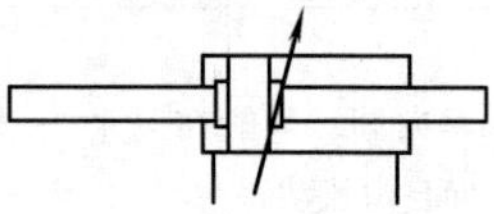
活塞杆终端带缓冲的单作用膜片缸,排气口不连接	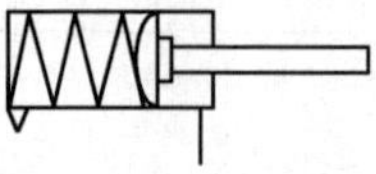	带行程限制的双作用膜片缸	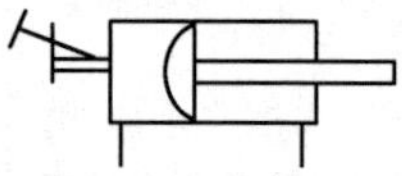
单作用伸缩缸	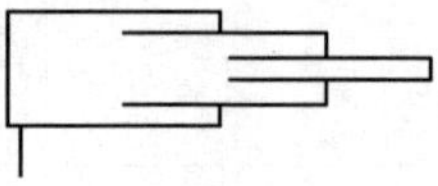	单作用缸,柱塞缸	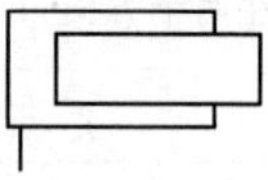
双作用单杆缸	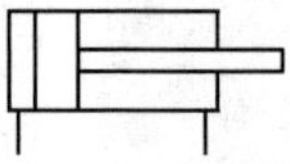	双作用伸缩缸	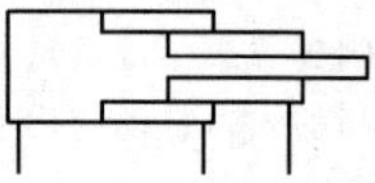

表 8　连接和管接头

符号名称或用途	图形符号	符号名称或用途	图形符号
软管总成		三通旋转接头	
不带单向阀的快换接头,断开状态	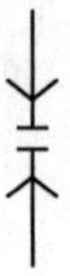	带单向阀的快换接头,断开状态	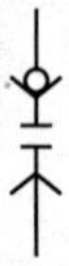
带两个单向阀的快换接头,断开状态		不带单向阀的快换接头,连接状态	
带一个单向阀的快插管接头,连接状态		带两个单向阀的快插管接头,连接状态	

表 9　电气装置

符号名称或用途	图形符号	符号名称或用途	图形符号
可调节的机械电子压力继电器	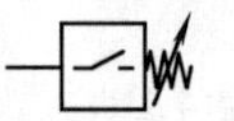	输出开关信号、可电子调节的压力转换器	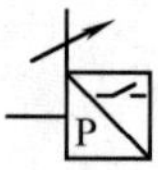
模拟信号输出压力传感器	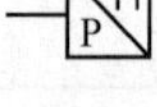		

表 10　测量仪和指示器

符号名称或用途	图形符号	符号名称或用途	图形符号
光学指示器		带选择功能的压力表	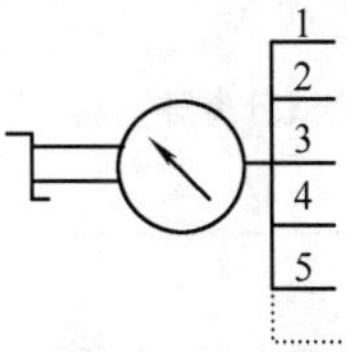
声音指示器		温度计	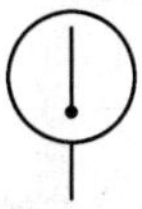
压差计		开关式定时器	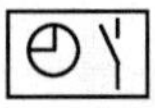
数字式指示器	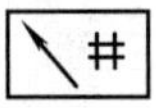	可调电气常闭触点温度计（接点温度计）	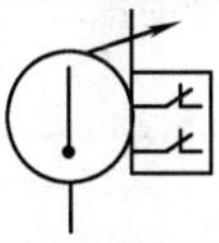
压力测量仪表（压力表）		计数器	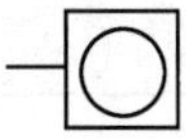

表 11　过滤器和分离器

符号名称或用途	图形符号	符号名称或用途	图形符号
过滤器	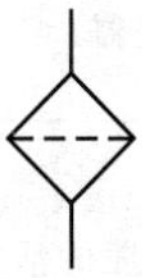	带手动切换功能的双过滤器	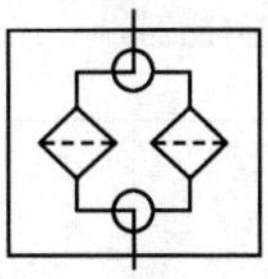
带附属磁性滤芯的过滤器		油箱通气过滤器	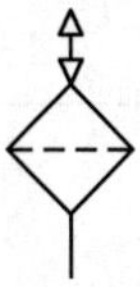
带压力表的过滤器	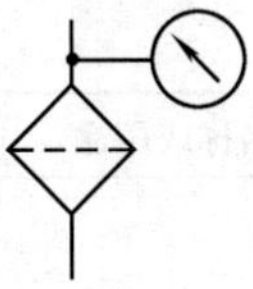	带光学阻塞指示器的过滤器	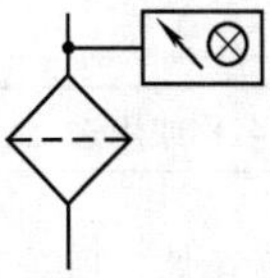
带旁路单向阀的过滤器	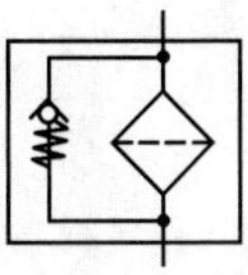	旁路节流过滤器	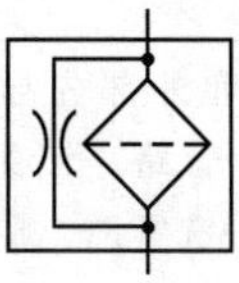

符号名称或用途	图形符号	符号名称或用途	图形符号
离心式分离器		手动排水式油雾器	
手动排水流体分离器		自动排水流体分离器	
带手动排水分离器的过滤器		油雾分离器	
吸附式过滤器		油雾器	
空气干燥器			

表 12　储能器

符号名称或用途	图形符号	符号名称或用途	图形符号
隔膜式充气蓄能器（隔膜式蓄能器）		活塞式充气蓄能器（活塞式蓄能器）	
气瓶		带下游气瓶的活塞式蓄能器	
气罐			

表 13　线

符号名称或用途	图形符号	符号名称或用途	图形符号
供油管路，回油管路		组合元件框线	
内部和外部先导（控制）管路，泄油管路，冲洗管路，放气管路			

附录 C 本书二维码视频清单

书名：液压与气动技术

名称	图形	名称	图形
1.1 图 1-2 气动剪板机仿真		1.1 认识气动剪板机气动系统微课	
1.2 图 1-12 活塞式空气压缩机		1.2 认识气源系统微课	
1.3 认识气动执行元件微课		1.3 图 1-23 单作用气缸	
1.3 图 1-24 双作用气缸		2.1 图 2-2 单向阀结构原理	
2.1 图 2-3 换向阀位、通路的图形符号		2.1 送料装置气控回路组装与调试全气动仿真	
2.1 送料装置气控回路组装与调试全气动控制（双作用气缸）实训		2.1 送料装置气控回路组装与调试微课	
2.1 送料装置气控回路组装与调试气电控制仿真		2.1 送料装置气控回路组装与调试气电控制实训	
2.2 图 2-33 双压阀的结构原理微课		2.2 折边装置气动控制回路组装与调试全气动控制仿真	
2.2 折边装置气动控制回路组装与调试全气动控制实训		2.2 折边装置气动控制回路组装与调试微课	

（续）

名称	图形	名称	图形
2.2 折边装置气动控制回路组装与调试气电控制仿真		2.2 折边装置气动控制回路组装与调试气电控制实训	
2.3 图2-40 梭阀工作原理动画		2.3 气动门的开关气控回路全气动控制仿真	
2.3 气动门的开关气控回路全组装与调试气动控制实训		2.3 气动门的开关气控回路组装与调试微课	
2.3 气动门的开关气控回路组装与调试气电控制仿真		2.3 气动门的开关气控回路组装与调试气电控制实训	
2.4 自动送料装置气控回路组装与调试全气动控制仿真		2.4 自动送料装置气控回路组装与调试全气动控制实训	
2.4 自动送料装置气控回路组装与调试微课		2.4 自动送料装置气控回路组装与调试气电控制仿真	
2.4 自动送料装置气控回路组装与调试气电控制实训		3.1 物料推送装置（1）气控回路组装与调试	
3.1 物料推送装置（1）气控回路组装与调试全气动控制仿真		3.1 物料推送装置（1）气控回路组装与调试全气动控制实训	
3.1 物料推送装置（1）气控回路组装与调试气电控制仿真		3.1 物料推送装置（1）气控回路组装与调试气电控制实训	
3.2 物料推送装置（2）气控回路组装与调试微课		3.2 物料推送装置（2）气控回路组装与调试脉冲信号法消障仿真	

名称	图形	名称	图形
3.2 物料推送装置（2）气控回路组装与调试辅助阀消障仿真		3.3 切割机气控回路组装与调试全气动仿真	
3.3 切割机气控回路组装与调试全气动实训		3.3 切割机气控回路组装与调试微课	
3.3 切割机气控回路组装与调试气电仿真		3.3 切割机气控回路组装与调试气电控制实训	
4.1 气动压合机（1）控制回路组装与调试全气动控制仿真		4.1 气动压合机（1）控制回路组装与调试全气动控制实训（1）	
4.1 气动压合机（1）控制回路组装与调试微课		4.1 气动压合机（1）控制回路组装与调试气电控制仿真	
4.1 气动压合机（1）控制回路组装与调试气电控制实训		4.1 图4-5 压力开关的结构原理图	
4.2 气动压合机（2）控制回路组装与调试全气动控制仿真		4.2 气动压合机（2）控制回路组装与调试全气动控制实训	
4.2 气动压合机（2）控制回路组装与调试微课		4.2 气动压合机（2）控制回路组装与调试气电控制仿真	
4.2 气动压合机（2）控制回路组装与调试气电控制实训		5.1 图5-1 千斤顶结构原理动画	
5.1 认识液压千斤顶及工作原理微课		5.2 认识磨床液压系统微课	

名称	图形	名称	图形
5.2 图 5+3 磨床工作台液压传动原理动画		5.3 认识液压传动介质微课	
5.4 液压泵吸油口真空度分析微课		5.5 管路系统的流动状态分析微课	
5.5.1 雷诺实验		5.6 认识液压辅助元件微课	
6.1 认识液压动力元件微课		6.1 图 6-2 单柱塞泵原理图	
6.1 图 6-4 外啮合齿轮泵结构原理图		6.1 图 6-6 单作用叶片泵原理	
6.2 认识液压执行元件		6.2 单杆活塞式液压缸的三种连接方式	
7.1 工件推送装置（1）液压回路组装与调试微课		7.1 工件推送装置（1）液压回路组装与调试液压仿真	
7.1 工件推送装置（1）液压回路组装与调试液压实训		7.2 图 7-26 液控单向阀	
7.2 汽车起重机支腿锁紧回路组装与调试微课		7.2 汽车起重机支腿锁紧回路组装与调试液压仿真	
8.1 汽车起重机起降液压回路组装与调试微课		8.1 汽车起重机起降液压回路组装与调试液压仿真	

名称	图形	名称	图形
8.2 零件加工设备液压回路仿真		8.2 零件加工设备液压回路电液仿真	
8.2 零件加工设备液压回路组装与调试微课		8.3 液压钻床夹紧回路组装与调试微课	
8.3 液压钻床夹紧回路组装与调试液压仿真		8.4 液压夹紧装置回路组装与调试微课	
8.4 液压夹紧装置回路组装与调试微课液压仿真		9.1 工件推送装置（2）液压回路组装与调试微课	
9.1 工件推送装置（2）液压回路组装与调试液压仿真		9.2 液压钻床自动进给回路组装与调试微课	
9.2 液压钻床自动进给回路组装与调试液压仿真		9.3 油压机液压控制回路组装与调试微课	
9.3 油压机液压控制回路组装与调试电液仿真			

参 考 文 献

［1］宋正和，曹燕．液压与气动技术［M］．北京：北京交通大学出版社，2009．

［2］胡海清．气压与液压传动控制技术［M］．4版．北京：北京理工大学出版社，2016．

［3］周建清，杨永年．气动与液压实训［M］．北京：机械工业出版社，2016．

［4］左健民．液压与气压传动［M］．2版．北京：机械工业出版社，2011．

［5］路甬祥．液压气动技术手册［M］．北京：机械工业出版社，2005．

［6］朱怀忠，王恩海．液压与气动技术［M］．北京：科学出版社，2007．

［7］袁广，张勤．液压与气压传动技术［M］．北京：北京大学出版社，2008．

［8］卢醒庸．液压与气压传动［M］．上海：上海交通大学出版社，2002．

［9］章宏甲．液压与气压传动［M］．北京：机械工业出版社，2003．

［10］何存兴，张铁华．液压与气压传动［M］．2版．武汉：华中科技大学出版社，2000．

［11］姜佩东．液压与气动技术［M］．北京：高等教育出版社，2000．

［12］张群生．液压与气压传动［M］．北京：机械工业出版社，2002．

［13］屈圭．液压与气压传动［M］．北京：机械工业出版社，2002．

［14］张宏友．液压与气动技术［M］．大连：大连理工大学出版社，2006．

［15］侯会喜．液压传动与气动技术［M］．北京：冶金工业出版社，2008．

［16］张利平．液压阀原理、使用与维护［M］．北京：化学工业出版社，2005．

［17］黄志坚，袁周．液压设备故障诊断与监测实用技术［M］．北京：机械工业出版社，2005．

［18］史纪定，嵇光国．液压系统故障诊断与维修技术［M］．北京：机械工业出版社，1990．

［19］张玉莲．液压和气压传动与控制［M］．杭州：浙江大学出版社，2007．

［20］张世亮．液压与气压传动［M］．北京：机械工业出版社，2006．

［21］姜继海．液压与气压传动［M］．北京：高等教育出版社，2002．

［22］许福玲．液压与气压传动［M］．北京：机械工业出版社，2004．

［23］曹修平．液压传动与控制［M］．天津：天津大学出版社，2003．